高等职业教育教学改革系列精品教材

单片机应用技术案例教程

（C 语言版）

欧启标　主　编

邓　云　刘建圻　赵振廷　副主编

電子工業出版社

Publishing House of Electronics Industry

北京 • BEIJING

内 容 简 介

本书主要包括 15 个项目：项目 1 和项目 2 介绍单片机开发系统及单片机的硬件结构；项目 3 简单介绍单片机 C 语言及应用 C 语言进行编程的注意事项；项目 4～项目 7 介绍单片机的 I/O 口、定时器、中断及串行口等资源；项目 8 和项目 9 介绍机械按键的识别；项目 10 和项目 11 介绍液晶屏显示技术，主要介绍 LCD1602 和 LCD12864；项目 12 介绍 A/D 和 D/A 转换技术的实现；项目 13 介绍温度传感器 DS18B20；项目 14 介绍时钟芯片 DS1302；项目 15 为综合设计，设计一个可调电子钟。

本书可作为高职高专院校和应用型本科学校工科类专业学生的教材，也可以作为工程技术人员和单片机开发爱好者的参考用书。

图书在版编目（CIP）数据

单片机应用技术案例教程：C 语言版 / 欧启标主编. 一北京：电子工业出版社，2017.8
ISBN 978-7-121-31660-9

Ⅰ. ①单… Ⅱ. ①欧… Ⅲ. ①单片微型计算机－高等学校－教材 Ⅳ. ①TP368.1

中国版本图书馆 CIP 数据核字（2017）第 120277 号

策划编辑：王艳萍
责任编辑：王艳萍　　特约编辑：张　彬
印　　刷：北京七彩京通数码快印有限公司
装　　订：北京七彩京通数码快印有限公司
出版发行：电子工业出版社
　　　　　北京市海淀区万寿路 173 信箱　邮编 100036
开　　本：787×1 092　1/16　印张：15.5　字数：396.8 千字
版　　次：2017 年 8 月第 1 版
印　　次：2024 年 1 月第 8 次印刷
定　　价：37.00 元

凡所购买电子工业出版社图书有缺损问题，请向购买书店调换。若书店售缺，请与本社发行部联系，联系及邮购电话：（010）88254888，88258888。

质量投诉请发邮件至 zlts@phei.com.cn，盗版侵权举报请发邮件至 dbqq@phei.com.cn。

本书咨询联系方式：（010）88254574，wangyp@phei.com.cn。

前　　言

现代科学技术发展迅速，通用计算机的使用越来越普遍，但在很多设备的按键处理，一些简单的仪表控制、智能玩具和各种LED灯带中，还可以看到在大量应用的单片机。而且，物美价廉的单片机也一直朝着更低功耗、更快速度的方向进步。更为重要的是，作为一款入门级的处理器，通过对单片机的学习，学习者可以知道处理器是如何与外部电路互动的，这对学习更高级的处理器无疑有很大的帮助。所以，开设单片机的课程具有重要的意义。

本书从内容与方法、教与学等方面全方位体现了嵌入式应用的特点，这些特点主要包含以下几个方面。

1．完全从应用和职业岗位出发对全书内容进行组织和编排

目前的单片机在以下几个方面应用最广泛：（1）按键的识别；（2）PWM调制；（3）中断；（4）控制LCD12864显示；（5）简单的仪表设计。在按键的识别方面，使用状态机方法比扫描法和反转法具有更高的效率，且组合键、连击、长按等有大量应用，为此，本书专门安排了2个案例对这些应用进行介绍。在PWM调制方面，目前市面所见的很多LED灯带使用单片机的PWM功能进行调制，为此，书中也安排了2个案例对PWM进行了学习。在中断的应用方面，书中对外部中断和定时器中断进行了重点介绍。在显示屏方面，LCD12864比LCD1602应用范围更广，基于此，我们安排了6个案例对LCD12864进行了全面的介绍和学习，这6个案例涵盖了LCD12864的绝大部分应用。在简单仪表设计方面，书中精心设计了1个可调电子钟案例来进行这方面的学习和介绍，读者可以通过这个案例和LCD12864中介绍的反白效果，开发出简单实用的嵌入式菜单。除了以上所列内容，针对常见的A/D和D/A转换、单总线、SPI总线的学习都做了专门介绍并有实例相对应。这些设计技术使单片机教学与职业岗位的要求一致。

2．从易学性和应用性出发，全书采用C语言进行教学，并引入模块化编程思想

应用C语言编写的程序直观易读、可移植性强，编程风格也更加人性化，有利于学生掌握和学习。同时，在实际的项目开发中，一个项目往往涉及多个模块的组合应用，为此，书中引入了模块化编程的思想。采用这种思想编程，程序的可读性和可移植性更好。为方便读者学习和理解，书中安排了4个案例来引导读者学习和掌握这种思想。

3．编写形式直观生动，内容连贯，可读性强

每个项目都有项目介绍，用于说明每个项目学习的是什么、需要使用什么工具以及该如何学习。另外，书中重要的源代码都配有详细的注释，方便读者阅读。

4．综合性和实用性更强

单片机的学习是对前面学习的模电、数电、C语言知识的综合运用，是嵌入式学习中软硬结合的第一步。尤其是C语言，可谓单片机学习的“命门”。本书针对C语言在单片机中的应用，专门列举了常见的应用问题，并给出了注释的规范。所以通过本书的学习，可以进一步巩固C语言知识，并提高综合应用这些知识解决实际问题的能力。另外，在所有的有菜单的项目的开发中不可避免要涉及菜单项的选择，这里面包含着按键移动的处理、反白效果的实现等功能，通过本书的最后一个综合设计的学习，读者可以轻松掌握这方面的知识。

5．丰富的案例涵盖了单片机的大部分应用

本书针对各个知识点共安排了 32 个案例，这些案例涵盖了单片机学习的绝大部分应用。最后，为了后续嵌入式学习的考虑，在书中亦安排了字模提取软件的内容。

本书由校企联合编写，参考学时数为 80 学时，在使用时可根据具体教学情况酌情增减。参与本书编写的人员主要有欧启标、邓云、刘建圻、赵振廷等。其中欧启标对本书的编写思路与大纲进行了总体策划，编写了本书的大部分内容并进行了统稿。邓云编写了项目 5，刘建圻编写了项目 8，赵振廷编写了项目 10，欧启标编写了其余项目。学生郭林杰、黄存营、周善高、梁程、黄灏辉等对书中的程序进行了反复测试以确保其正确性，同时李建波、张永亮、黄练、熊冬青、赵金洪等老师也给予了大力支持和帮助，在此表示感谢。广东祥新光电科技有限公司的工程师吴良年为串口通信、状态机、DS18B20 以及最后的综合设计提供了大量的企业参考案例，在此一并表示感谢。

为了方便教学，本书配有免费的电子教学课件和习题答案、C 语言源程序等资料，请有需要的读者登录华信教育资源网（www.hxedu.com.cn）免费注册后下载，如果需要其他教学资源，可以联系作者（邮箱：ouqibiao@126.com）索取。另外，书中部分项目使用了 Proteus 仿真元件，相关信息可以参考附录 A。

由于时间紧迫和编者水平有限，书中的错误和缺点在所难免，热忱欢迎各位读者对本书提出批评与建议。

编　者

目　　录

项目 1　单片机及其开发系统

项目介绍		
实现任务		利用单片机的某个输入/输出引脚控制一颗 LED 发光二极管闪烁
知识要点	软件方面	1. 掌握应用 Keil C51 软件编辑单片机 C 语言源程序，并对其进行编译，生成十六进制文件（.hex）； 2. 掌握应用 STC-ISP 将生成的十六进制文件固化到单片机中脱机运行； 3. 掌握应用 Proteus 进行单片机相关开发的仿真
	硬件方面	1. 认识 51 单片机的引脚结构； 2. 了解 51 单片机最小系统构成
使用的工具或软件		Keil C51、Proteus、STC-ISP、51 开发板
建议学时		4

任务 1-1　控制 1 颗 LED 发光二极管闪烁

1. 任务目标

利用单片机的 P1.0 引脚控制 1 颗 LED 发光二极管闪烁。

2. 电路连接

单片机控制 1 颗 LED 灯的硬件电路如图 1-1 所示，该电路包括单片机、复位电路、时钟电路、电源及 1 颗 LED 发光二极管 D1 控制电路。

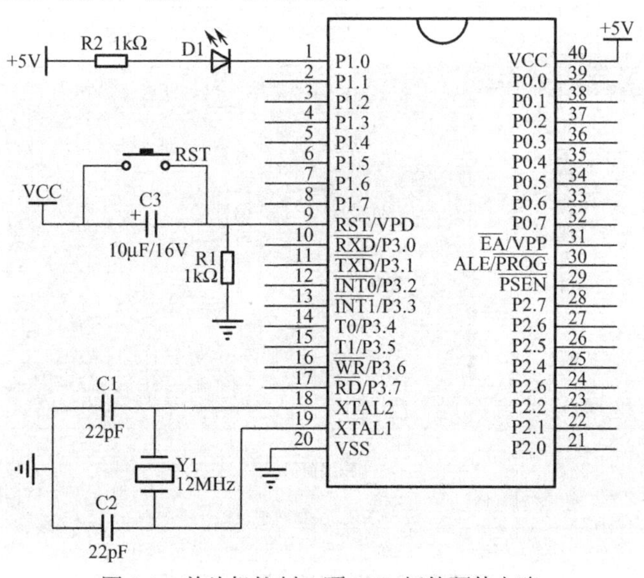

图 1-1　单片机控制 1 颗 LED 灯的硬件电路

3. 源程序设计

```
#include <reg52.h>              //包含头文件 reg52.h，该头文件中包含各种特殊寄存器定义
sbit P10=P1^0;                  //定义 sbit 类型的变量 P10，用 P10 来代表 P1^0
void DELAY()                    //定义延时函数 DELAY()
{
    unsigned int j;             //定义无符号整型变量 j
    for（j=0;j<10000;j++）;
}
void LED_One_Flashing()         //一颗 LED 灯闪烁
{
    P10=0;                      //将 P1.0 口置低电平，点亮 D1
    DELAY();                    //延时一段时间
    P10=1;                      //将 P1.0 口置高电平，熄灭 D1
    DELAY();                    //延时一段时间
}
void main()
{
    while(1)
    {
        LED_One_Flashing();
    }
}
```

4. 使用开发板开发步骤

（1）在任一磁盘下建立一个专门用于存放 MCS-51 单片机实验程序的文件夹，如在 D 盘中建立名为 C51TEST 的文件夹，在此文件夹中再新建一个名为 LED_One_Flashing 的文件夹，用来存放即将建立的工程及其相关的程序、编译文件。

（2）启动 Keil C51 集成开发环境。从桌面上直接双击 Keil C51 图标，启动该软件，出现如图 1-2 所示的界面。

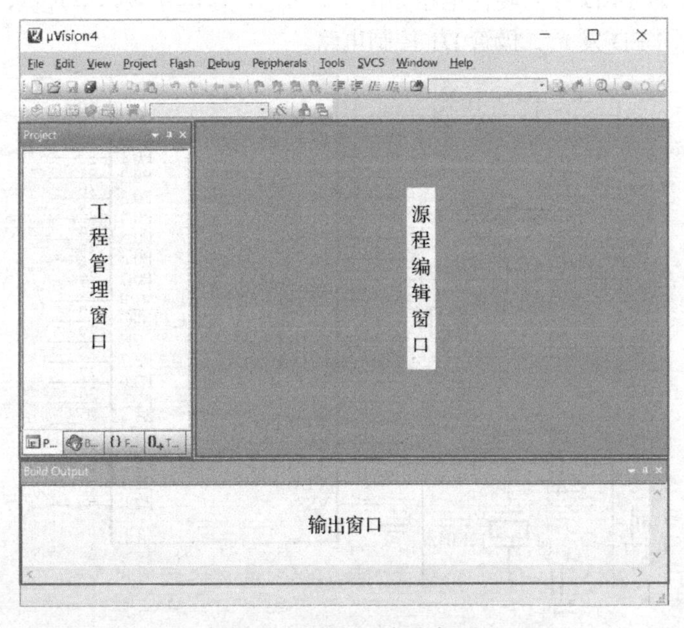

图 1-2　Keil C51 启动窗口

（3）建立工程文件 LED_One_Flashing。在图 1-2 所示的环境中，用鼠标左键单击“Project”→“New Project”，出现“Create New Project”对话框，如图 1-3 所示。在“保存在”下拉列表框中选择工程的保存目录 D:\C51TEST\LED_One_Flashing 文件夹，然后在“文件名”文本框中输入工程名（如 LED_One_Flashing），不需要扩展名，单击“保存”按钮，出现如图 1-4 所示的“Select Device for Target 'Target 1'”对话框。根据自己的开发板上的单片机芯片，选取相应的 CPU。本实验使用 89C52 芯片，在这里选取 Atmel 公司的 AT89C52 芯片，单击“Atmel”前面的“+”号，展开该层，找到其中的“AT89C52”，然后单击“确定”按钮，此时会弹出图 1-5（如果没有弹出则不用管，直接进行下一步），询问是否确定把标准 8051 启动代码复制到项目文件夹并添加到项目工程中，单击“是”按钮，回到主界面。

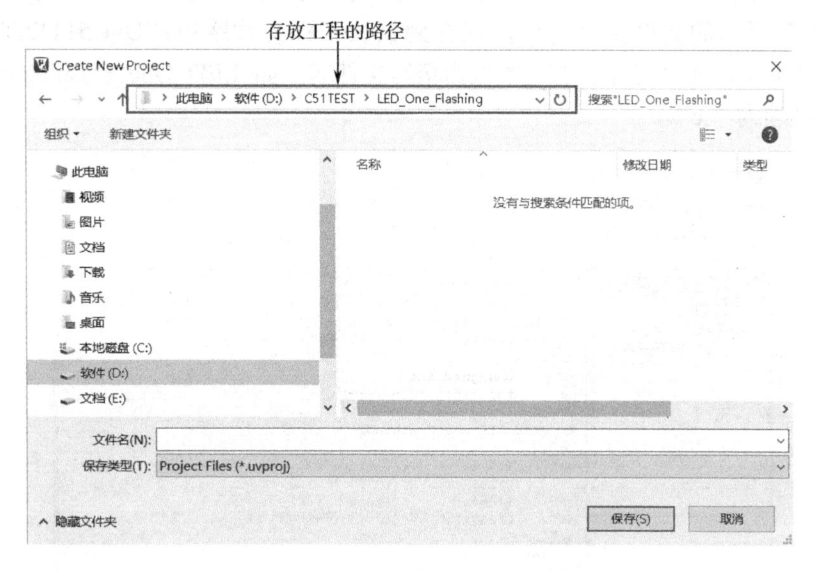

图 1-3　工程文件存放路径选择

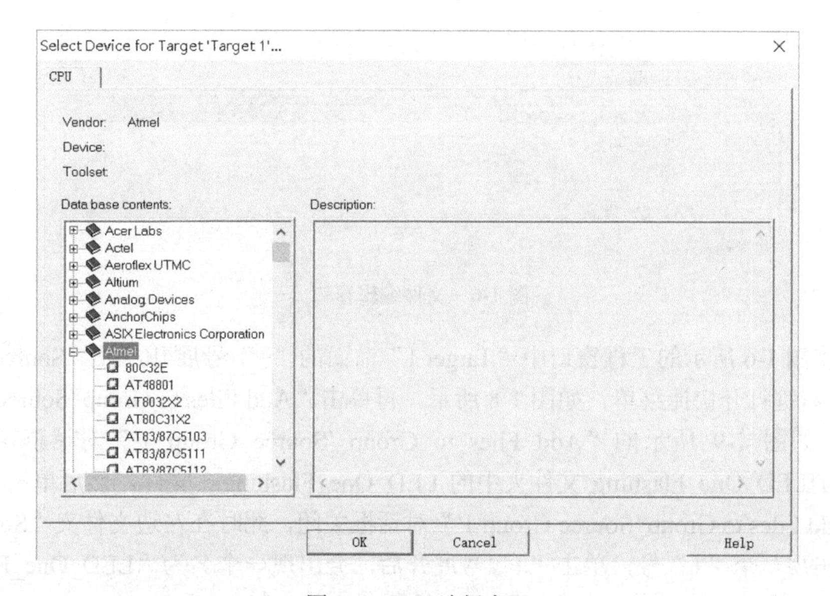

图 1-4　CPU 选择窗口

图 1-5　启动代码选择窗口

（4）编辑 C 语言源文件。在主界面里单击“File”→“New”或者单击工具栏中的，出现如图 1-6 所示的文件编辑窗口，在该窗口编写源程序，编辑完成后，单击保存该文件，出现如图 1-7 所示的文件保存窗口，保存到默认工程文件路径：D:\C51TEST\LED_One_Flashing 文件夹中，在“文件名”文本框内填写文件名，如 LED_One_Flashing.c（注意：保存时扩展名必须为“.c”）。

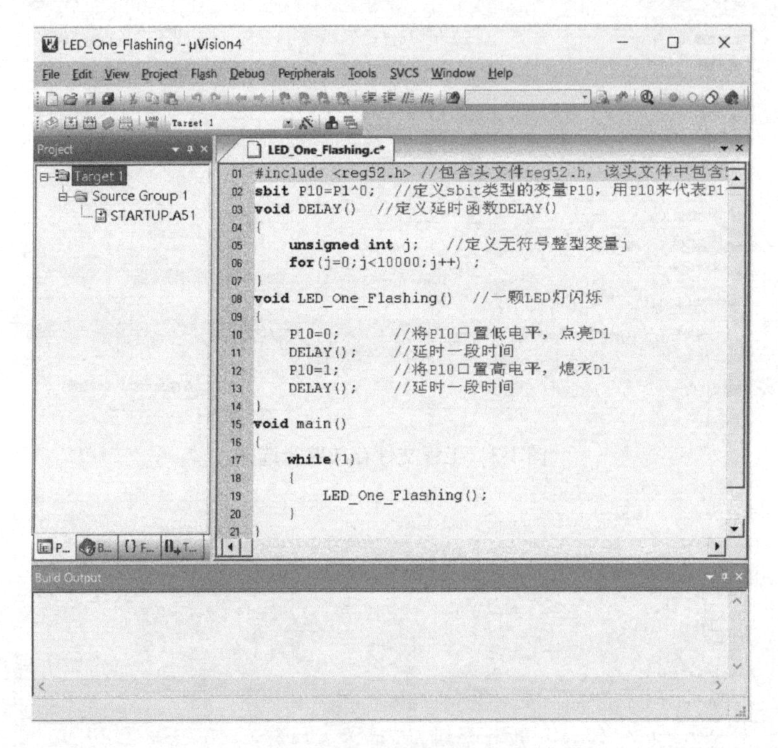

图 1-6　文件编辑窗口

（5）将图 1-6 所示的工程窗口中“Target 1”前面的“+”号展开，在“Source Group 1”上单击鼠标右键打开快捷菜单，如图 1-8 所示。再单击“Add Files to Group 'Source Group 1'”选项，弹出如图 1-9 所示的“Add Files to Group 'Source Group 1'”对话框。直接选中 D:\C51TEST\LED_One_Flashing 文件夹中的 LED_One_Flashing.c 文件，然后单击“Add”按钮。将“Add Files to Group 'Source Group 1'”对话框关闭，此时在左边文件夹“Source Group 1”前面会出现一个“+”号，单击“+”号展开后，会出现一个名为“LED_One_Flashing.c”的文件，说明新文件添加已完成，如图 1-10 所示。

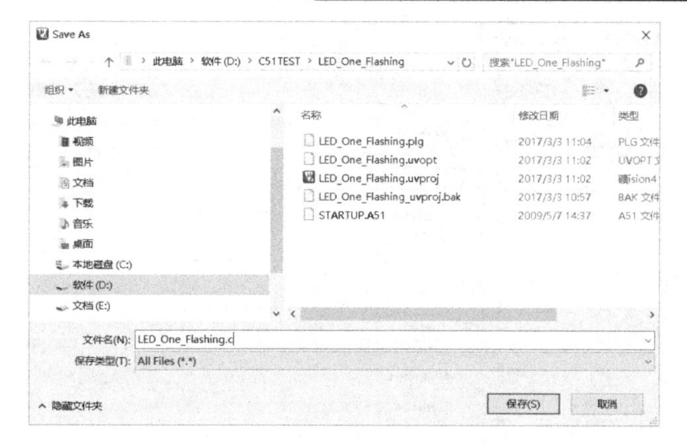

图 1-7　源文件保存窗口

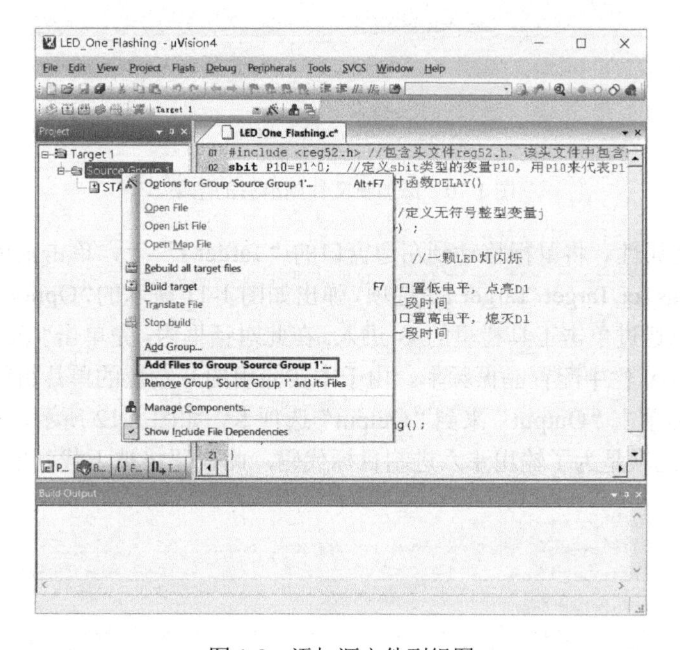

图 1-8　添加源文件到组图

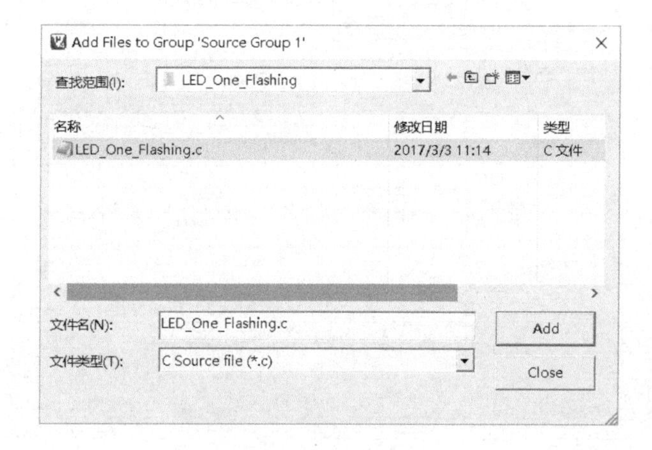

图 1-9　选择源文件

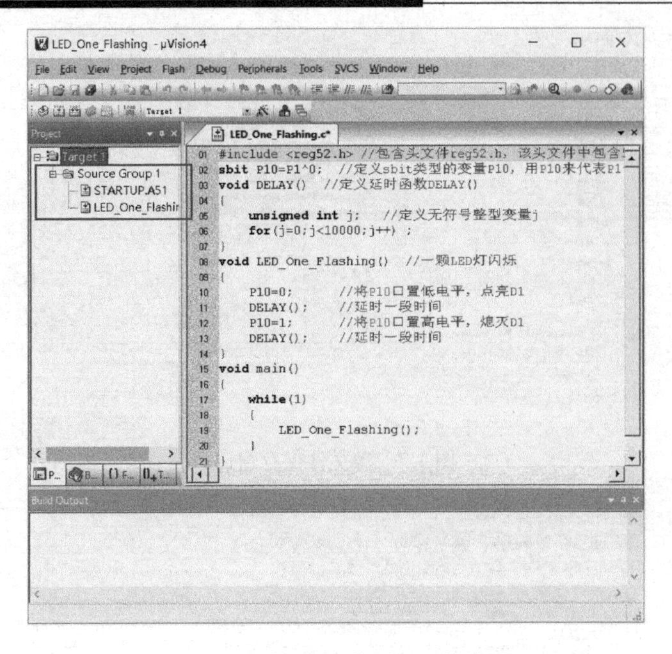

图 1-10　添加新文件到组后的结果

（6）配置工程属性。将鼠标移动到左边窗口的“Target 1”上，单击鼠标右键打开快捷菜单，再单击“Options for Target 'Target 1'”选项，弹出如图 1-11 所示的“Options for Target 'Target 1'”对话框；也可以通过单击工具栏里的进入。在此对话框内，先单击“Target”来到“Target”选项卡，然后在 Xtal 栏中配置晶振频率。由于本实验用的开发板的单片机的晶振为 12MHz，故这里填 12。然后单击“Output”来到“Output”选项卡，如图 1-12 所示，勾选“Create HEX File”选项，勾选此项是为了输出十六进制目标代码，此代码将被下载到单片机中脱机运行。

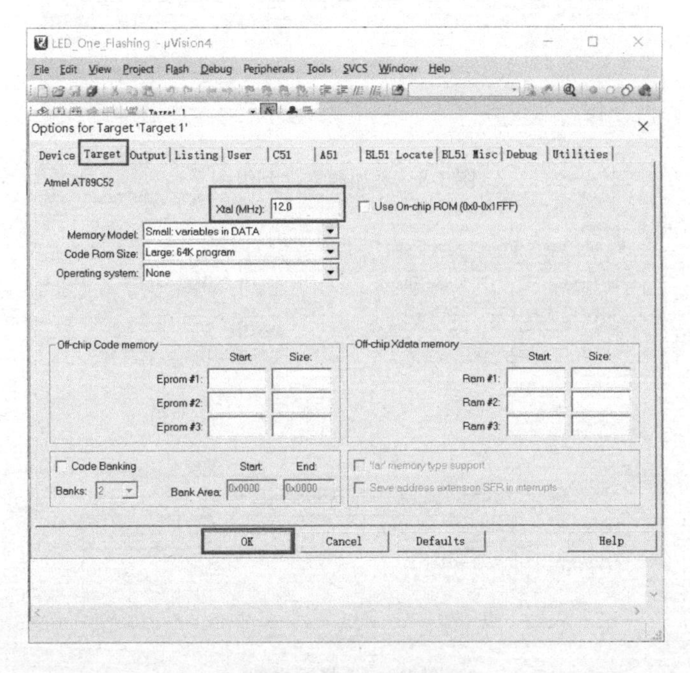

图 1-11　“Target”选项卡

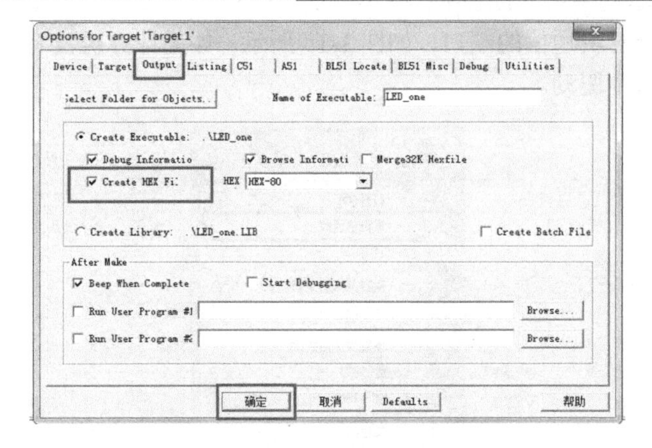

图 1-12 “Output”选项卡

（7）编译源文件得到目标代码文件（.hex 文件）。回到 Keil C51 的主界面，单击“编译”按钮（图 1-13 方框内的图标）编译源文件。如果源文件没有错误，则在存放项目和源代码的文件夹内出现.hex 文件，如图 1-14 所示。

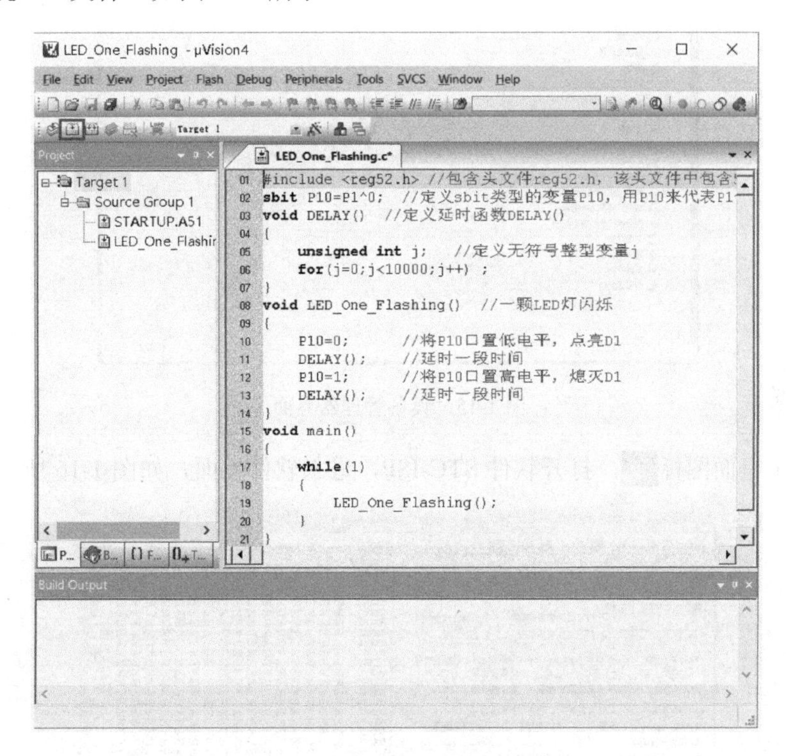

图 1-13 编译源文件

（8）用串口下载线将单片机与计算机相连。

（9）找到计算机与单片机通信的端口（STC-ISP 软件通过此端口，经过数据线将程序烧录到单片机的 ROM 内）。在计算机已安装有 CH340G 驱动（本实验用的开发板的串口转换芯片为 CH340G，如果是其他芯片，比如 PL2303，则需下载相应驱动并安装好）的情况下，在“计算机”图标上单击鼠标右键，单击“设备管理器”（如图 1-14 所示）进入设备管理器界面，单击“端口”前面的三角形，此时会展开占用该计算机的端口的设备，设备里面有 CH340 的端口就是单片机与计算机通信的端口，如图 1-15 所示。如果计算机没有安装串口转换芯片的驱动，则需先安装芯片驱动。

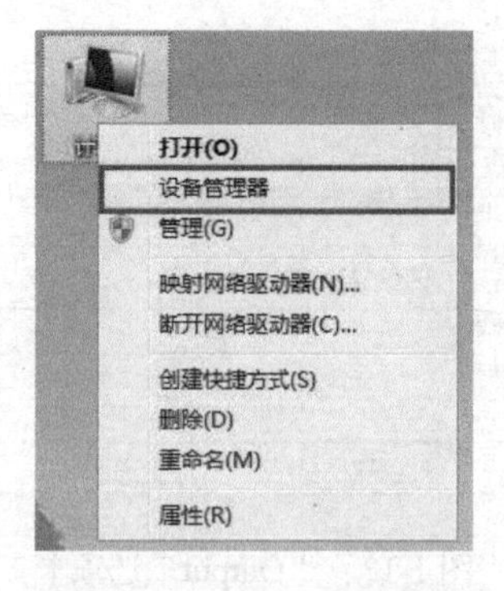

图 1-14　单击“设备管理器”

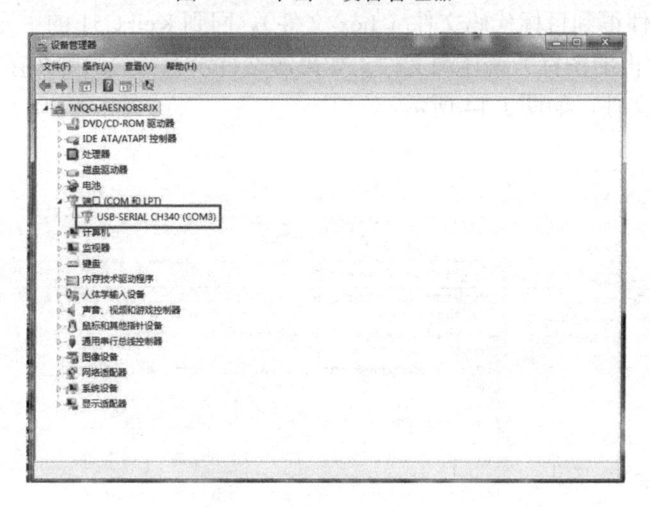

图 1-15　设备管理器界面

（10）双击桌面图标，打开软件 STC-ISP，进入软件界面，如图 1-16 所示。

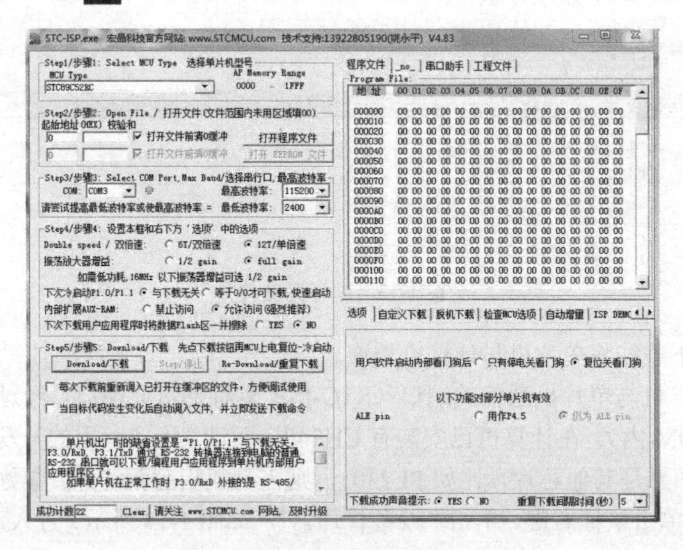

图 1-16　软件界面

（11）配置STC-ISP。首先，在图1-17所示的窗口1中下拉选择与开发板型号一致的单片机，本实验使用的是STC89C52RC，故选中STC89C52RC。然后，在窗口2中选择步骤（9）中已知的串口。

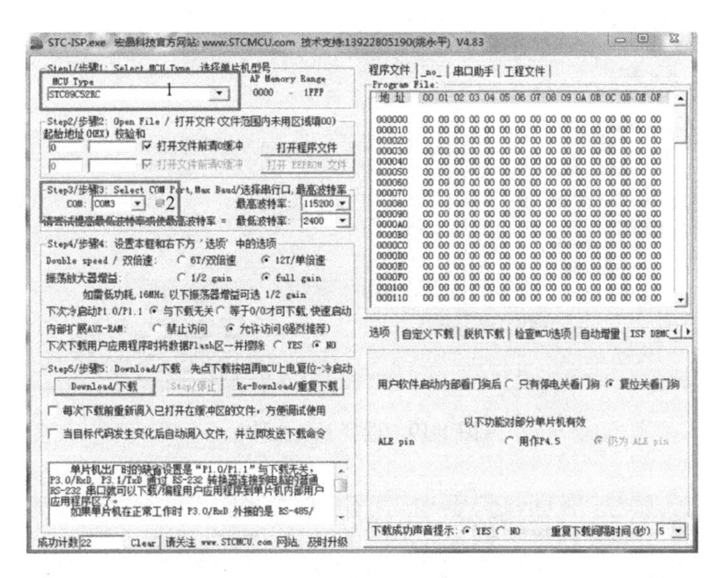

图1-17　选择单片机和串口

（12）打开要下载到单片机的程序文件。单击如图1-18所示的“打开程序文件”按钮，根据自己编写的程序代码存放的路径寻找后缀名为.hex的文件，然后打开，如图1-19所示。

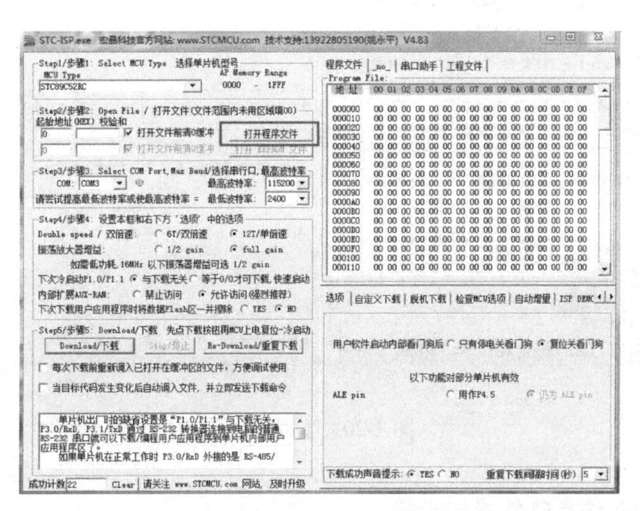

图1-18　打开程序文件

（13）下载程序到单片机的ROM。单击下载按钮（Download/下载）下载程序，单片机已通电的先断电，然后再通电才能下载程序，如果一开始没有通电则直接通电也可以完成下载。断电、通电通过按单片机上面的电源开关完成，而不是拔掉USB接口线再插上。下载成功后会出现如图1-20所示框内的内容。观察单片机P1.0口所连的LED灯，可以发现此时灯交替亮灭，至此任务1的开发完成。

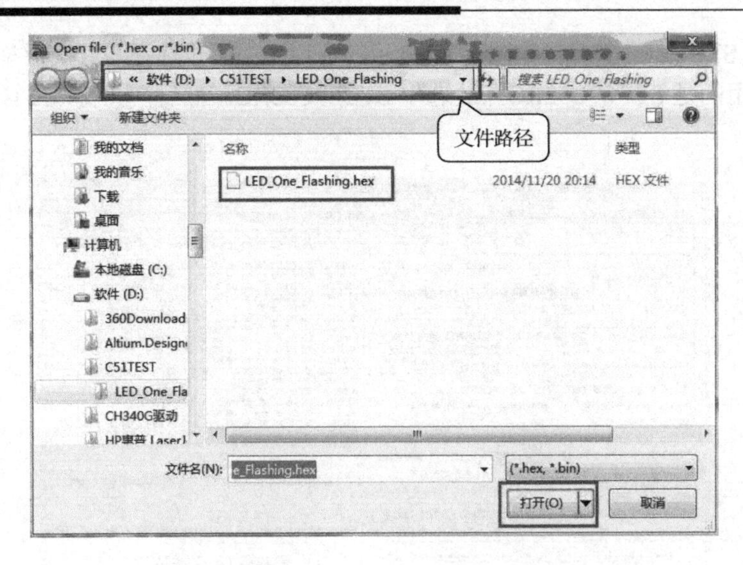

图 1-19　选择.hex 文件

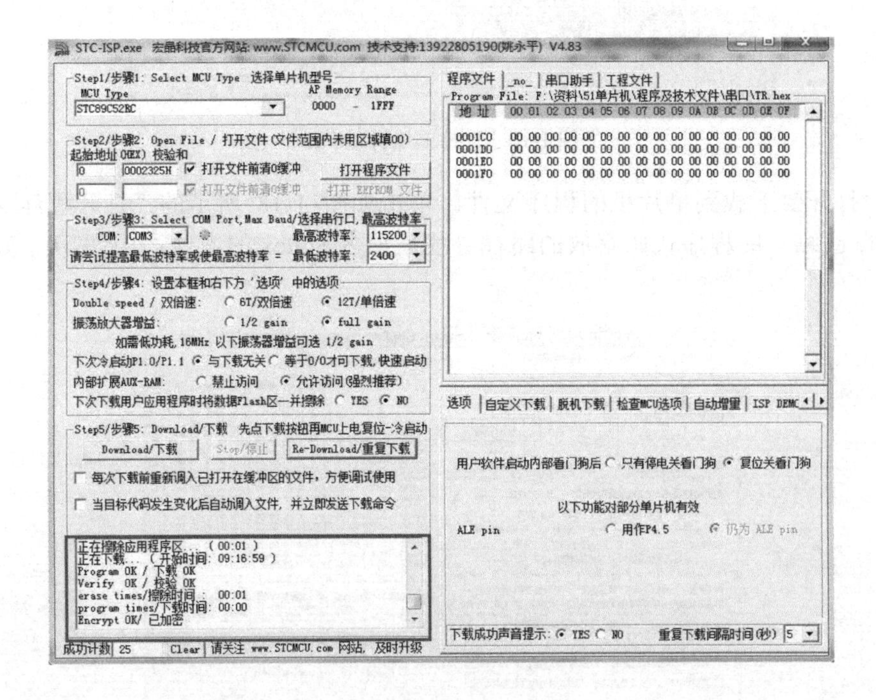

图 1-20　下载成功

5. 使用 Proteus 仿真软件操作步骤

实际上，如果没有开发板，也可以使用软件 Proteus 进行仿真。Proteus 是英国 Labcenter 公司开发的电路分析与实物仿真软件，可以对一般的单片机应用进行仿真，其步骤如下。

（1）确保已经安装好 Proteus，双击 Proteus 图标 ISIS，进入 Proteus 设计界面，如图 1-21 所示。

（2）选择元件，单击“元件模式”，再单击左边白色方框上方的 P，出现元件选择框，如图 1-22 所示。

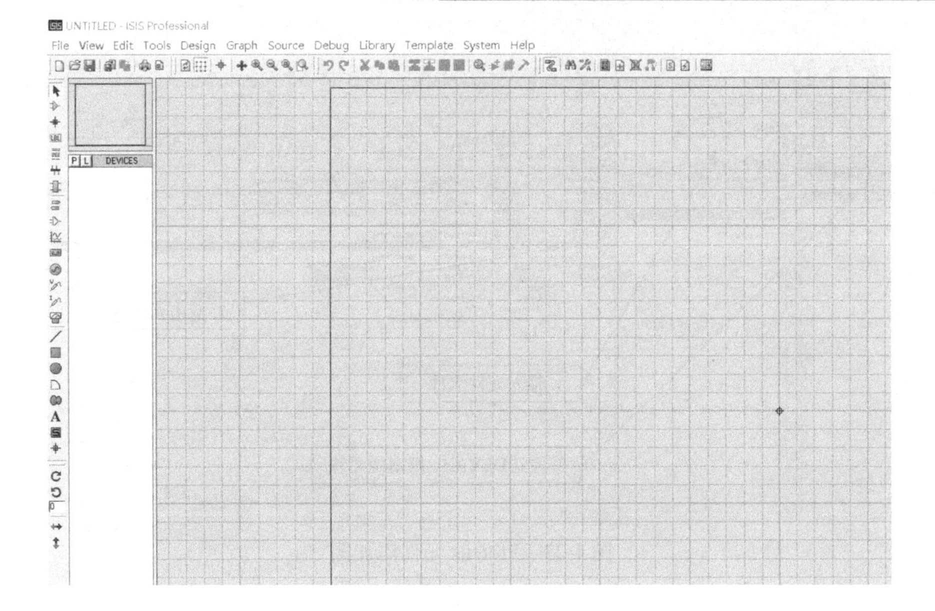

图 1-21　Proteus 设计界面

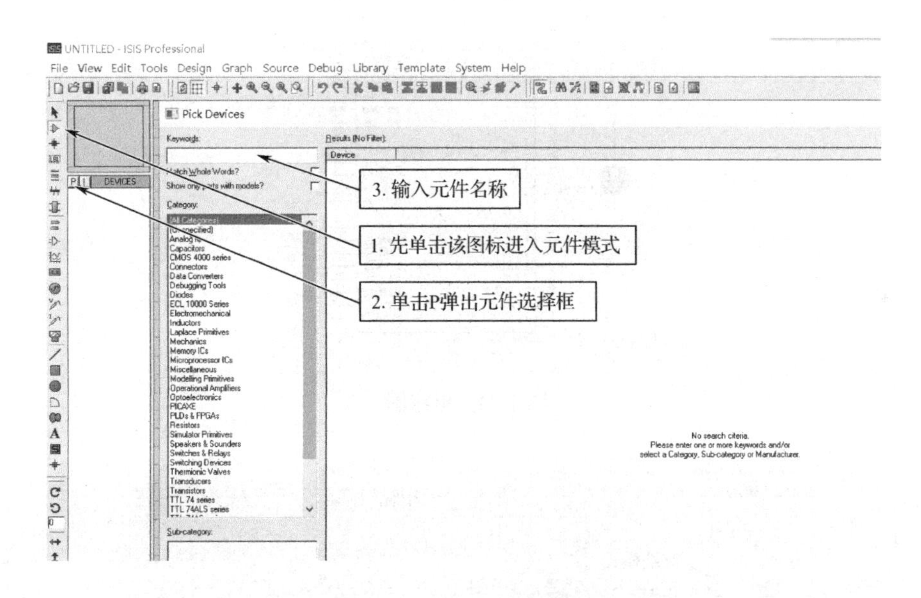

图 1-22　Proteus 元件选择界面

（3）在元件选择框中输入 AT89C52（本书所有实验使用的都是 AT89C52 芯片），在右边框图中双击选中 AT89C52，可以看到左边 DEVICES 窗口下方出现该芯片；同样在元件框中输入 led-，可以看到右边框图中出现大量的 LED 元件，此处选择红色 LED，双击可将该 LED 添加到左边元件区，具体如图 1-23 所示。

（4）关闭元件选择框，将 DEVICES 元件区的元件拖到电路图编辑窗口，搭建成如图 1-24 所示的电路。

图 1-24 所示的电源位于终端模式，如图 1-25 所示。

图 1-23　Proteus 元件添加图

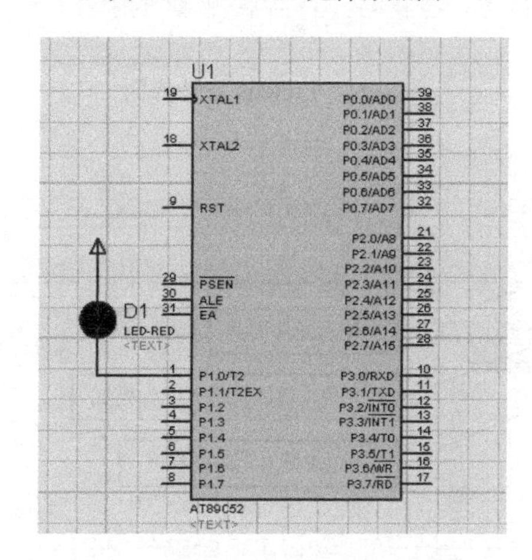

图 1-24　电路图

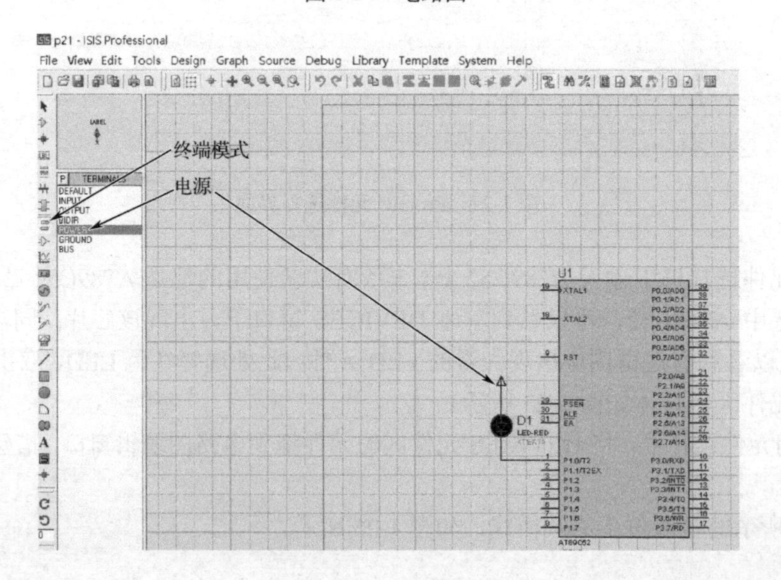

图 1-25　终端模式

（5）将.hex 文件加载到 AT89C52 芯片中，具体步骤如图 1-26 所示。

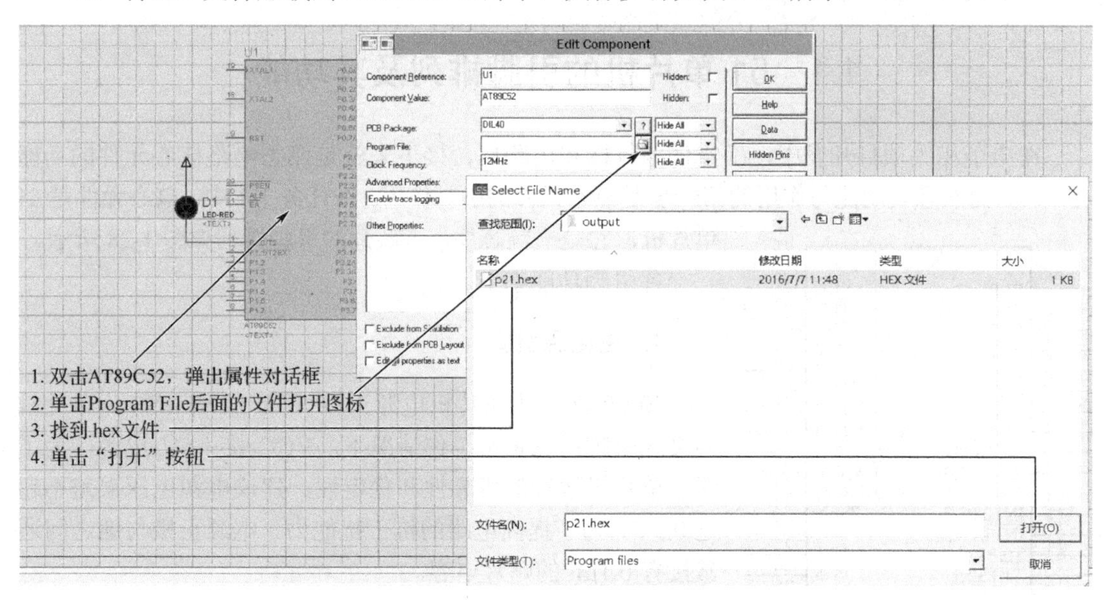

图 1-26　将.hex 文件添加到 Proteus

（6）在将.hex 文件加载入 AT89C52 后，单击“运行”按钮，即可观察到效果。“运行”按钮位置及运行后的效果如图 1-27 所示。

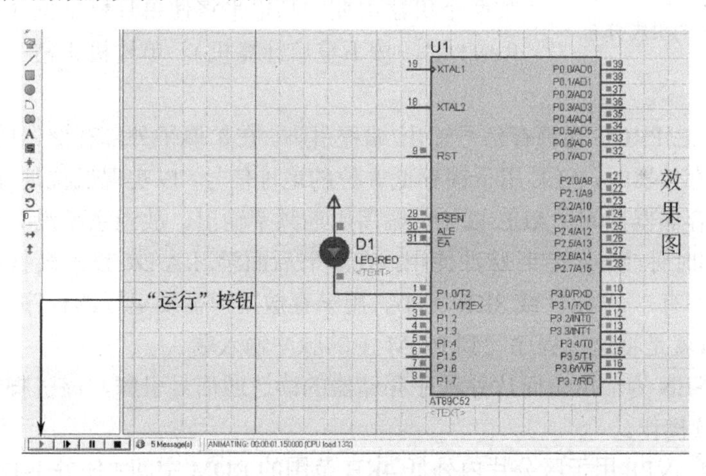

图 1-27　运行结果

至此，仿真演示完毕。关于 Proteus 的更多介绍将在后面章节中涉及时展开。

任务小结

通过对比仿真电路和项目的实际电路，可以发现仿真电路由于可以省略复位电路和时钟电路，故更加简洁方便，所以本书绝大部分例程都是采用的 Protues 仿真。但在学习组合键识别和液晶屏 QC12864B 时，由于仿真与实际效果有较大的偏差，所以这部分内容就需要用到开发板进行验证，故要求单片机开发板一定携带 QC12864B 的接口。

最后，除非特别说明，否则本书所有仿真例程的单片机的晶振频率都为 12MHz，实物验证的开发板的晶振频率为 24MHz。

1.1　51 单片机的引脚排列及其功能

在电子相关项目开发中，确定任务目标和电路后，接下来就是熟悉电路核心元件的功能及作用，而熟悉其功能与作用的第一步是熟悉元件的引脚作用。在任务 1-1 中，核心元件是 51 单片机，它是一颗芯片，该芯片的引脚排列如图 1-28 所示。

引脚	名称	名称	引脚
1	P1.0	VCC	40
2	P1.1	P0.0	39
3	P1.2	P0.1	38
4	P1.3	P0.2	37
5	P1.4	P0.3	36
6	P1.5	P0.4	35
7	P1.6	P0.5	34
8	P1.7	P0.6	33
9	RST/VPD	P0.7	32
10	$\overline{RXD}$/P3.0	$\overline{EA}$/VPP	31
11	$\overline{TXD}$/P3.1	ALE/$\overline{PROG}$	30
12	$\overline{INT0}$/P3.2	$\overline{PSEN}$	29
13	$\overline{INT1}$/P3.3	P2.7	28
14	T0/P3.4	P2.6	27
15	T1/P3.5	P2.5	26
16	$\overline{WR}$/P3.6	P2.4	25
17	$\overline{RD}$/P3.7	P2.6	24
18	XTAL2	P2.2	23
19	XTAL1	P2.1	22
20	VSS	P2.0	21

图 1-28　89C51 的引脚分布

各引脚功能如下。

1. 主电源引脚

40 脚 VCC 为单片机电源正极引脚，20 脚 VSS 为单片机的接地引脚。在正常工作情况下，VCC 接＋5V 电源，为了保证单片机运行的可靠性和稳定性，建议电源电压误差不超过 0.5V。为了提高电路的抗干扰能力，电源正极与地之间通常接有 0.1μF 的贴片电容。

2. 控制引脚

（1）9 脚 RST/VPD 为复位/备用电源引脚。该引脚上外加两个机器周期的高电平将使单片机复位（相当于计算机的 Reset 键，按下重启计算机）。单片机正常工作时，此引脚为低电平。

（2）30 脚 ALE/$\overline{PROG}$ 为锁存信号输出/编程引脚。在扩展了外部存储器的单片机系统中，单片机访问外部存储器时，ALE 用于锁存低 8 位的地址信号，以实现低位地址与数据的隔离。在没有访问外部存储器期间，ALE 以 1/6 振荡周期频率输出，故当系统没有进行扩展时可以将 ALE 作为外部时钟或外部定时脉冲使用，在本书后面学习 A/D、D/A 转换时将会看到这一应用。单片机内部有一个 4KB 或 8KB 大小、用于存放用户需要运行的程序的 ROM（只读存储器），而 $\overline{PROG}$ 就是将这些程序写到 ROM 中的脉冲输入端。

（3）29 脚 $\overline{PSEN}$ 为输出访问片外程序存储器的读选通信号引脚，该引脚主要用于实现外部 ROM 单元的读操作。

（4）31 脚 $\overline{EA}$ / VPP 用于区分片内外低 4KB 范围的 ROM 空间（任务 1-1 中的.hex 文件下载到单片机后就保存在这些空间中）。51 单片机内部只有 4KB 的存储空间可用于存储用户程序，而如果程序较大，这 4KB 的空间不够时就需要在单片机的外部扩展程序存储空间。而当单片机存在扩展 ROM 时，扩展 ROM 的低 4KB 范围的地址是 0～0FFFH，而单片机内部的 4KB 存储器的地址也是 0～0FFFH，所以在有扩展 ROM 的单片机系统中，存在识别这两个存储器区域的问题，而 31 脚的作用就在于区分这两个地址范围。该引脚接高电平时，CPU 访问的是内部 ROM 的低 4KB 范围的存储器空间；该引脚接低电平时，CPU 访问的是外部程序 ROM 的低 4KB 范围空间。

3. I/O 端口引脚

单片机的 I/O 口是用来控制输入和输出的端口，51 单片机共有 P0、P1、P2、P3 这 4 组

端口，每组端口控制 8 个 I/O 引脚。

其中，P0 口控制 32～39 脚，依次命名为 P0.7～P0.0。在访问片外存储器时，P0 口分时作为低 8 位地址线和 8 位双向数据总线用，此时不需外接上拉电阻。如果将 P0 口作为通用的 I/O 口使用，则要求外接上拉电阻或排阻。

P1 口控制 1～8 脚，分别命名为 P1.0～P1.7。

P2 口的 8 个引脚占用 21～28 脚，分别命名为 P2.0～P2.7。

P3 口的 8 个引脚占用 10～17 脚，分别命名为 P3.0～P3.7。P3 是双功能端口，作为普通 I/O 口使用时，同 P1、P2 口一样，作为第二功能使用时，功能定义如表 1-1 所示。

需要说明的是，P1、P2、P3 口各 I/O 引脚内部都接有上拉电阻，故可作为通用 I/O 使用。

表 1-1 P3 口第二功能定义

I/O 口	第二功能定义	功 能 说 明
P3.0	$\overline{RXD}$	串行输入口
P3.1	$\overline{TXD}$	串行输出口
P3.2	$\overline{INT0}$	外部中断 0 输入端
P3.3	$\overline{INT1}$	外部中断 1 输入端
P3.4	T0	T0 外部计数脉冲输入端
P3.5	T1	T1 外部计数脉冲输入端
P3.6	$\overline{WR}$	外部 RAM 写选通脉冲输出端
P3.7	$\overline{RD}$	外部 RAM 读选通脉冲输出端

4. 时钟引脚

单片机有两个时钟引脚，分别是 19 脚 XTAL1 和 18 脚 XTAL2，用于外接晶振电路。这个晶振电路用于产生精确的时钟信号，以便协调芯片内部各部分电路的工作。

1.2 单片机最小应用系统

最小应用系统是指能维持单片机运行的最简单配置的系统。这种系统成本低廉、结构简单，常构成一些简单的控制系统，如开关状态的输入/输出控制等。对于内部拥有 ROM 的 51 单片机，构成最小应用系统时，只需要将单片机接上时钟电路、复位电路和电源即可，如图 1-29 所示。

1.2.1 时钟电路

图 1-30 为典型的单片机时钟电路，它产生一个时间基准，单片机内部各部分电路都在这个唯一的时间基准下严格按该基准的时序工作。该电路由单片机内部的高增益反相放大器与单片机的 XTAL1、XTAL2 引脚外接的晶振构成。常用的晶振有 6MHz、12MHz 和 11.0592MHz 等。电容 C1 和 C2 对频率有微调作用，其容量范围为 5pF～30pF。在设计印制电路板时，晶振和电容的布局应紧靠单片机芯片，以减少寄生电容。图 1-31 的（a）图和（b）图分别给出了 51 单片机时钟电路常用的晶振和电容的外形。

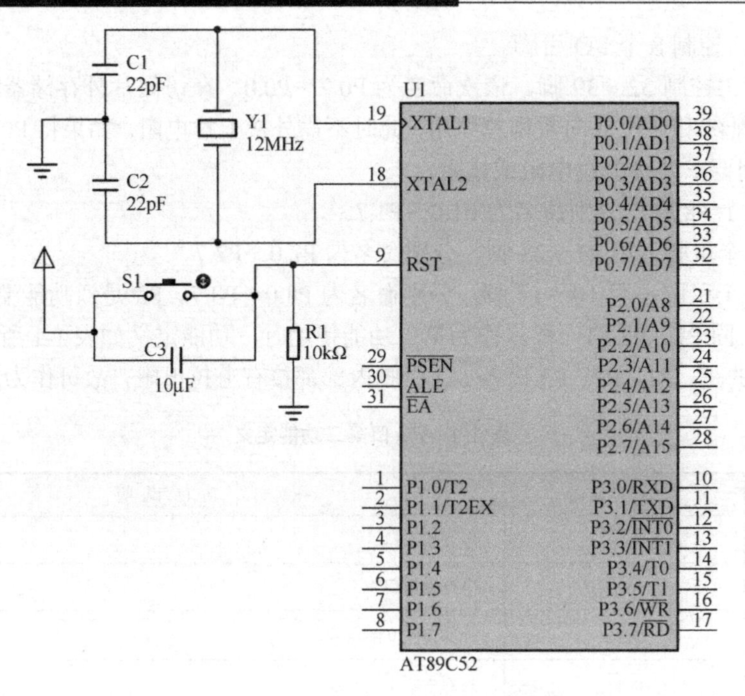

图 1-29　51 单片机最小系统

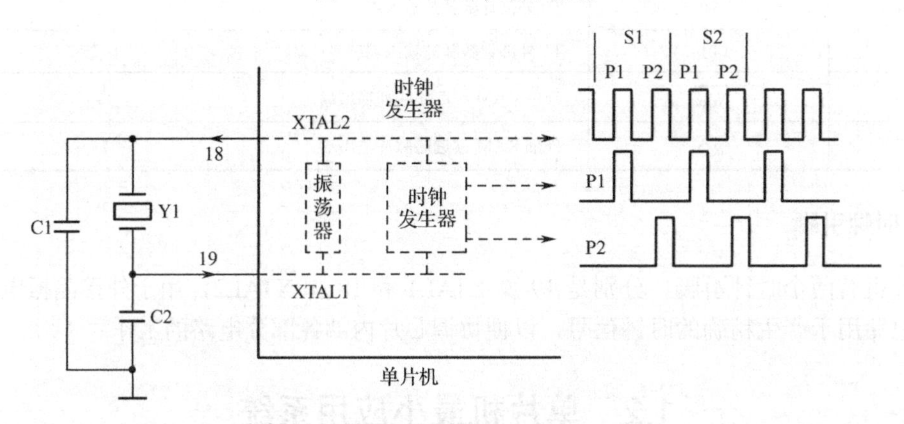

图 1-30　时钟电路

（a）晶振

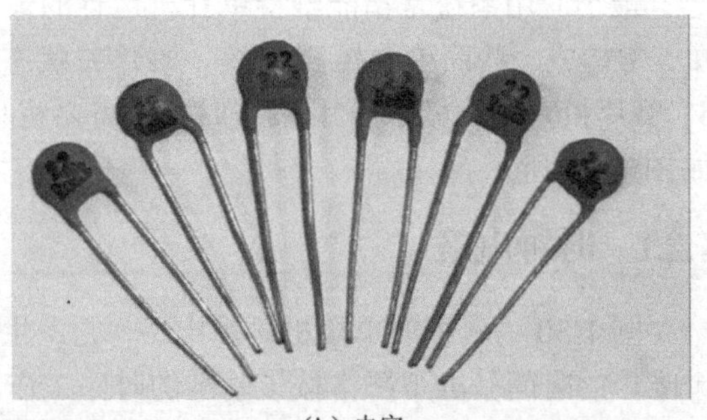

（b）电容

图 1-31　51 单片机时钟电路常用的晶振和电容

与时钟信号相关的几个概念

如前所述，单片机的各部分电路严格按时序工作，所谓时序是指各指令的微操作在时间上有严格的次序。MCS-51 时序的定时单位共有 4 个，从小到大依次是时钟周期（节拍）、状态周期、机器周期和指令周期。

（1）时钟周期是指振荡器产生一个振荡脉冲信号所用的时间，是振荡频率的倒数，又称节拍，是单片机的最小时序单位。若采用 12MHz 的晶振，则一个节拍约为 0.083μs。

（2）状态周期是指振荡器脉冲信号经过时钟电路二分频之后产生的单片机时钟信号的周期（用 S 表示）。1 个状态周期 S 包含 2 个节拍，前一个节拍称为 P1 拍，后一个节拍称为 P2 拍（见图 1-31）。

（3）机器周期是指 CPU 完成某一个规定操作所需的时间。MCS-51 单片机的一个机器周期包含 6 个状态周期。

（4）指令周期是指 CPU 执行完一条指令所需要的时间。不同指令，所需要的机器周期数可能不同。

1.2.2　复位电路

所谓复位是指将单片机恢复到初始状态。要想单片机复位，需要在 RST 引脚上加上至少两个机器周期（24 个振荡周期）的高电平，CPU 才能可靠复位。MCS-51 单片机常用的复位电路如图 1-32 所示。

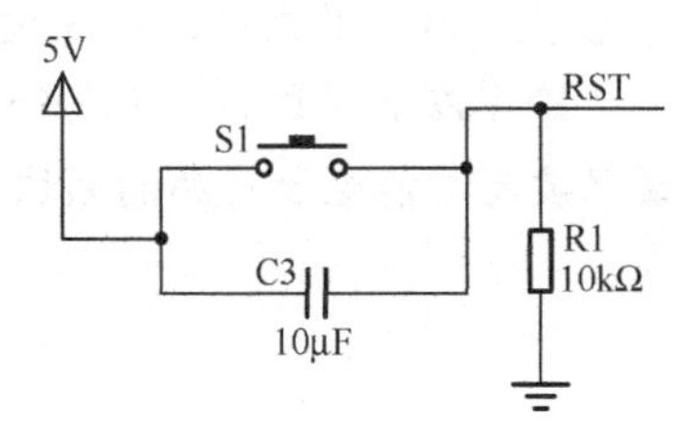

图 1-32　单片机复位电路

无论是单片机刚开始上电接上电源时，还是断电后或者发生故障后都要复位。当单片机系统在运行出错或操作错误使系统处于死锁状态时，都可按复位电路的复位键重新启动。

扩展阅读：单片机基础知识介绍

传统的计算机将 CPU、内存等部件分开来，而单片机则把 CPU、存储器、定时/计数器（Timer/Counter）、各种输入/输出接口等都集成到一块集成电路芯片上，所以单片机更加适合各类简单仪表控制，使用也非常灵活，当然，性能要比个人计算机差很多。

单片机最早由 Intel 公司的霍夫于 1971 年开发出来，经历了 SCM（Single Chip Microcomputer，单片微型计算机）、MCU（Micro Controller Unit，微控制器）、SoC（System on Chip，嵌入式系统）三个阶段。早期的 SCM 单片机都是 8 位或 4 位的，其中最成功的是 Intel 的 8051。基于这一系统的单片机系统直到现在还在广泛使用。特别是 20 世纪 90 年代后随着消费型电子产品的高速发展，单片机得到了快速的发展，其技术水平也获得了巨大提高。目前，单片机正朝着低功耗、小体积、大容量、高性能、低价格、高速率和高可靠性的方向发展。

目前，市面上存在着众多的不同种类的单片机，如 51 单片机、AVR 单片机、PIC 单片机和 ARM 单片机等。这些单片机在组成、特性和指令系统等方面各不相同。在这些单片机当中，51 单片机是较为低端的产品，它的结构和功能都比较简单，所以学习起来也比较好理解。掌握好 51 单片机的工作原理及其对应的系统设计后，去学习其他更高端的单片机是比较容易上手的，这也是国内单片机学习者大多选择先学习 51 单片机再学习其他更高端的单片机的原因。

51 单片机实际上指的是一个系列的单片机，分基本型和增强型两类。基本型包括 8051、8751、8031、8951 这 4 个机种，它们的区别仅在于片内程序存储器：8051 为 4KB ROM，8751 为 4KB EPROM，8031 片内无程序存储器，8951 为 4KB EEPROM。其他性能结构一样，都有 1 个片内 128B RAM、2 个 16 位定时器/计数器、5 个中断源。51 单片机的增强型实际上指的是 52 系列单片机，有 8032、8052、8752、8952 这 4 个机种。其中，8052 的 ROM 为 8KB，RAM 为 256B；8032 的 RAM 也是 256B，但没有 ROM，这两种单片机比 8051 和 8031 多了一个定时器/计数器，并增加了一个中断源。本书的所有实验使用的都是 AT89C52 单片机，但在表述时写的是 51 单片机或 MCS-51 单片机。

51 单片机由于其较高的性价比，使得应用领域非常之广泛：

（1）各类家用电器，比如各种洗衣机、电饭煲、空调等的控制面板的处理器多采用单片机。

（2）各种办公自动化设备，如打印机、复印机、绘图机等多使用嵌入单片机。

（3）各类工控机的键盘译码，比如喷码机，其键盘译码均采用 51 系列单片机译码。

（4）各类商业营销设备，比如电子秤、IC 卡刷卡机、出租车计价器等。

（5）各类 LED 灯带设备及显示屏控制系统。目前在街上看到的花花绿绿的灯带、各种 LED 显示屏，其内部的很多控制器也都采用 51 系列单片机。

除了以上列举的应用之外，单片机还在智能仪表、汽车电子领域扮演着重要角色，可以说只要有智能电子产品的领域，基本上都会有单片机的身影。

习　题　1

思考题

在任务 1-1 中使用 P1.0 引脚控制 1 颗发光二极管的闪烁，而在图 1-1 中，P1.X、P2.X 和 P3.X 的功能相似，您能否采用与任务 1-1 类似的源程序实现对多个 LED 发光二极管的控制呢？

项目 2　单片机的内部结构及其存储系统

项目介绍		
实现任务		流水灯效果的实现
知识要点	软件方面	熟练应用 while、for 和 switch 语句
	硬件方面	1．了解 51 单片机的内部结构 2．掌握 51 单片机的存储器系统
使用的工具或软件		Keil C51、Proteus、STC-ISP
建议学时		4

任务 2-1　流水灯效果的实现

1．任务目标

利用单片机 P1 口的 P1.0～P1.3 控制 4 颗 LED 发光二极管轮流点亮。

2．电路连接

单片机控制 4 颗 LED 灯的硬件电路如图 2-1 所示，该电路包括单片机、复位电路、时钟电路、电源及 4 颗 LED 发光二极管控制电路。

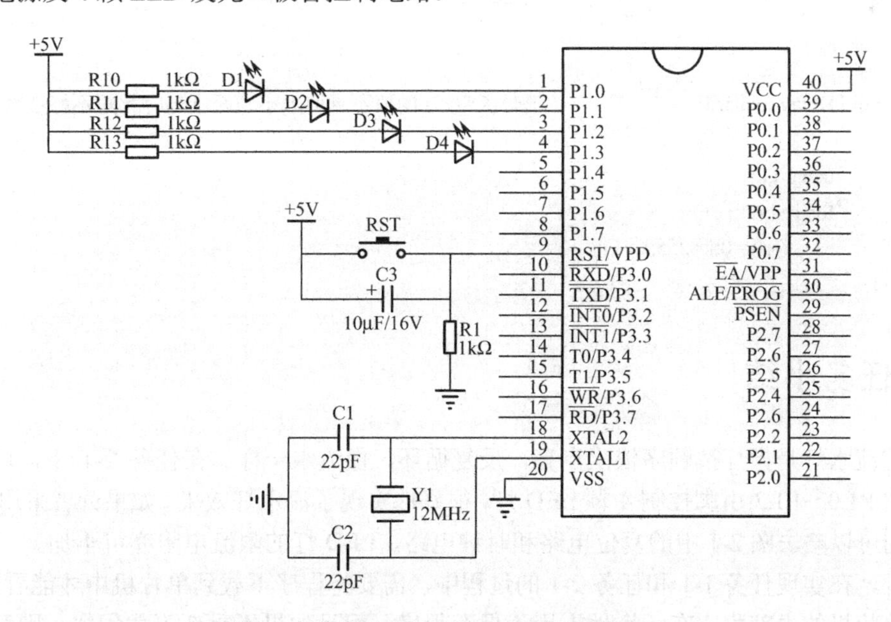

图 2-1　单片机控制 4 颗 LED 灯的硬件电路

3. 源程序设计

```
#include <reg52.h>
sbit Led_0 = P1^0;                  //定义变量 Led_0，代表 P1 口的第 0 个引脚，下同
sbit Led_1 = P1^1;
sbit Led_2 = P1^2;
sbit Led_3 = P1^3;
#define uchar unsigned char         //定义用 uchar 代表 unsigned char，提高代码编辑速度
void Delay (uchar i);               //延迟函数声明
void main()
{
    P1 = 0xff;                      //对 P1 口进行初始化，全部引脚为高电平
    while(1)
    {
        Led_0 = 0;                  //Led_0 低电平就是 P1.0 引脚低电平，将与之连接的 LED 灯点亮
        Delay(200);                 //延时一段时间，注意延迟时间在 0～255 之间
        Led_0 = 1;                  //关 Led_0
        Led_1 = 0;                  //点亮第 2 个 LED 灯
        Delay(200);                 //延时一段时间
        Led_1 = 1;                  //关 Led_1
        Led_2 = 0;                  //点亮第 3 个 LED 灯
        Delay(200);                 //延时一段时间
        Led_2 = 1;                  //关 Led_2
        Led_3 = 0;                  //点亮第 4 个 LED 灯
        Delay(200);                 //延时一段时间
        Led_3 = 1;                  //关 Led_3
    }
}
void Delay (uchar i)                //延时函数，i 的值不宜取太小，否则延时太短不好观察效果
{
    uchar j,k;
    for(j=0;j<i;j++)
        for(k=0;k<255;k++);
}
```

任务小结

所谓流水灯是指灯按顺序依次点亮，反复循环，像流水一样。在任务 2-1 中，通过采用单片机的 P1.0～P1.3 引脚控制 4 颗 LED 灯，很好地实现了流水灯效果。如果读者采用 Proteus 仿真，则可以略去图 2-1 中的复位电路和时钟电路，LED 灯的限流电阻亦可不加。

另外，在实现任务 1-1 和任务 2-1 的过程中，需要将程序下载到单片机中才能看到效果，这说明单片机的内部肯定有一个地方用于保存程序。而且如果不重新下载程序，则每次给开发板加电时都看到一样的效果，这说明断电后程序依然被很好地保存在单片机中，上电后又马上被运行。

那单片机的内部到底有哪些电路呢？这些程序又保存在哪里呢？下面就来学习单片机的内部结构及其存储器系统，并通过学习来解决这两个问题。

2.1　51 单片机的内部结构

51 单片机的内部框图如图 2-2 所示。

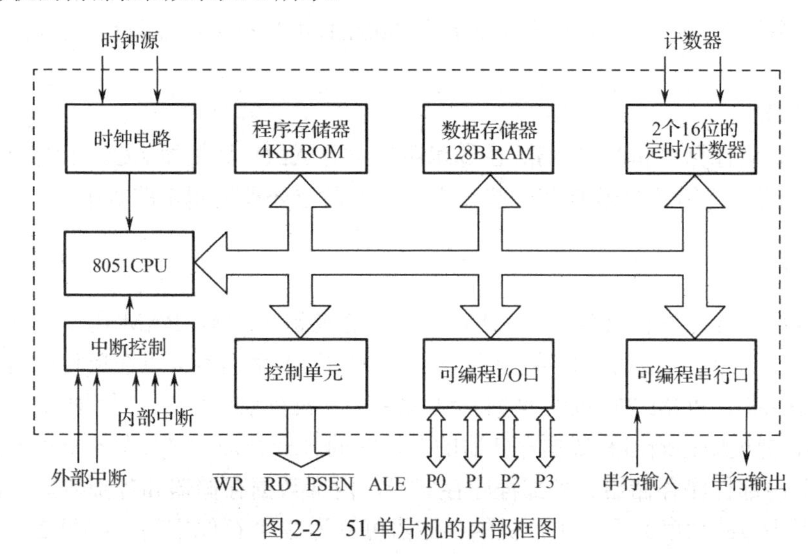

图 2-2　51 单片机的内部框图

由图 2-2 可见，51 单片机主要由以下几部分组成。

1. 中央处理器（CPU）

如果说时钟电路是单片机的心脏，则 CPU 就是单片机的大脑，单片机的各种控制信号都由它发出。程序中每一条指令转为电信号的执行，各种数据的算术运算、逻辑运算以及位操作等都由 CPU 来处理。51 系列单片机的 CPU 字长是 8 位，能处理 8 位二进制数或代码，也可处理一位二进制数据。单片机的 CPU 从功能上一般可以分为控制器和运算器两部分。

字长：CPU 在同一时间内能够处理的二进制数的位数。

（1）控制器

控制器由程序计数器 PC、指令寄存器、指令译码器、定时控制与条件转移逻辑电路等组成。其功能是对来自存储器中的指令进行译码，通过定时电路，在规定的时刻发出各种操作所需的全部内部和外部的控制信号，使各部分协调工作，完成指令所规定的功能。

程序计数器 PC（Program Counter）是一个 16 位的专用寄存器，用来存放将要执行的下一条指令的地址，具有自动加 1 的功能。当 CPU 要取指令时，PC 的内容送上地址总线，程序存储器根据地址总线上给出的地址到对应的存储区域取出一条指令码并通过系统内部的数据总线送给 CPU 处理，然后 PC 的内容自动加 1，指向下一个指令码，以保证程序按顺序执行。

注意，PC 的内容自动加 1 并不是指 PC 中的地址值简单加 1，而是指 PC 中的地址值增加当前执行的 1 条指令所占的字节数。比如，单片机的 CPU 按顺序执行指令 1、指令 2 和指令 3，假设指令 1 占 2 字节，指令 2 占 3 字节，指令 3 占 2 字节，指令 1 的地址为 6364H，由于单片机存储单元的编址以字节为单位，每一字节占一个地址，所以指令 2 的地址为 6366H，指令 3 的地址为 6369H。当单片机执行指令 1 时，PC 中的内容为指令 2 的地址值 6366H，执行指令 2 时，PC 的内容为指令 3 的地址值 6369H。所以，刚刚所说的 PC 值加 1 并不是指 PC 的内容直接加 1，而是加当前执行的指令的字节数，以使得 PC 的内容会移动到下一条将要执行的指令的地址。

由于 51 系列单片机的寻址范围为 64KB，所以 PC 中数据的编码范围为 0000H～FFFFH。单片机上电或复位时，PC 自动清 0，即装入地址 0000H，单片机上电复位后，程序总是从 0000H 地址开始执行。

（2）运算器

运算器主要进行算术和逻辑运算，由算术逻辑单元 ALU、累加器 ACC、程序状态字 PSW、BCD 码运算电路、通用寄存器 B 和一些专用寄存器及位处理逻辑电路等组成。

2. 存储器

单片机内部包含随机存取存储器 RAM 和程序存储器 ROM，RAM 用于保存单片机运行的中间数据，而 ROM 一般用于装载程序。不过，增强 51 系列也可以在单片机运行过程中利用程序把数据存储在 ROM 的部分空间内。51 系列单片机在系统结构上采用哈佛结构（Harvard Architecture），把程序存储器和数据存储器的寻址空间分开管理。它共有 4 个物理上独立的存储器空间，即内部程序存储器、外部程序存储器、内部数据存储器和外部数据存储器。从用户的角度（程序员的角度）看，单片机的存储器可分为 3 个存储空间，如图 2-3 所示，具体如下。

（1）统一编址的 64KB 程序存储器地址空间（包括内部 ROM 和外部扩展 ROM），地址为 0000H～FFFFH；

（2）256B 的内部数据存储地址空间（包括 128B 的内部 RAM 和特殊功能寄存器的地址空间，其中特殊功能寄存器空间在图 2-2 中没有标出）；

（3）64KB 的外部扩展的数据存储器地址空间。

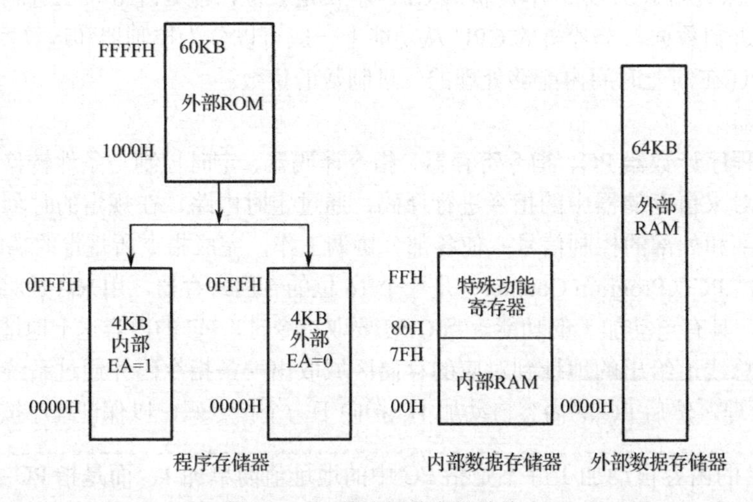

图 2-3　51 单片机的存储结构

图 2-3 中，EA 是单片机的程序扩展控制引脚，如果 EA 为高电平，CPU 在内部 ROM 中寻找指令；如果 EA 为低电平，则 CPU 从外部 ROM 寻找指令。

关于 51 单片机存储器结构的更详细介绍见 2.2 节。

3. 单片机的其他部件

除 CPU 和存储器外，51 单片机还有定时/计数器、并行 I/O 口、串行口、中断系统等部件。其中：

（1）定时器有 2 个，每个 16 位，用于实现定时或计数功能。

（2）I/O 口有 4 组，每组控制 8 个引脚，内部与寄存器连接，以实现数据的并行输入/输出。

（3）串行口有 1 个，有 4 种工作方式，用于实现单片机和其他设备之间的串行数据传送。

（4）中断系统最多可控制 5 个中断，其中外部中断 2 个，内部中断 3 个。内部中断为定时中断 2 个，串行口中断 1 个。

（5）控制单元用于输出各种控制信号。

由以上介绍可见，51 单片机虽然只是一个芯片，但计算机应该具有的基本部件都包含了，所以单片机实际上本身就可以看成一个基本的微型计算机系统。

2.2　单片机的存储系统

51 单片机的存储系统可分为内部存储器和外部存储器，内部存储器位于单片机内部。无论内部存储器还是外部存储器都分为数据存储器和程序存储器。所以从物理结构上看，单片机的存储系统有 4 个部分：内部数据存储器、内部程序存储器、外部数据存储器和外部程序存储器。数据存储器用于存放程序运行的中间处理数据，其中存储单元可随程序运行而随时将数据写入或将其中的数据读出，当系统掉电时，数据全部会丢失。因此，数据存储器是 RAM（Random Accese Memory）类型的存储器，即可随机读写的存储器。程序存储器用于存放系统工作的应用程序及一些不需改变的数据。程序写入程序存储器后，单片机系统只能读取程序指令使系统运行，而不能再进行改写，且系统掉电后，程序不会丢失。因此，程序存储器是 ROM（Read Only Memory）类型，即只读存储器。

2.2.1　数据存储器

1. 内部数据存储器（IDATA 区）

51 单片机的内部数据存储器共有 256 字节的存储单元，按功能可分为低 128 字节（单元地址 00H～7FH）的普通数据存储器区和高 128 字节（单元地址 80H～FFH）的特殊功能寄存器区，下面分别介绍。

（1）普通数据存储器区（00H～7FH）

普通数据存储器区又称为 DATA 区，占用地址为 00H～7FH，又可以分为 3 个部分。

① 通用寄存器区（00H～1FH）：占用 00H～1FH 共 32 个单元，这些单元被均匀地分为 4 块，每块包含 8 个 8 位寄存器，以 R0～R7 来命名，这些寄存器被称为通用寄存器。这 4 块中的寄存器都称为 R0～R7，由程序状态字寄存器（PSW）中的 D3 和 D4 位（RS0 和 RS1）来管理。只要定义 PSW 的 D3 和 D4 位（RS0 和 RS1），即可选中这 4 组通用寄存器中的某组。

PSW 中的 RS0 和 RS1 的组合与通用寄存器的对应关系如表 2-1 所示。任一时刻，CPU 只能使用其中一组寄存器，不用的寄存器组可用做一般的数据缓冲器。CPU 在复位后，默认选中第 0 组工作寄存器。

表 2-1　RS0 和 RS1 的组合与通用寄存器的对应关系

组	RS1 RS0	R0	R1	R2	R3	R4	R5	R6	R7
0	0　0	00H	01H	02H	03H	04H	05H	06H	07H
1	0　1	08H	09H	0AH	0BH	0CH	0DH	0EH	0FH
2	1　0	10H	11H	12H	13H	14H	15H	16H	17H
3	1　1	18H	19H	1AH	1BH	1CH	1DH	1EH	1FH

② 寻址区（20H～2FH）：占用片内 RAM 的 20H～2FH，这些存储区域既可进行字节操作，也可对单元中的每一位进行位操作。位寻址区共有 16 字节，128 位，位地址为 00H～7FH。位地址分配如表 2-2 所示，其中 MSB 表示高位，LSB 表示低位。

表 2-2　片内 RAM 的位寻址区地址表

单位地址	MSB			位地址				LSB
2FH	7FH	7EH	7DH	7CH	7BH	7AH	79H	78H
2EH	77H	76H	75H	74H	73H	72H	71H	70H
2DH	6FH	6EH	6DH	6CH	6BH	6AH	69H	68H
2CH	67H	66H	65H	64H	63H	62H	61H	60H
2BH	5FH	5EH	5DH	5CH	5BH	5AH	59H	58H
2AH	57H	56H	55H	54H	53H	52H	51H	50H
29H	4FH	4EH	4DH	4CH	4BH	4AH	49H	48H
28H	47H	46H	45H	44H	43H	42H	41H	40H
27H	3FH	3EH	3DH	3CH	3BH	3AH	39H	38H
26H	37H	36H	35H	34H	33H	32H	31H	30H
25H	2FH	2EH	2DH	2CH	2BH	2AH	29H	28H
24H	27H	26H	25H	24H	23H	22H	21H	20H
23H	1FH	1EH	1DH	1CH	1BH	1AH	19H	18H
22H	17H	16H	15H	14H	13H	12H	11H	10H
21H	0FH	0EH	0DH	0CH	0BH	0AH	09H	08H
20H	07H	06H	05H	04H	03H	02H	01H	00H

③ 用户数据缓冲区（30H～7FH）：在片内 RAM 低 128 单元中，通用寄存器占去 32 个单元，位寻址区占去 16 个单元，剩下的 80 个单元就是供用户使用的一般 RAM 区了，地址单元为 30H～7FH。对这部分区域的使用不做任何规定和限制，堆栈一般开辟在这个区域。

（2）特殊功能寄存器区（80H～FFH）

在单片机中有一些独立的存储单元专门用来控制一些功能电路（如定时器电路、串口电路等），这些存储单元被称为特殊功能寄存器（Special Function Register，SFR）。51 单片机的特殊功能寄存器有 21 个，不连续地分布在片内 RAM 的高 128 单元中，如表 2-3 所示。需要注意的是，尽管高 128 单元中还有很多空闲地址，但用户不能使用这些地址。实际上，在 51 单片机中除表 2-3 所列的 21 个特殊功能寄存器外，还有一个不可寻址的特殊功能寄存器——

程序计数器 PC，它不占据 RAM 单元。

表 2-3　RAM 中的特殊功能寄存器

SFR 名称	符号	位地址/位定义								字节地址	是否可位寻址
		D7	D6	D5	D4	D3	D2	D1	D0		
寄存器 B	B	F7H	F6H	F5H	F4H	F3H	F2H	F1H	F0H	F0H	可
		B.7	B.6	B.5	B.4	B.3	B.2	B.1	B.0		
累加器 A	ACC	E7H	E6H	E5H	E4H	E3H	E2H	E1H	E0H	E0H	可
		A.7	A.6	A.5	A.4	A.3	A.2	A.1	A.0		
程序状态字	PSW	D7H CY	D6H AC	D5H F0	D4H RS1	D3H RS0	D2H 0V	D1H —	D0H P	D0H	可
中断优先级控制	IP	BFH	BEH	BDH	BCH	BBH	BAH	B9H	B8H	B8H	可
		—	—	—	PS	PT1	PX1	PT0	PX0		
I/O 端口 3	P3	B7H	B6H	B5H	B4H	B3H	B2H	B1H	B0H	B0H	可
		P3.7	P3.6	P3.5	P3.4	P3.3	P3.2	P3.1	P3.0		
中断允许控制	IE	AFH	AEH	ADH	ACH	ABH	AAH	A9H	A8H	A8H	可
		EA	—	—	ES	ET1	EX1	ET0	EX0		
I/O 端口 2	P2	A7H	A6H	A5H	A4H	A3H	A2H	A1H	A0H	A0H	可
		P1.7	P1.6	P1.5	P1.4	P1.3	P1.2	P1.1	P1.0		
串行数据缓冲区	SBUF	—	—	—	—	—	—	—	—	99H	不可
串行控制	SCON	9FH	9EH	9DH	9CH	9BH	9AH	99H	98H	98H	可
		SM0	SM1	SM2	REN	TB8	RB8	TI	RI		
I/O 端口 1	P1	97H	96H	95H	94H	93H	92H	91H	90H	90H	可
		P1.7	P1.6	P1.5	P1.4	P1.3	P1.2	P1.1	P1.0		
T1（高 8 位）	TH1	—	—	—	—	—	—	—	—	8DH	不可
T0（高 8 位）	TH0	—	—	—	—	—	—	—	—	8CH	不可
T1（低 8 位）	TL1	—	—	—	—	—	—	—	—	8BH	不可
T0（低 8 位）	TL0	—	—	—	—	—	—	—	—	8AH	不可
定时器工作方式寄存器	TMOD	GAT	C/T	M1	M0	GAT	C/T	M1	M0	89H	不可
定时/计数控制寄存器	TCON	8F	8E	8D	8C	8B	8A	89	88	88H	可
		TF1	TR1	TF0	TRO	IE1	IT1	IE0	IT0		
电源及波特率选择寄存器	PCON	SMO	—	—	—	—	—	—	—	87H	不可
数据指针高 8 位	DPH									83H	不可
数据指针低 8 位	DPL									82H	不可
堆栈指针	SP									81H	不可
I/O 端口 0	P0	87	86	85	84	83	82	81	80	80H	可
		P0.7	P0.6	P0.5	P0.4	P0.3	P0.2	P0.1	P0.0		

在可寻址的 21 个特殊功能寄存器中，有 11 个寄存器不仅可以字节寻址，而且可以位寻址，这些可寻址的位有专门的定义和用途。

下面对几个常用的专用寄存器功能进行简单说明。

① 累加器（ACC）：最常用的专用寄存器。加、减、乘、除等算术运算指令的运算结果基本都存放在ACC中（指令系统中用A作为累加器的助记符）。

② 程序状态字寄存器（PSW）：是一个8位寄存器，用于存放程序运行中的各种状态信息，其中有些位的状态根据程序执行结果，由硬件自动设置；有些位的状态则由软件方法设定。PSW的各位定义如表2-4所示。

表2-4 PSW位定义

位地址	D7H	D6H	D5H	D4H	D3H	D2H	D1H	D0H
位名称	CY	AC	F0	RS1	RS0	OV	F1	P

其中F1未用，其他各位说明如下。

CY（PSW.7）进位标志：在进行算术运算中的加法和减法运算时，如果计算结果产生进位或借位，则CY由硬件置1，否则置0。在进行逻辑运算中的移位运算时，移出的位如果是1，则该位硬件置1；移出的是0，该位置0。

AC（PSW.6）辅助进位标志：当进行加法或减法运算时，将参与运算的数据转为二进制数再计算，此时如果计算的低4位数向高4位数有进位或借位，则AC将被硬件置1，否则置0。

F0（PSW.5）标志位：用户定义的一个状态标记，可以用软件来使它置位或清零，也可以用软件测试F0控制程序的流向。

RS1，RS0（PSW.4，PSW.3）工作寄存器组选择控制位：用于决定使用的是片内RAM的工作寄存器组中的哪一组。具体可见表1-3。

OV（PSW.2）溢出标志：当执行算术指令时，由硬件置位或清零，以指示溢出状态。

P（PSW.0）奇偶标志位：用于表明ACC中内容的奇偶性，若ACC中1的位数为奇数，则P置“1”，否则置“0”。此标志位对串行通信中的数据传输有重要的意义。

③ 程序计数器（Program Couter，PC）：PC是一个16位计数器，其内容为下一条将要执行的指令的地址，寻址范围为2^{16}=64KB。PC有自动加1功能，用于控制程序的执行顺序。PC没有地址，是不可寻址的，因此用户无法对它进行读写。

其他的专用特殊寄存器将在后续章节中陆续介绍。

2. 外部数据存储器

外部数据存储器可以根据需要进行扩展。当需要扩展存储器时，低8位地址A7～A0和8位数据D7～D0由P0口分时传送，高8位地址A15～A8由P2口传送。由于扩展可用的地址引脚最多为16根，故51单片机最多可以扩展片外数据存储空间为2^{16}=64KB，扩展的存储空间称XDATA区。在XDATA空间内进行分页寻址操作时，称该区为PDATA区。

2.2.2 程序存储器

一个微处理器能够聪明地执行某种任务，除了它们强大的硬件外，还需要它们运行的软件，其实微处理器并不聪明，它们只是完全按照人们预先编写的程序而执行。程序相当于给微处理器处理问题的一系列命令。设计人员编写的程序存放在程序存储器中，程序存储器中的程序除非采用特殊方法将其擦除，否则只能将之读出来而不能写进去，所以这部分存储器称只读程序存储器（ROM）。其实程序和数据一样，从CPU的角度看它们都是一堆由0和1

组成的代码串。只是程序代码存放于程序存储器中而已。

8051 单片机内部有 4KB 的 ROM，如果程序大小超过 4KB，则需要扩展程序存储器。8051 单片机最多可以扩展 64KB 的程序存储器，其片内外的程序存储器统一编址。对于内部有 ROM 的 8051 等单片机，正常运行时，$\overline{EA}$ 需接高电平，使 CPU 先从内部的程序存储（对应地址 0000H～0FFFH）中读取程序，当 PC 值超过内部 ROM 的容量时，才会转向外部的程序存储器（对应地址 1000H～FFFFH）读取程序。

单片机启动复位后，程序计数器的内容为 0000H，所以系统将从 0000H 单元开始执行程序。但在程序存储器中有些特殊的单元，这在使用中应加以注意。

第 1 组特殊单元是 0000H～0002H 单元，系统复位后，PC 为 0000H，单片机从 0000H 单元开始执行程序，如果程序不是从 0000H 单元开始的，则应在这 3 个单元中存放一条无条件转移指令，让 CPU 直接去执行用户指定的程序。

第 2 组特殊单元是 0003H～002AH，这 40 个单元各有用途，它们被均匀地分为 5 段，具体的定义如下。

0003H～000AH：外部中断 0 中断地址区。

000BH～0012H：定时/计数器 0 中断地址区。

0013H～001AH：外部中断 1 中断地址区。

001BH～0022H：定时/计数器 1 中断地址区。

0023H～002AH：串行中断地址区。

这 5 段的 40 个单元专门用于存放中断处理程序的入口地址，中断响应后，按中断的类型，自动转到各自的中断区去执行程序。

实际上，在 51 单片机中，用户无须考虑程序的存放地址，编译程序会在编译过程中按照上述规定，自动安排程序的存放地址。例如，C 语言是从 main()函数开始执行的，编译程序会在程序存储器的 0000H 处自动存放一条转移指令，跳转到 main()函数存放的地址开始执行程序。

习　题　2

1. 选择题

（1）MCS-51 单片机是________ CPU。

A. 4 位　　B. 8 位　　C. 准 16 位　　D. 16 位

（2）MCS-51 单片机的 CPU 主要由________组成。

A. 运算器、控制器　　B. 加法器、寄存器

C. 运算器、加法器　　D. 运算器、译码器

（3）MCS-51 单片机内部数据 RAM 中，特殊功能寄存器占________字节。

A. 64　　B. 128　　C. 256　　D. 64K

（4）MCS-51 单片机内部 ROM 的容量是________字节。

A. 128　　B. 256　　C. 4K　　D. 64K

（5）MCS-51 单片机的一个机器周期等于________个时钟周期。

A. 2　　B. 4　　C. 8　　D. 12

（6）MCS-51单片机有_____个________位的定时/计数器。

A．1，8　　B．2，16　　C．1，16　　D．2，8

（7）提高单片机的晶振频率，则机器周期________。

A．不变　　B．变长　　C．变短　　D．不可估计

（8）MCS-51单片机中的程序以________形式存放在存储器的ROM中。

A．源程序　　B．目标程序　　C．二进制编码　　D．汇编程序

（9）MCS-51单片机正常运行程序时，RST/VPD引脚应为________。

A．低电平　　B．高电平　　C．脉冲输入　　D．高阻态

（10）访问外部数据存储器时，不起作用的信号引脚________。

A．$\overline{RD}$　　B．$\overline{WR}$　　C．$\overline{PSEN}$　　D．ALE

（11）MCS-51单片机扩展外部程序存储器和数据存储器时________。

A．分别独立编址　　B．动态编址

C．统一编址　　D．既可独立编址又可统一编址

（12）MCS-51单片机的RS1、RS0=10时，当前寄存器R0～R7占用内部RAM的______单元。

A．00H～07H　　B．08H～0FH　　C．10H～17H　　D．18H～1FH

（13）MCS-51单片机的最大时序定时单位是_______。

A．节拍　　B．状态　　C．机器周期　　D．指令周期

（14）一个EPROM芯片的地址有A0～A11引脚，则它的容量为_______。

A．2KB　　B．4KB　　C．11KB　　D．12KB

（15）进位标志CY在_______中。

A．累加器　　B．逻辑运算部件（ALU）

C．片内RAM低128单元　　D．程序状态寄存器（PSW）

2. 填空题

（1）MCS-51单片机片内RAM的通用寄存器区共有_____个存储单元，分为_____组寄存器。

（2）在MCS-51单片机中，PC和DPTR都用于提供地址，不同的是PC为访问______存储器提供地址，而DPTR则为访问______________________存储器提供地址。

（3）MCS-51单片机的片内RAM低128单元划分为_______________、______________和______________3个主要组成部分，其中堆栈区一般开辟在_______________。

（4）MCS-51单片机中，唯一一个用户不能直接使用的寄存器是__________。

（5）单片机与普通计算机的不同之处在于其将__________________、________________、______________________、_____________________等集成于一块芯片上。

（6）单片机上电复位时，PSW=_______，SP=______，R4所对应的存储单元地址为______。

（7）MCS-51单片机最大可扩展______字节的ROM和_________字节的RAM。

（8）MCS-51单片机的一个机器周期包含_________个状态周期，每个状态周期又可划分为__________个节拍，故一个机器周期实际又包含__________个振荡周期。

（9）MCS-51单片机外部扩展有存储器时，存储器的高8位地址由__________口送出。

（10）MCS-51单片机的复位信号需延续______个机器周期以上的______电平，单片机才能完成可靠复位。

3. 简答题

（1）MCS-51 单片机的内部 RAM 中，哪些单元可作为工作寄存器，哪些单元可以进行位寻址？

（2）试列出 P3 口的第二功能。

（3）什么是机器周期？单片机的机器周期与晶振频率有何关系？当晶振为 11.0592MHz 时，单片机的机器周期是多少？

4. 编程题

试用 switch 语句与其他语句配合实现任务 2-1 的流水灯效果。

项目 3　认识单片机 C 语言

项目介绍		
实现任务		呼吸灯效果的实现
知识要点	软件方面	1．掌握 C51 的数据类型，以及各类型的数值范围； 2．掌握 C51 的数据类型与标准 C 的数据类型的区别； 3．了解 C51 的数据存储类型及其与存储器区间的对应关系； 4．了解 C51 的编译模式和关键字； 5．了解模块化编程方法； 6．掌握延时程序的延时时间估算
	硬件方面	无
使用的工具或软件		Keil C51、Proteus、STC-ISP
建议学时		4

任务 3-1　呼吸灯效果的实现

1．任务目标

利用单片机的 P1.0 口控制 1 颗 LED 发光二极管实现呼吸灯效果。

2．电路连接

单片机控制 1 颗 LED 灯的硬件电路如图 3-1 所示。

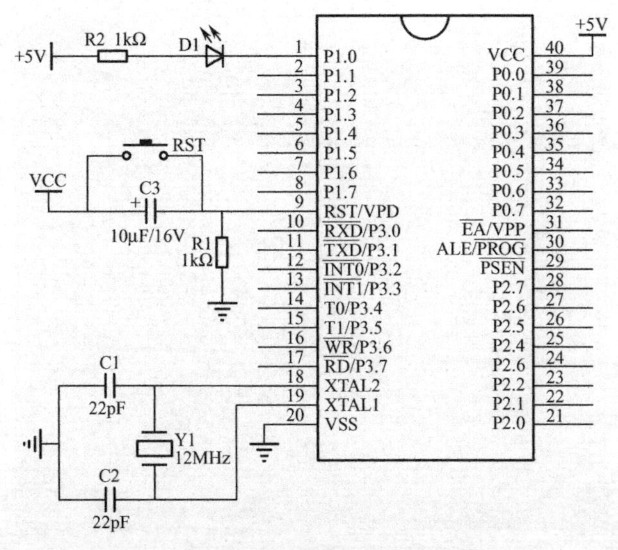

图 3-1　单片机控制 1 颗 LED 灯的硬件电路

3. 源程序设计

所谓呼吸灯是指灯在控制器的控制下由暗变亮，再由亮变暗，反复循环，就如人的呼吸一般的过程。呼吸灯效果目前被广泛应用在手机上作为视觉提示器。其实现原理是使用控制器输出脉冲宽度可调的 PWM 脉冲控制灯。以图 3-1 所示的共阳接法的 LED 控制为例，在 P1.0 引脚输出脉冲信号周期固定的情况下，每周期中 P1.0 引脚输出的低电平时间逐渐增加，则可观察到灯慢慢变亮。反过来，如果每周期中 P1.0 引脚输出的高电平时间慢慢增加，则灯会慢慢变暗。

基于此思路，可以实现任务 3-1 的呼吸灯效果的核心代码如下：

```
while(1)
{
    for(i=0; i<周期; i++)
    {  //灯由暗变亮
        P1.0 = 0;  延时 1;                //延时 1，延时时间随 i 增加
        P1.0 = 1;  延时 2;                //延时 2，延时时间随 i 减少
    }
    for(i=周期-1; i>0; i--)
    {     //灯由亮变暗
        P1.0 = 0;  延时 3;                //延时 3，延时时间随 i 逐步减少，灯慢慢变暗
        P1.0 = 1;  延时 4;                //延时 4，延时时间随 i 逐步增加
    }
}
```

结合以上分析，可得实现任务 3-1 的源代码如下：

```
#include<reg52.h>
typedef unsigned int uint;
sbit LED0=P1^0;
void Delay(uint t);                    //函数声明
void main (void)
{
    uint CYCLE=800,i=0;                //CYCLE 为周期，i 用于控制脉冲宽度
    while (1) //反复循环
    {  //逐渐变亮
        for(i=1;i<CYCLE;i++)
        {
            LED0=0;                    //点亮 LED
            Delay(i);                  //延时长度，i 逐渐增加，延时逐渐变长
            LED0=1;                    //熄灭 LED
            Delay(CYCLE-i);  //延时
        }
        for(i=CYCLE-1;i>0;i--)
        {   //逐渐变暗
            LED0=0;
            Delay(i);
```

```
                LED0=1;
                Delay(CYCLE-i);
            }
        }
    }
    void Delay(uint t)
    {
        while(--t);
    }
```

任务小结

在任务 3-1 中可以看到，单片机 C 语言与标准 C 语言一样，其基本构成单位都为函数，而且有且只有一个主函数 main()，无论主函数被放置在程序中的什么位置，程序的执行都从主函数开始。typedef 的用法也与标准 C 语言的用法一样，都是用来为类型定义一个别名。注释也一样，单行注释仍然采用“//……”的方式，如果是多行注释，则采用“/*……*/”的方式。对于变量的定义，仍然采用“数据类型 变量名……”的方式。

实际上，单片机 C51 语言继承自标准 C 语言，所以在应用上两者几乎没有差别。但是，单片机 C51 语言是一种专门针对 MCS-51 系列单片机设计的 C 语言，它具有与汇编语言一样的对硬件操作的能力，这是标准 C 语言所没有的。这也使得虽然单片机 C 语言继承自标准 C 语言，但两者并不完全一样，它们在很多方面有所差别，而任务 3-1 中的 sbit LED0 = P1^0 就是这种差别的体现——在标准 C 语言当中，可没有 sbit 这么一种数据类型。下面就对两者的数据类型、变量的存储模式、关键字等方面的差别进行介绍，重点介绍 C51 扩展出来的部分。其他的差别，比如单片机中的中断函数与标准 C 语言中的普通函数的定义格式及调用，将在后面学习时依次介绍。

3.1 C51 的数据类型及数据的存储

3.1.1 C51 支持的数据类型

单片机和计算机一样，其处理的对象都是数据，数据的不同存储格式称为数据类型。数据类型好比杯子，不同杯子的容量和应用场合不同，C51 的数据类型也一样，不同的数据类型能表示的数据的范围不同，存储区域也可能不同。C51 支持的数据类型如表 3-1 所示。

表 3-1 C51 支持的数据类型

数据类型	名称	长度	值 域
unsigned char	无符号字符型	单字节	0～255
signed char	有符号字符型	单字节	-128～+127

续表

数据类型	名称	长度	值 域
unsigned int	无符号整型	双字节	0～65536
signed int	有符号整型	双字节	-32768～+32767
unsigned long	无符号长整型	四字节	0～4294967295
signed long	有符号长整型	四字节	-2147483648～+2147483647
float	浮点型	四字节	±1.175494E-38～±3.402823E+38
*	指针型	1～3 字节	对象的地址
bit	位类型	位	0 或 1
sfr	特殊功能寄存器	单字节	0～255
sfr16	16 位特殊功能寄存器	双字节	0～65536
sbit	可寻址位	位	0 或 1

各数据类型的详细介绍如下。

1. char

char 型数据长度是 1 字节，通常用于定义处理字符数据的变量或常量，分为 unsigned char 和 signed char，signed char 为默认类型。unsigned char 类型用字节中所有的位来表示数值，表示的数值范围是 0～255，常用于处理 ASCII 字符或者小于等于 255 的整型数。signed char 类型用字节中最高位表示数据的符号，0 表示正数，1 表示负数，负数用补码表示，所能表示的数值范围是-128～+127。

注意：正数的补码与原码相同，负数的补码等于它的绝对值按位取反后加 1。

2. int

int 型数据长度为 2 字节，用于存放一个双字节数据，分为 unsigned int 和 unsigned int，signed int 为默认类型。unsigned int 表示的数值范围是 0～65535。signed int 表示的数值范围是-32768～+32767，字节中最高位代表符号，0 表示正数，1 表示负数。

注意：在程序使用变量时不能使该变量的值超过其数据类型的范围，否则有可能出现意料不到的结果。比如，有一个延迟函数定义如下：

```
void Delay(unsigned char i)
    {
        unsigned char j;
        for(j=0; j≤i ; j++) ;
    }
```

该函数参数 i 的类型为无符号字符类型，值范围为 0～255。调用该延迟函数时，如果实参变量分别取 255 和 280，结果会发现 i=280 的延时时间反而比 i=255 时短，具体原因可结合标准 C 语言中的情况分析。

3. long

long 型数据长度为 4 字节，分为 unsigned long 和 signed long，signed long 为默认类型。

unsigned long 表示的数值范围是 0～4294967295。signed long 表示的数值范围为 -2147483648～+2147483647，字节中最高位表示数据的符号，0 表示正数，1 表示负数。

4. float

float 型数据在十进制中具有 7 位有效数字，是符合 IEEE－754 标准的单精度浮点型数据，占据 4 字节。许多复杂的数学运算中的数据都采用 float 型数据。

5. *

在标准 C 中，指针就是地址，所以指针变量中存放的是指向另一个数据的地址。这个指针变量要占据一定的内存单元，CPU 不同指针变量占据的存储宽度也不同，在 C51 中它的长度一般为 1～3 字节。指针变量也有类型，它的类型为指针指向的另一个数据的类型。

6. bit

bit 是 C51 的一种扩充数据类型，利用它可定义一个位变量，但不能定义位指针，也不能定义位数组。它的值是一个二进制位，不是 0 就是 1。bit 定义的对象始终存放于单片机内部可位寻址的存储空间（20H～2FH）中。应用 bit 定义变量的格式如下：

```
static bit i;                      //定义一个静态位标量 i
extern bit k;                      //定义一个外部位标量 k
bit function(char i, char k);      //声明一个具有两个参数、返回值为位类型的函数
```

7. sfr

sfr 也是 C51 的一种扩充数据类型，占用 1 字节单元，表示的数值范围为 0～255，用于访问 51 单片机内部的所有特殊功能寄存器。使用 sfr 定义变量，只能采用直接寻址方式，其定义格式如下：

```
sfr 变量名=特殊功能寄存器地址;
```

比如：

```
sfr P1=0x90;        //定义变量 P1 代表地址为 0x90 的特殊功能寄存器，在后面的语句中就可以
                      用类似于 P1 = 255（对 P1 端口的所有引脚置高电平）之类的赋值语句来操
                      作该特殊功能寄存器
sfr PSW=0xD0;       //定义变量 PSW 代表地址为 0xD0 的寄存器
sfr TMOD=0x89;      //定义变量 TMOD 代表地址为 0x89 的寄存器
```

注意：特殊功能寄存器的地址必须为 80H～FFH 之间的常数，不能为表达式。

8. sfr16

sfr16 也是 C51 的扩充数据类型，它和 sfr 一样用于操作特殊功能寄存器，不同的是它用于操作占 2 字节的寄存器，如定时器 T0 和 T1。例如：

```
sfr16   T1=0x8a;
```

9. sbit

sbit 同样是 C51 的一种扩充数据类型，它主要用于定义特殊功能寄存器中的可寻址位。

比如：

```
sbit P1_0 = P1^0;           //定义变量 P1_0 代表 P1 中的 P1.0 引脚
sbit CY=0xD7;               //定义变量 CY 代表位地址为 D7H 的存储单元（进位标志 CY）
sbit AC=0xD0^6;             //定义变量 AC 代表位地址为 D6H 的存储单元（辅助进位标志 AC）
sbit RS0=0xD0^3;            //定义变量 RS0 代表地址为 D3H 的存储单元
```

注意：sbit 和 bit 都用于声明位变量，变量值都只有 0 或 1，但声明的变量对象位于 RAM 中的不同区域。sbit 声明的变量对象位于 RAM 的特殊功能寄存器区。bit 声明的变量对象位于 RAM 的位寻址区。

实际上，在 C51 编译器提供的预处理文件 reg51.h 中已经定义好了 MCS-51 的特殊功能寄存器和其中的可寻址位，使用时，只需用#include <reg51.h>将头文件 reg51.h 包含进去，即可直接应用如 P0、P1 等变量实现对 P0 口、P1 口的操作，比如：

```
#include <reg51.h>
sbit P10=P1^0;
sbit P13=P1^3;
void main()
{
    P10=0;
    P13=1;
    PSW=0xD0;
    ...
}
```

需要注意的是，reg51.h 头文件中对 P0、P1、P2、P3 口的可寻址位未定义，所以用户在需要使用其中的位而对这些位进行定义时需使用 sbit。此外，在直接应用时，特殊功能寄存器的名称或其中的可寻址位的位名称必须大写。

3.1.2　C51 的存储类型及其与单片机存储空间的对应关系

C51 是面向 MCS-51 系列单片机的程序设计语言，它定义的任何数据（变量和常量）必须以一定的存储类型定位于单片机相应的存储区域中。C51 编译器支持的数据存储类型及其与 51 单片机系统中的存储空间的对应关系如表 3-2 所示。

表 3-2　C51 的数据存储类型及其与单片机存储空间的对应关系

数据存储类型	数据长度（位）	与存储空间的对应关系
bdata	1	数据存储于片内 RAM 的可位寻址区
data	8	数据存储于片内 RAM 中的低 128 字节区
idata	8	数据可存储于片内全部 RAM 地址空间（256 字节）
pdata	8	分页寻址片外数据存储器区（256 字节）
xdata	16	数据存储于片外数据存储器区（64K 字节）
code	16	数据存储于代码存储器区（64K 字节）

下面对这 6 种存储类型进行详细介绍。

（1）data

如果数据用 data 声明，则数据存储范围为内部 RAM 低 128 字节 0x00～0x7f。例如：

```
unsigned char data i=5;        //i 为无符号字符型数据，存放于数据存储器区的低 128 字节范围内
```

（2）bdata

如果数据用 bdata 声明，则数据存储范围为 RAM 中的 0x20～0x2f 可位寻址区。

（3）idata

如果数据用 idata 声明，则数据存储范围为整个内部 RAM 中的 0x00～0xff 区。

例如：

```
unsigned int idata k=500;        //无符号整数 k 存放区域为数据存储器区
```

（4）pdata

pdata 主要用于紧凑模式（见后面介绍），能访问 1 页（256 字节）的外部数据存储器区。在访问使用 pdata 定义的数据时，只使用 P0 口的 8 位数据线，不会影响 P2 口的输出电平。例如：

```
unsigned char pdata i=20;        //i 为无符号字符型数据，存放区域为外部数据存储器区域，至于
                                 //是哪页，由其他的 I/O 口设定
```

（5）xdata

如果数据用 xdata 声明，则声明的数据存放区域为外部数据存储器区，地址范围 0x0000～0xffff。例如：

```
unsigned char xdata i=0;        //无符号字符型数据存放区域为外部数据存储器区
```

（6）code

如果数据用 code 声明，则该数据被存放于程序存储器区。例如：

```
unsigned char data i=0;        //无符号字符变量 i 存放于程序存储器区
```

需要说明的是，如果定义变量时给出变量的存储类型，则 unsigned char data i 和 data unsigned char i 两种定义方式等价。

3.1.3 C51 的存储模式

在使用 C51 时一般都没有指明所定义的数据的存储区域，但 CPU 的寻址却无错误，这是为什么呢？原来在 C51 中这些没有明确指定存储类型的变量、函数参数等的默认存储区域由存储模式决定。只要存储模式设定好了，则变量的存储类型按默认设定即可，不需在定义时指定。C51 有 3 种存储模式，分别为 Small、Large 和 Compact，这 3 种存储模式下的变量及函数参数等数据存入的区域的具体描述如表 3-3 所示。

表 3-3　C51 的存储模式

存储模式	说　明
Small	函数参数及局部变量存入可直接寻址的内部存储器（RAM 的低 128 字节单元，默认存储类型是 data），因此访问十分方便。另外所有对象，包括栈，都必须嵌入内部 RAM
Compact	函数参数及局部变量放入分页外部存储器区（每页 256 字节，默认的存储类型是 pdata），通过寄存器 R0 和 R1 间接寻址，栈空间位于内部数据存储器区
Large	函数参数及局部变量直接放入外部数据存储器区（最大 64KB，默认存储类型为 xdata），使用数据指针 DPTR 来进行寻址。用此数据指针访问的效率较低，尤其是对大于或等于 2 字节的变量，这种数据类型的访问机制直接影响代码的长度，另一个不方便之处在于这种数据指针不能对称操作

注意：存储模式只是规定了默认的存储区，如果程序中显式地定义了变量的存放区域，则以定义为准，不受存储模式的影响。例如：

```
char xdata i=10;           //不管定义的是何模式，变量 i 都存放于外部数据存储器区
```

存储模式的设定有 3 种方式：预处理命令、编译控制命令和软件设置。

（1）使用预处理命令设定数据存储模式时只需在程序的第一句加上如下的预处理命令即可：

```
#pragma Small              //设定数据存储模式为小编译模式
#pragma Compact            //设定数据存储模式为紧凑编译模式
#pragma Large              //设定数据存储模式为大编译模式
```

（2）使用编译控制命令设定数据存储模式，其格式如下：

```
C51 源程序名  Small
C51 源程序名  Compact
C51 源程序名  Large
```

（3）软件设置方式。

在 Keil μVision3 中，存储模式的设置可通过 Target 选项卡中的下拉列表设置，如图 3-2 所示。

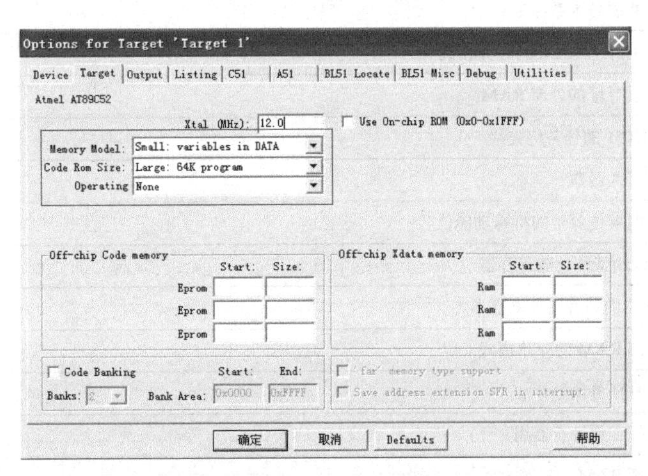

图 3-2　Keil uVision3 中存储模式的设置

其中，Memory Model 为存储模式，有 3 个选项，分别与表 3-3 中的选项相对应。

① Small（小型模式）：该模式下，所有变量都定义在单片机的内部 RAM 中，该选项为默认选项。

② Compact（紧凑模式）：该模式下，参数及局部变量存入分页外部存储器区一页（256B）的存储区域中。

③ Large（大型模式）：该模式下，参数及局部变量直接放入外部数据存储器区（64KB）。

Code Rom Size 为程序存储器模式，用于指明存放代码的空间的大小，也有 3 个选项。

① Small（小型模式）：代码的存储只使用低 2KB 的程序存储器空间。

② Compact（紧凑模式）：该模式下，单个函数的代码量不能超过 2KB，整个程序可以

使用 64KB 的程序存储器空间。

③ Large（大型模式）：该模式下，可使用全部 64KB 的程序存储器空间。

3.1.4 C51 的关键字

在 ANSI C 中有 32 个关键字，这些关键字由于已经被系统用于其他用途，故不能用做变量名。C51 中除了继续保留 ANSI C 中的 32 个关键字外，还根据需要扩展了 20 个关键字，，如表 3-4 所示。这些关键字也不能用于定义变量。

表 3-4 C51 的 20 个关键字

关键字	作　用
_at_	为变量定义存储空间绝对地址
alien	声明与 PL/M51 兼容的函数
bdata	可位寻址的内部 RAM
bit	位类型
code	ROM
compact	使用分页外部 RAM 的存储模式
data	直接寻址的内部 RAM
idata	间接寻址的内部 RAM
interrupt	中断服务函数标志
large	使用外部 RAM 的存储模式
pdata	分页寻址的外部 RAM
priority	RTX51 的任务优先级
reentrant	可重入函数
sbit	声明可位寻址的特殊功能位
sfr	8 位的特殊功能寄存器
sfr16	16 位的特殊功能寄存器
small	内部 RAM 的存储模式
task	实时任务函数
using	选择工作寄存器组
xdata	外部 RAM

3.2 单片机 C51 基础

3.2.1 用#define 和 typedef 定义类型别名

在应用 C 语言进行开发的过程中，经常使用到 unsigned char 和 unsigned int 之类的类型，而如果一个工程比较大，里面包含较多的函数，而这些函数当中又有较多的变量需要定义为这些类型时，反复用 unsigned char 和 unsigned int 对变量进行定义无疑会大大增加输入代码的工作量。解决这个问题的办法是用宏定义#define 来定义一个宏名代表数据类型，或者用 typedef 来为这些类型定义一个别名。

例如，在 C51 中，unsigned char 类型的数据在内存中占用 1 字节（8bit）的存储空间，可以用宏定义如下：

```
#define u8 unsigned char
```

或者用 typedef 为 unsigned char 声明一个别名，具体如下：

```
typedef unsigned char u8;
```

这样，在定义变量时，就可以用 u8 来代替 unsigned char，比如“u8 temp;”的定义效果与“unsigned char temp;”相同。

注意：如果定义的别名中有指针类型或者待定义别名的类型为结构体类型，建议采用 typedef 进行定义。

最后需要说明的是，用宏定义或者 typedef 定义数据类型时，选择的宏名和别名尽量见名知意，比如上面的定义 u 表示无符号，8 表示该类型的变量在内存中占用 1 字节的存储空间。

3.2.2 一些常见的运算符问题

1. 优先级的处理

C 语言涉及众多的运算符，这些运算符有特定的优先级，除非有特别明显的优先级关系，否则在有多个运算符的表达式中一律建议用括号明确表达式的操作顺序或者分开写，尽量减少歧义。比如语句中尽量避免*p++之类的表达式，如果要实现的是 p 指向的存储单元的内容进行加 1 运算，应该写成(*p)++ ，而如果是想先将 p 指向的数据拿出来运算，然后让指针 p 指向下一个存储单元，应该写成*p; p++;等。

2. 容易混淆的运算符

（1）=和==：=运算符为赋值运算符，其作用是将赋值运算符右边表达式的值赋给左边的变量。==运算符为比较运算符，用于判断其两边表达式的值是否相等。

（2）逻辑与运算符&&和按位与&运算符。逻辑与运算符两边运算对象都为“真”时结果为真，否则为假。而按位与运算符则需将两个运算对象分别转换为二进制数然后再按位进行与运算。

例如：

```
unsigned int a = 4, b = 5, temp1 = 0, temp2 = 0;
temp1 = a&&b;
temp2 = a&b;
```

程序段执行后，temp1 的值为 1，temp2 的值为 4。

（3）逻辑或运算符||和按位或运算符|。

例如：

```
unsigned int a = 4, b = 5, temp1 = 0, temp2 = 0;
temp1 = a||b;
temp2 = a|b;
```

程序段执行后，temp1 的值为 1，temp2 的值为 5。

（4）逻辑非运算符!和按位取反运算符～。

例如：

```
unsigned int a = 4, temp1 = 0, temp2 = 0;
 temp1 = !a;
 temp2 = ~a;
```

程序段执行后 temp1 的值为 0，temp2 的值为 65531，temp2 的运算过程如下：

$$\frac{\sim 0000\ 0000\ \ 0000\ \ 0100b}{1111\ 1111\ 1111\ 1011b} = 65531$$

3. 左移运算符<<和右移运算符>>

对于一个无符号整数 a，左移运算符和右移运算符可以分别代替乘以 2 和除以 2 运算。例如：

```
unsigned char a = 4, temp1 = 0, temp2 = 0;
temp1 = a<<1;
temp2 = a>>1;
```

程序段执行后，temp1 的值为 8，temp2 的值为 2。处理器处理左移和右移运算的速度要远比乘除运算快，所以在某些可用的场合使用左移和右移运算符可有效提高处理器的处理效率。

4. if(1 == flag) {}和 if(flag == 1){}问题

在C语言开发中，经常遇到对某个标志变量flag进行判断的问题，if(1 == flag){}和if(flag ==1){}即为典型例子。为了避免出现意外，建议采用 if(1 == flag){}方式。因为，如果误写成 if(flag==1)则虽然它不能表达编程者的意图，但系统却不提示错误。而如果写成 if(1==flag)则由于赋值运算符左侧不能为常量，故系统会提示错误。

3.2.3 文件包含

在模块化编程中，每一个模块都有一个头文件，为了防止头文件的重复包含和编译，需要在头文件中使用条件编译。其典型应用如下：

```
#ifndef 标识符
#define 标识符
    程序段
#endif
```

其意思是指，如果没有用#define 定义过标识符，则定义该标识符，并编译程序段的内容。原则上，标识符可以自由命名，但由于每个头文件的这个标识符应该是唯一的，所以建议采用的命名方式为：头文件名全部大写，前后加下画线，文件名中的“.”亦改为下画线。例如，某个头文件命名为 lcd12864.h，则标识符应该命名为_LCD12864_H_。

实际上，条件编译除了可以防止头文件重复包含，还可以增加系统在各平台上的可移植性。

3.2.4 模块化编程基础

当开发的单片机项目较小或者只做一些简单的练习时，开发人员习惯将所有代码编写在

同一个 C 文件下。但如果开发的项目较大，代码量有上千万行甚至更多行时，这种方式给代码调试、更改及后期维护都会带来极大的麻烦。模块化编程可以解决这个问题。模块化编程是指将一个程序按功能分成多个模块，每个模块都存放在不同的 C 文件中。

一个模块通常包含两个文件：一个是.h 文件（头文件），另一个是.c 文件。

.h 文件一般不包含实质性的函数代码，里面的内容主要是对本模块内可用于供其他模块的函数调用的函数的声明，此外，该文件也可以包含一些很重要的宏定义及数据结构的信息。头文件相当于一份说明书，介绍本模块对外界提供哪些接口函数和接口变量。头文件的基本构成原则：不该让外界知道的信息就不应该出现在头文件中，而供外界调用的接口函数或者接口变量所必需的信息则必须出现在头文件中。当外部函数或文件调用该模块的接口函数或者接口变量时，就必须包含该模块提供的头文件。另外，该模块也需要包含该模块的头文件，因为其包含了模块源文件中所需要的宏定义或者数据结构。头文件可采用条件编译的方式编写，下面给出了一个应用例子。

例如：头文件 lcd12864.h 的内容如下。

```
#ifndef _LCD12864_H_
#define _LCD12864_H_
    extern void Write_Cmd(unsigned char cmd);
    extern void Write_Data(unsigned char dat);
    extern void Lcd_Init(void);
    extern void Clear_Screen();
    extern void Show_Pixel(unsigned char x,unsigned char y,unsigned char    clearflag);
#endif
```

上例中每个函数都要在前面加 extern 修饰符进行修饰，说明修饰的函数是一个外部函数，可以供其他文件或模块调用。

.c 文件（源文件）主要功能是对.h 文件中声明的外部函数进行具体的实现，对具体的实现方式没有规定，只要能实现函数功能即可。

在本书的例程中如果涉及的模块较多，代码量也较多，可采用模块化方法来组织文件，对于代码量较少的文件，可直接将所有的代码组织在一个文件中而不采用模块化的方法。

3.2.5　关于注释

为了增强程序的可读性，注释是必需的。注释主要包含以下对象。

1. 对文件的注释

对文件的注释应该放在文件开始，建议列出：文件描述、作者、版本、完成日期、修改历史记录。其中文件描述要能够详细说明程序文件的主要作用，与其他模块或函数的接口等信息。

例如：

```
/****************************************************
文件名：
文件描述：详细描述文件的作用及文件对外的接口等信息
作者：
版本：
完成日期：
修改记录：应包含修改日期、修改者、修改内容等
```

```
*****************************************************/
```

2. 对函数进行注释

应该在函数的头部进行注释，注释的内容包括：函数的目的/功能、输入参数、输出参数、返回值、调用关系等信息。

例如：

```
/*****************************************************
函数名：Lcd12864_Init()
功能：对基于TP7920控制器控制的QC12864B显示器进行初始化
输入参数：无
输出参数：无
返回值：无
*****************************************************/
```

3. 对代码的注释

对代码的注释应位于代码的上方（内容较多时，用/**/注释）或右方（对单条语句进行注释）。如果放于上方，则建议与对应代码用空行隔开。

4. 对变量或者数据结构的注释

对于各种变量和数据结构，除了能够自注释的，其他的都要对其功能、物理含义、取值范围及注意事项进行注释。

需要注意的是，注释如果位于上方，则要与所描述的内容进行同样的缩排，以方便阅读与理解。

3.2.6 C51中的延时函数及对应的延时时间

在嵌入式系统开发中，很多器件对时序的要求都非常严格，所以在编写程序时一定要对延时程序的延时时间有比较充分的认识，否则很可能导致实验不成功。下面列出本书常用的几种延时函数及其延时时间估算，系统晶振频率为12MHz。

（1）使用while循环，循环变量类型为无符号整型。

```
void delay(unsigned int x)
{
    while(--x);
}
```

延时时间估算为$(8\times x+10)\mu s$。

（2）使用while循环，循环变量类型为无符号字符型。

```
void delay(unsigned char x)
{
    while(--x);
}
```

延时时间估算为$(2\times x+5)\mu s$。

（3）使用 for 循环，循环变量为 unsigned char 类型

```
void delay(unsigned char x)
{
    unsigned char i;
    for(i=0;i<x;i++);
}
```

延时时间估算为(8×x+15)μs。

对于其他延时时间的估算读者可以自己做实验实测确定。

习　题　3

1. 选择题

（1）以下选项中，________是 C51 提供的合法的数据类型关键字。

A．SFR　　B．char　　C．sfr16　　D．integer

（2）以下为 C51 存储模式的是________。

A．using　　B．xdata　　C．Small　　D．bit

（3）关于 bit 型变量的用法，下列说法正确的是________。

A．可以定义 bit 型的数组

B．可以声明 bit 型的指针变量

C．bit 型变量的值是一个二进制数

D．bit 型变量不可用做函数返回值

（4）单片机 C51 中用关键字________来改变寄存器组。

A．interrupt　　B．using　　C．define　　D．long

（5）C51 中，单片机的可寻址位用________定义。

A．sbit　　B．bit　　C．unsigned char　　D．unsigned int

2. 填空题

（1）相关变量定义如下：

```
unsigned char x=6, y=2, z =253;
```

试写出以下局部运算后的结果，用十进制数表示。

x&&y=______，x&y=______，x||y=______，x|y=______，x^z=______，

x=～y, x=______，x=z>>2，x=______。

（2） C 语言中的标识符由__________、________和_______组成，以______和______开头，不可使用保留给系统的________。

（3）C51 相比于标准 C 语言，扩展了 4 个数据类型，分别是___________、___________、______和______。

（4）如果数据用 xdata 声明，则数据存储于____。

（5）如果数据用 code 声明，则数据存储于____。

3. 问答题

（1）C51 有哪些数据存储模式？各存储模式定义的数据存储于哪些区间？

（2）任务 3-1 中使用“sbit Led_0=P1^0”定义 P1 口的第 0 个引脚（P1.0）后，如果要将 P1 口的 P1.0 置低电平只需使用 Led_0=0 语句即可，如果不对 P1.0 口进行定义，而直接使用 P1.0=0 或 P1^0=0 来置 P1.0 口为低电平是否可以？为什么？

项目 4　单片机的 I/O 口及其应用

<table>
<tr><td colspan="3">项目介绍</td></tr>
<tr><td colspan="2">实现任务</td><td>数码管的显示控制</td></tr>
<tr><td rowspan="2">知识要点</td><td>软件方面</td><td>进一步认识#define 和 typedef 的用法</td></tr>
<tr><td>硬件方面</td><td>1．了解单片机各并行 I/O 口的电路结构；
2．掌握 LED 数码管显示原理；
3．掌握蜂鸣器发声原理；
4．掌握继电器控制原理</td></tr>
<tr><td colspan="2">使用的工具或软件</td><td>Keil C51、Proteus、STC-ISP</td></tr>
<tr><td colspan="2">建议学时</td><td>4</td></tr>
</table>

任务 4-1　数码管的显示控制实现

1．任务目标

利用单片机的 P2 端口控制数码管循环显示 0～9。

2．电路连接

共阴数码管与单片机系统的电路连接如图 4-1 所示（使用的是 Proteus 仿真，可以省略画出时钟电路和复位电路等电路）。

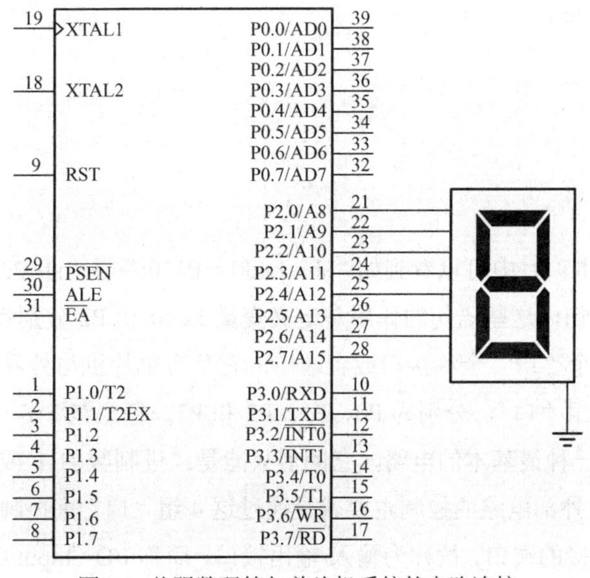

图 4-1 共阴数码管与单片机系统的电路连接

3. 源程序设计

```
#include<reg52.h>
#define uchar unsigned char            //定义用 uchar 代表 unsigned char
typedef unsigned int uint;             //用别名 uint 代表 unsigned int
uchar Led[]={0x3f,0x06,0x5b,0x4f,0x66,0x6d,0x7d,0x07,0x7f,0x6f} ;     // 0x3f 对应“0”的字型
                                       //0x06 对应“1”的字型，以此类推
void Delay()                           //延时
{
    uchar i;
    uint k;
    for(k=0;k<8000;k++)
        for(i=0;i<0x10;i++);
}
void Shumaguan()
{
    uchar i;
    for(i=0;i<10;i++)
    {
      P2=Led[i];                       //将 Led 的字型码送 P2 口
      Delay();                         //稍做延时，观察效果
    }
}
void main()
{
    while(1)
    {
        Shumaguan();
    }
}
```

任务小结

在前面的项目及本项目中可以看到如“sbit Led0 = P1^0;”及“sfr P2 = 0xA0;”（在头文件 reg52.h 中）这样的语句，这些语句的作用是定义变量 Led0 和 P2 分别代表单片机的一个 I/O 口及一组 I/O 口。这个“口”全称接口或者端口，它负责单片机与外界电路的信息交换。在 51 单片机中总共有 4 组“口”，分别为 P0、P1、P2 和 P3，每组包含 8 个位（第 0～7 位，每一个位都可以理解为一种最基本的电路，它的值只能是二进制数的 1 或 0，分别对应高电平和低电平）。单片机对外部电路的控制主要就是通过这 4 组“口”来控制的，像这种负责主机（CPU）与外部电路连接的端口，被称为输入/输出接口，简称 I/O（Input/Output）接口（端口），意思是指数据的进来和出去都需要通过这些端口。

输入/输出接口是 CPU 与外设间交换信息的桥梁，单片机对外设进行数据操作时，必须经过 I/O 口。

4.1　单片机 I/O 接口的内部结构及其功能

4.1.1　P0 口

P0 口的字节地址为 80H，位地址为 80H～87H。P0 口的各位输出端具有完全相同但又相互独立的逻辑电路，如图 4-2 所示。

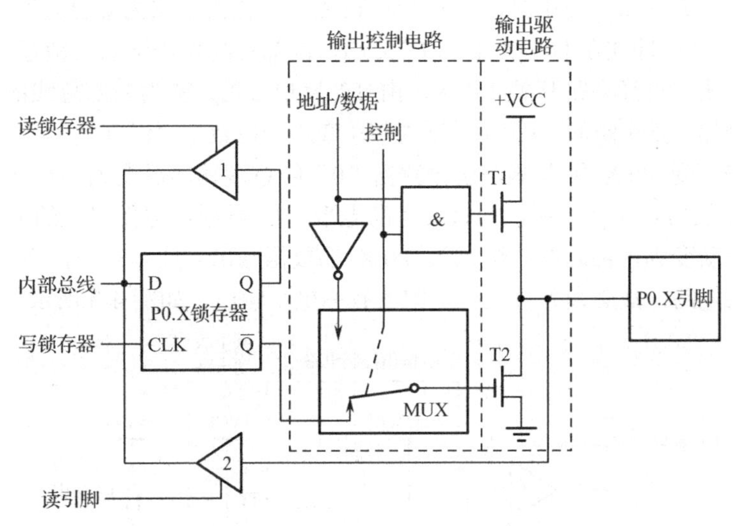

图 4-2　P0 口的某一位内部结构图

1. P0 口的组成

由图 4-2 可见，P0 口的某位电路由一个输出 D 锁存器、两个三态输入缓冲器（1 门和 2 门）和一个输出驱动电路（场效应管 T1 和 T2）及一个输出控制电路（与门、非门及转换开关）组成，各电路的功能如下：

（1）输出锁存器。输出锁存器用于进行数据位的锁存。众所周知，在不同时刻，系统中的不同部件需要不同的信号。例如，某一时刻 P0.0 要求输出高电平并要求保持若干时间，在这段时间里 CPU 不能停止，它还需要与其他部件联络，因此这根数据线上的电平未必能保持原来的值不变，导致输出就有可能变化。为解决这一问题，单片机的设计者在每一个输出端都加一个锁存器。若要使某个 I/O 口输出数据，只要将待输出的数据写入相应的 I/O 口（实际上是写入相应的锁存器）即可，然后 CPU 就可以不必再理会该接口的输出状态。锁存器会把数据锁住，直到 CPU 下一次改写数据为止。

（2）两个三态输入缓冲器，分别用于对锁存器和引脚的输入数据进行缓冲。

（3）输出控制电路。输出控制电路由一个与门、一个非门和一个 2 选 1 多路开关 MUX 构成。MUX 的一个输入端来自锁存器，另一个输入端来自内部的“地址/数据”信号端。开关具体拨向哪一边由内部的“控制”信号决定。之所以设置多路转接开关是因为 P0 口既可以作为通用的 I/O 口进行数据的输入、输出，又可以作为单片机系统的地址/数据线使用。通过“控制”信号的控制，MUX可以实现锁存器输出和地址/数据线之间的转接。

（4）输出驱动电路。输出驱动电路由两只场效应管组成。当栅极输入低电平时，T1、T2截止；当栅极输入高电平时，T1、T2导通。

2. P0口的使用

（1）当P0口作为普通输入/输出口使用时，CPU通过控制线发出控制电平“0”，由于“0”与任何数相与结果都为0，所以此时“与”门输出0（低电平）迫使T1截止，同时多路开关MUX接通锁存器的$\overline{Q}$输出端。此时数据的传送方向分以下两种情况：

① 当P0口作为输出口使用时，由于此时T1截止，输出电路为漏极开路。进行数据输出时，来自CPU的写脉冲加在D触发器的CLK端，内部总线将数据送入锁存器，经锁存器的反向输出$\overline{Q}$端输出，再经多路开关MUX，由T2反相后正好变为内部总线的数据，送到P0口引脚输出。例如，某个瞬间，CPU通过内部总线送一位数据“0”（实际上就是置对应的内部总线为低电平）到P0.X锁存器，这个数据“0”经$\overline{Q}$端输出后变为“1”（高电平），由于MUX将T2的栅极与$\overline{Q}$相连，所以栅极变为高电平，T2导通，迫使对应的P0.X的电平变为低电平“0”（重新变为内部总线的数据），P0.X的数据输出完成。需要注意的是，由于这种电路是漏极开路电路，故必须外接上拉电阻才有高电平输出，如图4-3所示。

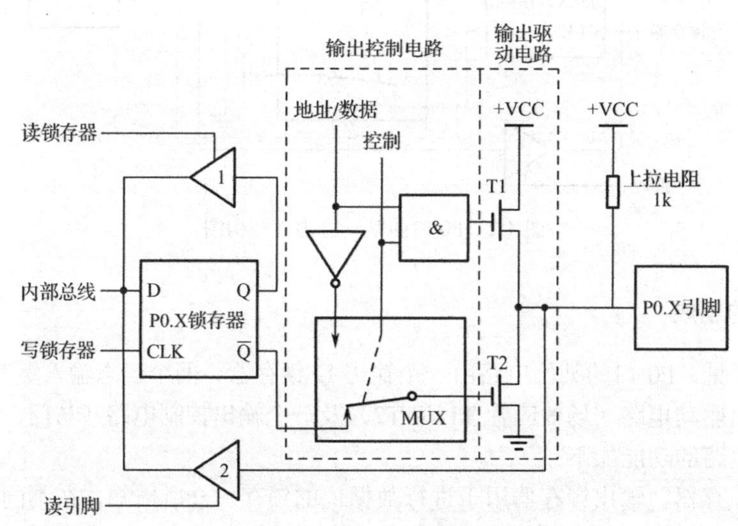

图4-3　P0.X接上拉电阻的示意图

② 当P0口作为输入口使用时，应区分读引脚和读锁存器两种情况。

所谓读引脚，就是直接读P0口外部引脚的电位。这时“读信号”把锁存器下方的三态缓冲器打开，引脚上的数据经过缓冲器进入内部总线，如图4-4所示。读引脚时需要先向电路中的锁存器写入“1”（一般用传送指令），迫使T1、T2截止，以避免锁存器为“0”状态时对引脚信号的干扰。例如，某个瞬间锁存器中的数据为“0”，经$\overline{Q}$端输出后为“1”，这个数据再经MUX，使得T2导通，此时不论外部引脚是何状态，读到的值都是“0”，从而引起读引脚错误。所以在执行读引脚操作时，需要先向电路中的锁存器写入“1”，迫使T2截止。

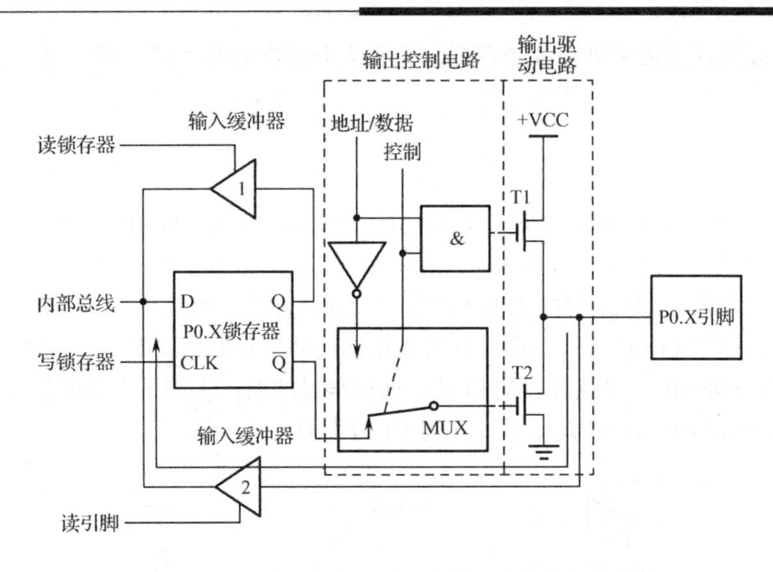

图 4-4　P0 口读引脚电平时引脚数据进入内部总线图

读锁存器指的是锁存器的 Q 端，所以读锁存器就是通过图 4-4 所示输入缓冲器读锁存器 Q 端的状态（电位）。一般来说，读取 P0 口的数据都是读引脚，目的是获取与 P0 口相连的外部电路的状态。读的目的是适应对端口进行“读—改—写”操作指令的需要。

（2）作为地址/数据线使用。

在访问外部存储器时，P0 口作为地址/数据复用口使用。这时多路开关 MUX 控制信号为 1，与门的输出由“地址/数据”线信号决定；多路开关 MUX 与反相器的输出端相连。此时，输出驱动电路由于两个场效应管交替导通，形成推拉式电路结构，带负载能力大大提高。输入数据时，数据信号直接从引脚通过输入缓冲器送入内部总线。

4.1.2　P1 口

P1 口的字节地址为 90H，位地址为 90H～97H，其某一位的电路结构如图 4-5 所示。P1 口只能作为通用 I/O 口使用，所以在电路结构上与 P0 口有一些不同。首先，因为它只传送数据，所以不再需要多路转接开关 MUX；其次，由于只用来传送数据，因此输出电路中有上拉电阻，上拉电阻与场效应管 T 共同组成输出驱动电路。

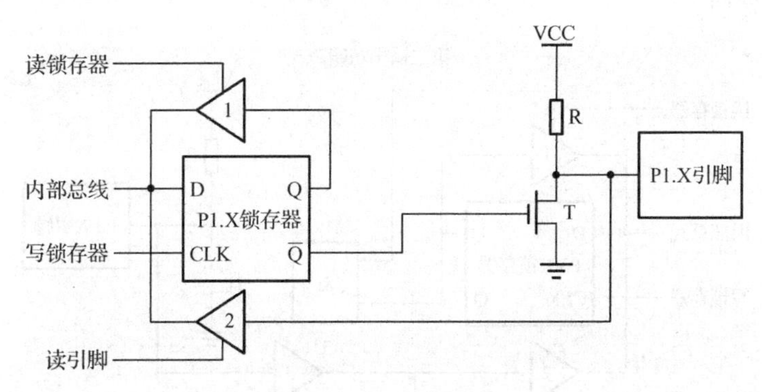

图 4-5　P1 口某一位电路结构图（P1.X）

P1 口作为输出口使用时，可以向外提供推拉电流，无须再外接上拉电阻。P1 口作为输入口时，同样也需要区分读引脚和读锁存器，也需先向锁存器写“1”，然后进行读入引脚电位操作。

4.1.3 P2口

P2口的字节地址为0A0H，位地址为0A0H～0A7H，其某一位的电路结构如图4-6所示。与P1口相比，它多了一个多路开关MUX和一个非门。这点与P0口类似，所不同的是P2口的多路开关MUX的一个输入端接入的不再是“地址/数据”，而是单一的“地址”。因此，P2口除了可以用做通用I/O口之外，还可以用来做访问外部存储器时的高8位地址。在做通用I/O口时，多路开关MUX接锁存器的Q端，而做地址线时，多路开关MUX接“地址”端。P2口作为通用I/O口使用时，其使用方法与P1口类似。

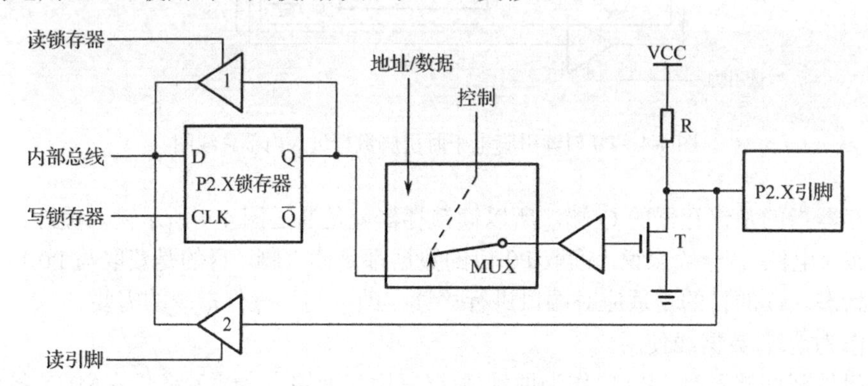

图4-6 P2口某一位电路结构图（P2.X）

4.1.4 P3口

P3口的字节地址为0B0H，位地址为0B0H～0B7H，其某一位的电路结构如图4-7所示。由图可见，P3口和P1口的结构相似，区别仅在于P3口的各端口线有两种功能选择。当处于第一功能时，第二输出功能线为1，此时，内部总线信号经锁存器和场效应管输入/输出，其作用与P1口作用相同，也是静态准双向I/O端口。当处于第二功能时，锁存器输出1，通过第二输出功能线输出特定的信号，在输入方面，既可以通过缓冲器读入引脚信号，还可以通过替代输入功能读入片内的特定第二功能信号。由于输出信号锁存并且具有双重功能，故P3口为静态双功能端口。

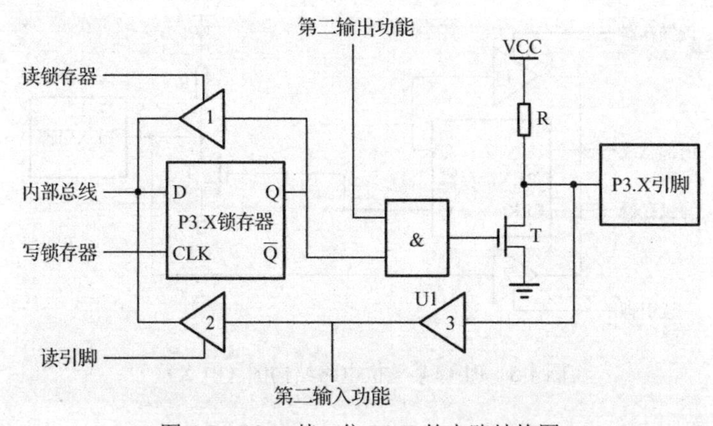

图4-7 P3口某一位P3.X的电路结构图

在应用中，如不设定 P3 口各位的第二功能（$\overline{WR}$，$\overline{RD}$ 信号由 CPU 产生，不用设置），则 P3 端口线自动处于第一功能状态，也就是静态 I / O 端口的工作状态。在更多场合则是根据应用的需要，把几条端口线设置为第二功能，而另外几条端口线处于第一功能运行状态。在这种情况下，不宜对 P3 口进行字节操作，需采用位操作的形式。

根据以上对单片机的 P0～P3 口的介绍，可得如下结论：

（1）P0、P1、P2 和 P3 都是平行的 I/O 口，都可用于数据的输入/输出，但 P0 口和 P2 口除了可用于数据的输入/输出外，在存储器扩展中，还可用于构建系统的数据总线和地址总线。

（2）在 4 个 I/O 口中，只有 P0 口是真正的双向口，而其余的 3 个口都是准双向口。并且，由于 P1、P2、P3 口内部的上拉电阻较大（约 30kΩ），故这些端口的输出电流较小，而流入的电流则可以大一点。

（3）P3 口具有第二功能，这个第二功能主要用于为系统提供一些控制信号。

4.2　I/O 口应用电路接口设计

51 单片机的输出端口都可直接连接数字电路，也可以用来驱动 LED、功率较小的喇叭或继电器等负载。下面对这些负载与单片机的连接进行详细说明。

4.2.1　驱动小功率发光二极管

发光二极管简写为 LED，它体积小、耗电低，常用做信号状态显示。LED 具有二极管的特性，正向偏压时，LED 发光；逆向偏压时，LED 不发光。LED 的亮度随流过的电流大小变化，电流越大，LED 越亮，但 LED 寿命越小。综合 LED 的寿命和亮度，一般流过 LED 的电流以 10～20mA 为宜。考虑到 P1～P3 口的内部约有 30kΩ的电阻，故想从这些端口的内部流出 10～20mA 的电流有些困难，而从外部流入的电流则可以大一点，所以一般 51 单片机驱动 LED 的接法如图 4-8 所示。

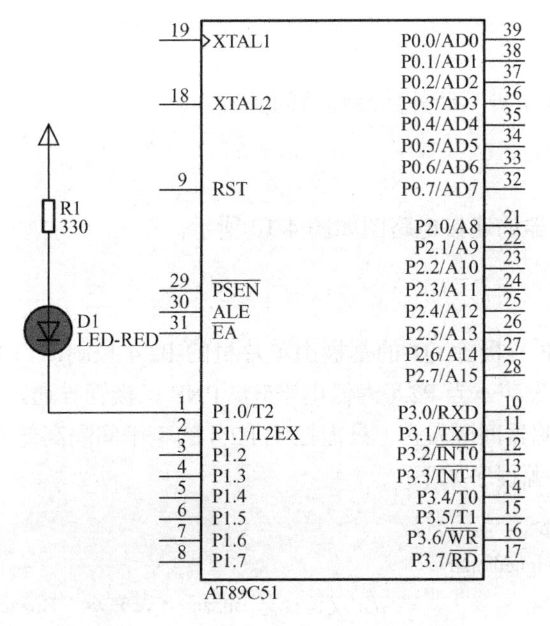

图 4-8　51 单片机驱动 LED 的电路图

4.2.2 驱动蜂鸣器发声

蜂鸣器是一种一体化结构的电子讯响器，采用直流电压供电，广泛应用于计算机、打印机、复印机、报警器、电子玩具、汽车电子设备、电话机、定时器等电子产品中做发声器件。

蜂鸣器按其结构主要分为压电式蜂鸣器和电磁式蜂鸣器，按其是否带有信号源分为有源和无源两种。单片机实验中一般使用的是电磁式有源蜂鸣器。电磁式蜂鸣器由振荡器、电磁线圈、磁铁、振动膜及外壳等组成。接通电源后，电流流过电磁线圈，使电磁线圈产生磁场，振动膜在电磁线圈和磁铁的相互作用下振动发声。图 4-9 所示为典型的单片机实验中使用的蜂鸣器的外形图。

由于单片机 I/O 引脚输出的电流较小，不足以驱动蜂鸣器发声，所以在应用单片机的 I/O 口驱动蜂鸣器时，需要外加一个电流放大电路，其典型应用电路图如图 4-10 所示。

图 4-9　有源蜂鸣器的外形

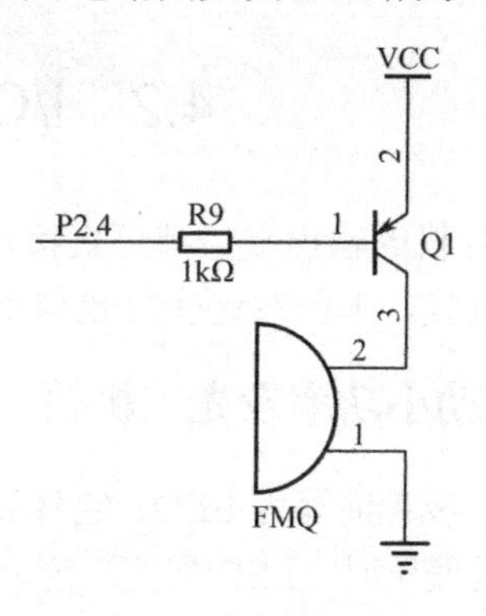

图 4-10　MCS-51 单片机与蜂鸣器的电路连接图

任务 4-2　蜂鸣器发声控制

1. 任务目标

使用单片机的 P2.4 引脚驱动外部蜂鸣器间隔发声。

2. 电路连接

单片机系统与蜂鸣器的连接电路图如图 4-10 所示。

3. 源程序设计

在图 4-10 中，PNP 三极管 Q1 的基极由单片机的 P2.4 控制，当 P2.4 为高电平时，PNP 三极管截止，蜂鸣器不发声。当 P2.4 为低电平时，PNP 三极管导通，电流流过蜂鸣器并使之发声。所以，要控制蜂鸣器间隔发声，只需控制 P2.4 的电平间隔高低变化即可。基于此分析，可得蜂鸣器间隔发声的源程序如下：

```
#include <reg52.h>
#define uchar unsigned char
sbit Buzzer = P2^4;                //定义位变量 Buzzer 代表 P2^4，Buzzer 是蜂鸣器的英文单词
void Delay(uchar i);               //声明函数 Delay()
```

```
void main()
{
    while(1)
    {
        Buzzer = 1;                     //关闭蜂鸣器
        Delay(255);                     //延时一段时间
        Buzzer = 0;                     //打开蜂鸣器
        Delay(255);                     //延时一段时间
    }
}
void Delay(uchar i)
{
    uchar j,k;
    for(j=0;j<i;j++)
        for(k=0;k<255;k++);
}
```

4.2.3　驱动继电器

如果要利用单片机来控制较高电压或较大电流的负载，可通过继电器来传达控制信号。典型的电磁继电器的工作原理可用如图 4-11 所示的电路图来说明。图中，继电器由 A、B、C 和 D 四部分构成，其中 A 是电磁铁，B 是衔铁，C 是弹簧，D 是动触点，E 是静触点。电磁继电器和电源 E1、开关 S 一起构成低压控制电路，控制右侧的高压工作电路。S 闭合时电磁铁通电，电磁吸力把衔铁吸下来使 D 和 E 接触，高压电路闭合工作。S 断开时电磁铁失去磁力，弹簧将衔铁弹开，D 和 E 脱离接触，高压电路不工作。所以，电磁继电器实际上就是一种电气开关，它利用电磁铁来控制工作电路的通断。

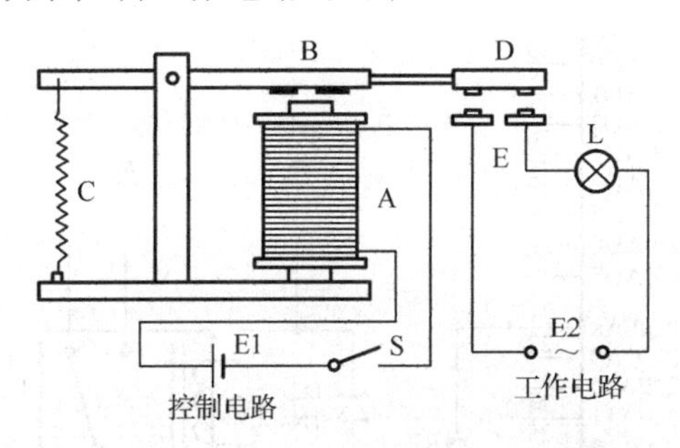

图 4-11　电磁继电器的工作原理图

图 4-12 给出了常用电磁继电器的外形图。这种继电器的内部结构如图 4-13 所示。其中 COM 为公共接点，NC 为常闭接点，NO 为常开接点。C1 和 C2 端没有加电时，COM 端和 NC 端相连，加电后 COM 端和 NO 端相连。像这种只有一组 COM、NC 和 NO 的继电器称为 1P 继电器，多一组 COM、NC 和 NO 的继电器称为 2P 继电器，结构类似。电磁继电器电磁端使用的电压有 DC 12V、DC 9V、DC 6V、DC 5V 等，通常直接标在继电器背面，如图 4-12 所示。

图 4-12　常用电磁继电器的外形图

应用 51 单片机驱动继电器时，由于单片机的输出电流比较小，所以继电器需要用晶体管来驱动，其典型应用电路如图 4-14 所示。在这里，晶体管做开关用，当 51 单片机输出高电平时，晶体管工作于饱和状态；当 51 单片机输出低电平时，晶体管工作于截止状态。而在继电器的线圈旁并联一个二极管（一般为肖特基二极管）的原因在于：继电器的线圈是感性元件，变化的电流通过线圈时线圈会产生自感电动势，根据法拉第定律，自感电动势的大小与通过线圈的电流变化率（线圈内磁通变化率）成正比。所以断开电源的瞬间电流变化率很大，线圈将产生高于电源电压数倍的自感电动势。这个自感电动势较长时间加在晶体管上易导致晶体管损坏。所以需要在线圈两端并接上二极管，并且使断电瞬间线圈产生的自感电动势极性满足二极管正向导通形成续流，并将自感感生电流泄放掉，从而保护电路上的三极管等元器件。

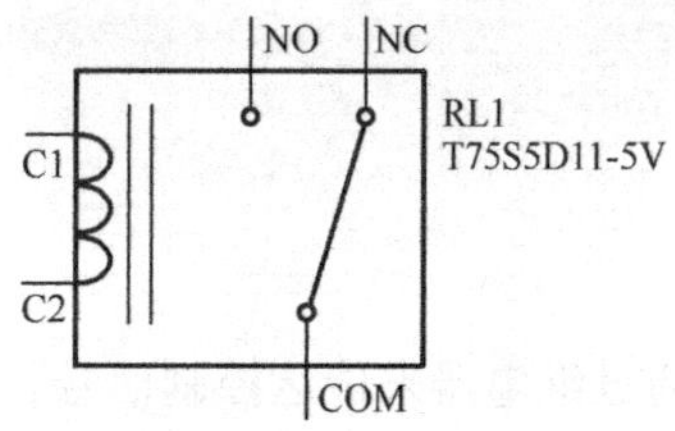

图 4-13　电磁继电器的内部结构图

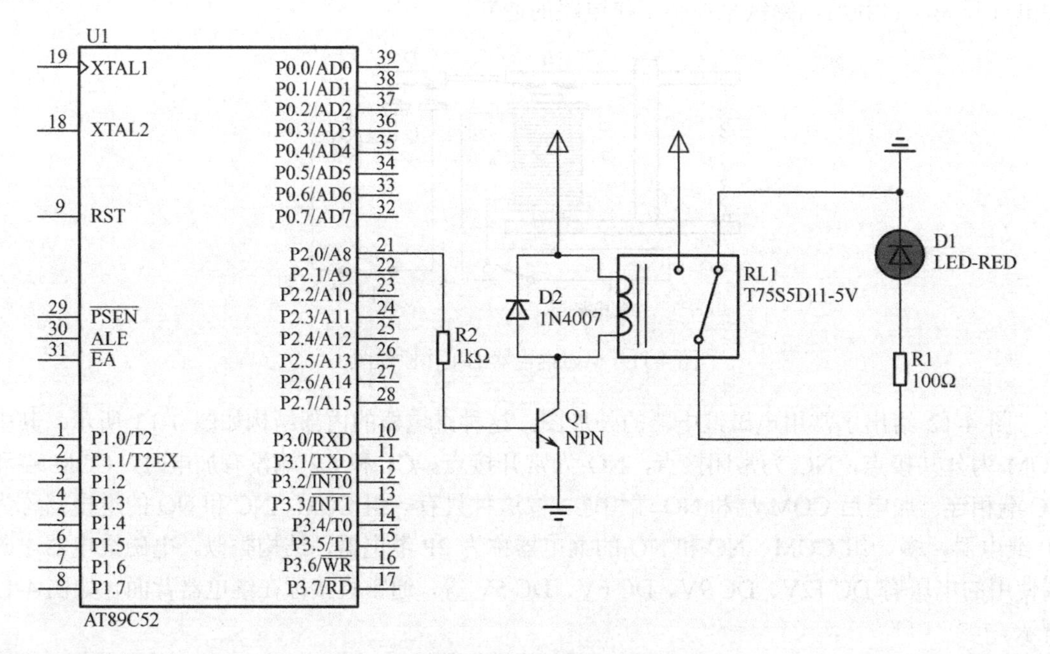

图 4-14　继电器驱动电路

4.2.4 控制数码管显示

1. 数码管的结构及显示原理

在单片机系统中，经常采用 LED 数码管来显示单片机系统的工作状态、运算结果等各种信息。单片机控制系统中使用最多的是 8 段数码管，这种数码管的外形如图 4-15（a）所示，内部引脚如图 4-15（b）所示。对应的等效电路如图 4-16 所示。

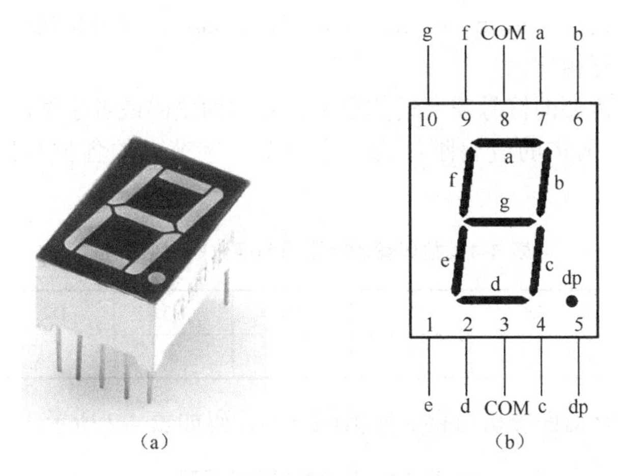

图 4-15 数码管的外形及其引脚

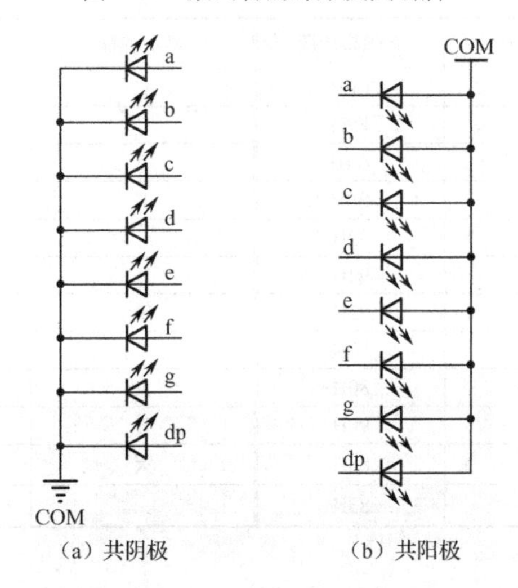

图 4-16 8 段数码管的等效电路

由图 4-16 可见，8 段数码管的内部实际上是由 8 只 LED 管排列在一起封装而成的。这 8 只 LED 管分别记为 a、b、c、d、e、f、g、dp，其中将 dp 制成圆形以表示小数点，其余 7 只 LED 管全部制成条形，并排列成如图 4-15（a）所示的“8”字形状。每只 LED 管都有一根电极引到外部引脚上，而另外一根电极则全部连在一起构成公共端 COM。如果连在一起的电极为 LED 管的阴极，则这种数码管称为共阴数码管，其内部电路如图 4-16（a）所示。如果连在一起的电极为 LED 管的阳极，则这种数码管称为共阳数码管，其内部电路如图 4-16（b）所示。

由图 4-15（b）可见，如果数码管的 b、c 亮而其余全部暗则显示数字“1”，如果 a、b、g、e、d 亮其余暗则显示数字“2”。故通过不同的发光段的组合，数码管可显示数字 0～9、字符 A～F、H、L、P、R、U、Y、符号“—”及小数点“.”等。对于共阳数码管和共阴数码管，点亮同一字段需要的电信号不同。例如显示数字“1”，对于共阳数码管，需在 b、c 两极加低电平，其余 a、d、e、f、g、dp 加高电平，公共端加高电平；而对于共阴数码管，则需在 b、c 两极加高电平，其余 a、d、e、f、g、dp 加低电平，公共端加低电平。也就是说，如果要显示数字“1”，需要向共阳数码管的 a、b、c、d、e、d、f、g、dp 送 1001 1111，公共端加高电平；向共阴数码管 a、b、c、d、e、d、f、g、dp 送 0110 0000，公共端接低电平，两者所送的电平信号刚好相反。

若使数码管显示需要的符号需要送的电平信号称为段码或者字型码。对于单片机系统中常用的 8 段数码管，所需的段码刚好为一个字节。字节中的各位与段码之间的对应关系如表 4-1 所示。

表 4-1　数码管的字型码与各位的对应关系

代码位	D7	D6	D5	D4	D3	D2	D1	D0
显示段	dp	g	f	e	d	c	b	a

按上述格式并结合前面分析可得 8 段数码管的段码如表 4-2 所示。

表 4-2　8 段数码管的段码

显示字符	共阴极段码	共阳极段码	显示字符	共阴极段码	共阳极段码
0	3FH	C0H	C	39H	C6H
1	06H	F9H	D	5EH	A1H
2	5BH	A4H	E	79H	86H
3	4FH	B0H	F	71H	8EH
4	66H	99H	P	73H	8CH
5	6DH	92H	U	3EH	C1H
6	7DH	82H	T	31H	CEH
7	07H	F8H	Y	6EH	91H
8	7FH	80H	H	76H	89H
9	6FH	90H	L	38H	C7H
A	77H	88H	灭	00H	FFH
B	7CH	83H			

2. 数码管的显示方式

在单片机应用系统中，数码管的显示方式通常有两种：静态显示和动态显示。静态显示指的是，当显示某些字形时，代表相应字形的发光二极管恒定发光。在这种显示方式中，每个数码管显示器都要占用单独的具有锁存功能的 I/O 口。当要显示某个字形时，单片机只需将对应的字型码送到接口电路即可。如果要更新显示，单片机再发送对应的新字型码即可，任务 4-1 所示实例即为静态显示。

静态显示方式中，如果需要多个同类的数码管同时显示，则公共端连在一起，而 a～dp 中的每一段都需要一个 I/O 口控制，所以静态显示占用的 I/O 口较多，硬件开销较大。静态显

示也有其优点，即显示稳定，亮度高，程序实现简单。

与静态显示相对应的是动态显示。所谓动态显示是指采用分时的办法，使得若干位（每位为一只 8 段的数码管）逐位轮流显示，周而复始不断循环。一般来说，只要循环的速度达到 50 次/秒以上，由于人眼“视觉暂留”效应，感觉不到数码管的闪动，所看到的仍然为一组连续的字段。动态显示的接口电路把所有的字划段（包括小数点）a～dp 同名端连在一起，用一组 I/O 口控制，而各位的公共端 COM 则各自独立地受 I/O 口控制。要使某位数码管显示某个数字，只需将该数字的字型码送到对应的 I/O 口，然后打开对应该位数码管的公共端即可。

任务 4-3　应用单片机的 I/O 口控制 4 位数码管动态显示

1. 任务目标

应用单片机的 I/O 口控制 4 位数码管交替显示“1990”和“2012”。

2. 电路连接

4 位共阴数码管与单片机系统的电路连接如图 4-17 所示。单片机的 P0 口用于控制数码管的段，P2 口的低 4 位用于控制数码管的位。

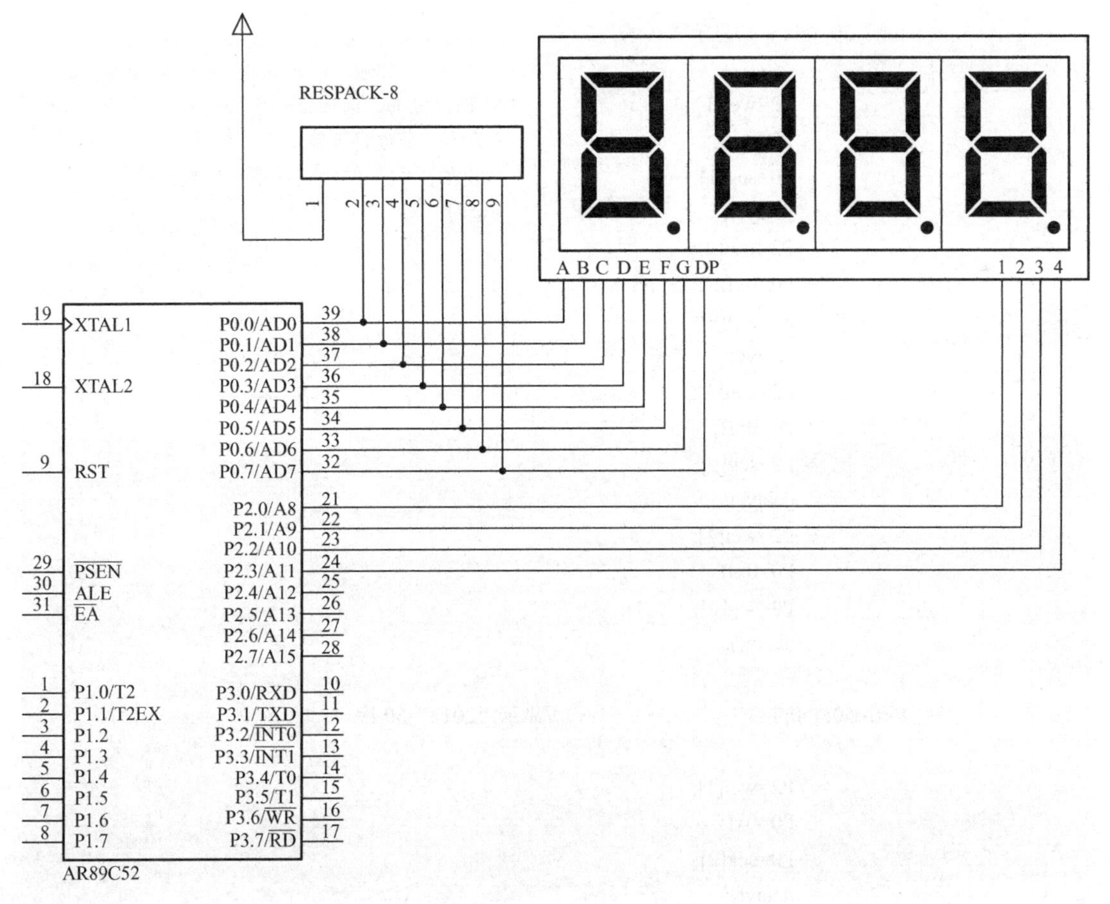

图 4-17　4 位共阴数码管与单片机系统连接图

3. 源程序设计

由于4位数码管为共阴数码管，所以当P2.0～P2.3中的某位为0时对应的数码管被选中，此时往P0口送字型码即可显示在被选中的数码管上。基于此，结合“视觉暂留”效应可得源程序如下：

```
#include <reg52.h>
typedef unsigned char uchar;
typedef unsigned int uint;
uint t;
void delay() {t=500;while(t--);}
void main()
{
    uchar seg[]={0x3f, 0x06, 0x5b, 0x4f, 0x66, 0x6d, 0x7d, 0x07, 0x7f, 0x6f};
//共阴段码
    uchar wei[]={0xff, 0xfe, 0xfd, 0xfb, 0xf7};        //位选端，选择某位数码管
    uint i;
    while(1)
    {
        for(i=50; i>0; i--)//显示“1990”50次
        {
                P2=wei[1];                    // 输出位选，选择第一个数码管
                P0=0xff;                      //关第一个数码管显示
                P0=seg[1];                    //将数字“1”的段码送第一位数码管
                delay();                      //延时
                P2=wei[2];
                P0=0xff;
                P0=seg[9];
                delay();
                P2=wei[3];
                P0=0xff;
                P0=seg[9];
                delay();
                P2=wei[4];
                P0=0xff;
                P0=seg[0];
                delay();
        }
        for(i=50; i>0; i--)                   //显示“2012”50次
        {
                P2=wei[1];
                P0=0xff;
                P0=seg[2];
                delay();
                P2=wei[2];
                P0=0xff;
```

```
                P0=seg[0];
                delay();
                P2=wei[3];
                P0=0xff;
                P0=seg[1];
                delay();
                P2=wei[4];
                P0=0xff;
                P0=seg[2];
                delay();
            }
        }
    }
```

与静态显示相比，动态显示中由于各位数码管的 a～dp 同名端都连接在一起，所以需要的 I/O 口少，硬件开销少，但程序比较复杂。

习　题　4

1. 选择题

（1）当 51 单片机接有外部存储器时，P2 口通常做__________使用。

A. 数据输出口　　B. 数据的输入口

C. 输出高 8 位地址　　D. 准双向输入 / 输出口

（2）在 51 单片机的 4 个并行口中，在外接外部存储器时，可做地址/数据复用的是______。

A. P0 口　　B. P1 口　　C. P2 口　　D. P3 口

（3）51 单片机的 4 个并行口中，做输入/输出口时需外接上拉电阻的是__________。

A. P0 口　　B. P1 口　　C. P2 口　　D. P3 口

（4）在 51 单片机中，具有两种功能的 I/O 口是__________。

A. P0 口　　B. P1 口　　C. P2 口　　D. P3 口

（5）在 51 单片机中，P1 口的字节地址是__________。

A. 80H　　B. 90H　　C. A8H　　D. 98H

（6）下述表达式可以将 P1 口的低 4 位全部置为高电平的是__________。

A. P1 |= 0x0f　　B. P1 &=0x0f

C. P1 ^=0x0f　　D. P1 =～P1

（7）在 C51 的程序中要指定 P1 口的 bit 4，该如何编写__________。

A. P1.4　　B. P14　　C. Port^4　　D. P1^4

2. 填空题

（1）51 单片机复位时，P2 口的值为_________。

（2）MCS-51 的 4 个并行口用 C51 编程访问时，既可以按_______操作，也可以按______操作。

（3）假设 P1=0xf5，则执行语句 P1=～P1 后，P1=_________。

（4）在 C51 中，如果要用变量 led1 代表 P1 口的第 0 个引脚，则应该用语句_________来定义 led1。

3. 编程题

基于单片机应用系统的密码锁硬件电路如图 4-18 所示。该硬件电路包括 4 个部分：单片机最小电路、按键、一位数码管和电控开锁驱动电路，三者的对应关系如表 4-3 所示。

表 4-3　简易密码锁状态

按键输入状态	数码管显示信息	锁驱动状态
无密码输入	—	锁定
输入与设定密码相同	P	打开
输入与设定密码不同	E	锁定

简易密码锁的基本功能如下：4 个按键分别代表 1、2、3、4；密码在程序中事先设定，为 1～4 之间的一个数字；上电复位后，密码锁初始状态为关闭，数码管显示“—”；当按下数字键后，若与预先设定的密码相同，则数码管显示字符“P”，表示打开锁，3s 后恢复锁定状态，等待下一次密码输入；如果按下的数字键与密码不配，则显示字符“E”持续 3s，保持锁定状态并等待下次密码输入。

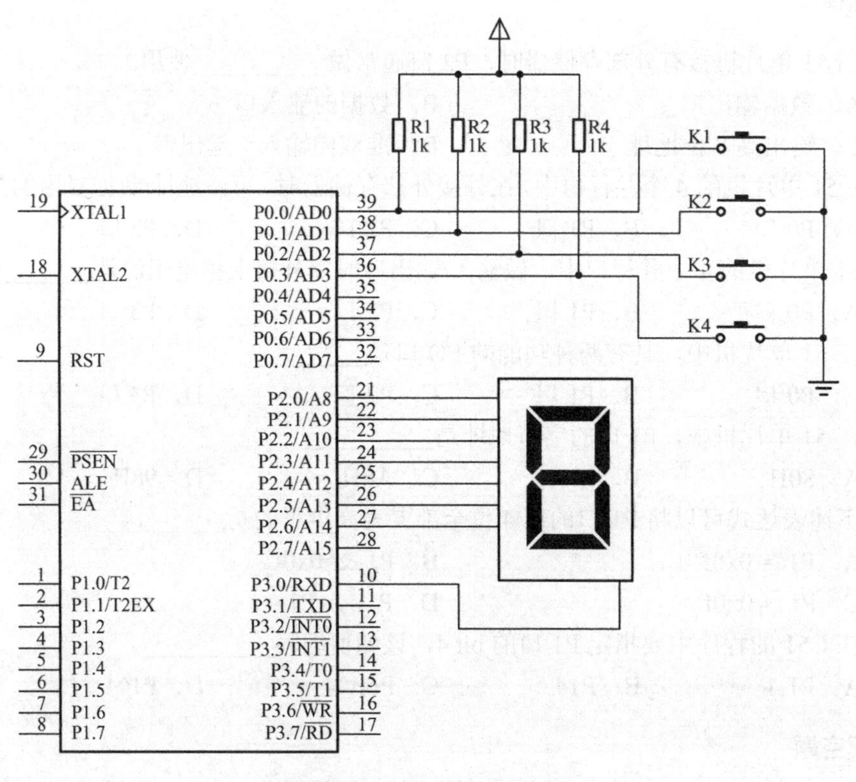

图 4-18　简易密码锁电路图

项目 5　认识单片机的定时器

<table>
<tr><td colspan="3">项目介绍</td></tr>
<tr><td colspan="2">实现任务</td><td>利用单片机的定时器实现 1s 的定时</td></tr>
<tr><td rowspan="2">知识要点</td><td>软件方面</td><td>无</td></tr>
<tr><td>硬件方面</td><td>了解单片机定时/计数器的结构，知道 51 单片机的定时/计数器是加 1 计数器</td></tr>
<tr><td colspan="2">使用的工具或软件</td><td>Keil C51、Proteus</td></tr>
<tr><td colspan="2">建议学时</td><td>4</td></tr>
</table>

任务 5-1　利用定时器实现对LED闪烁的精确控制

1. 任务目标

利用单片机的 P1.0 引脚控制 1 颗 LED 发光二极管的闪烁，闪烁周期为 2s，其中亮暗时间各持续 1s。

2. 电路连接

参见项目 1 的电路图 1-1。

3. 源程序设计

```
#include<reg52.h>             //包含头文件 reg52.h，该文件中有 52 单片机的各种特殊寄存器定义
#define uchar unsigned char   //宏定义，用 uchar 代表 unsigned char
sbit  P10=P1^0;               //位定义，使 P10 与 P1^0 发生对应关系，即用 P10 代替 P1^0
void Delay_1s()               //延迟 1s 的函数，由于放置于调用函数 main()之前，故可不声明
{
    uchar   i=0;              //循环变量定义并初始化为 0
    for(i=0;i<20;i++)         //循环 20 次，每次 50ms，即定时 20×50ms=1s
    {
        TH1=0x3c;             //这一步和下一步为给 51 单片机的定时器 T1 赋初值，0x3cb0=15536
        TL1=0xb0;             //启动定时器后每来一个时钟脉冲计数器值加 1，加满溢出
        TR1=1;                //定时器 T1 启动控制位，TR1=1 时启动定时器，定时器开始计时
        while(!TF1);          //查询溢出（溢出时 TF1 会置 1）并把溢出标志位清零
        TF1=0;                //清除溢出标志，方便下一次计时
    }
}
void main()
{
    TMOD=0x10;                //设置定时器模式控制寄存器 TMOD：使用定时器 T1，软件启动，
```

```
                                    //定时器 T1 工作于方式 1（16 位计数）
        while(1)
        {
            P10=0;                  //P1.0 口接的发光二极管亮
            Delay_1s();             //延时 1s
            P10=1;                  //对 P1.0 口的状态取反，发光二极管变暗
            Delay_1s();             //延时 1s
        }
    }
```

任务小结

将以上程序编译链接并将生成的十六进制文件固化入单片机后，给单片机加电，可以看到与 P1.0 口相连的发光二极管亮暗交替变化，亮一次和暗一次持续的时间都是 1s，从而实现精确定时。

任务 5-1 涉及单片机定时/计数器的完整应用，包括定时/计数器工作方式的选择（TMOD=0x10;）、初值的设定（TH1=0x3c; TL1=0xb0;）、定时器的启动（TR1=1;）及计数满溢出（while(!TF1);）的判断等。下面详细介绍单片机定时/计数器的内部结构及其使用。

5.1 单片机定时/计数器的内部结构

51 单片机内部有两个 16 位的可编程定时/计数器，称为 T0 和 T1。可编程是指其功能（如工作方式、定时时间、启动方式等）均可由指令来确定和改变。图 5-1 给出了 51 单片机的定时/计数系统的内部结构。

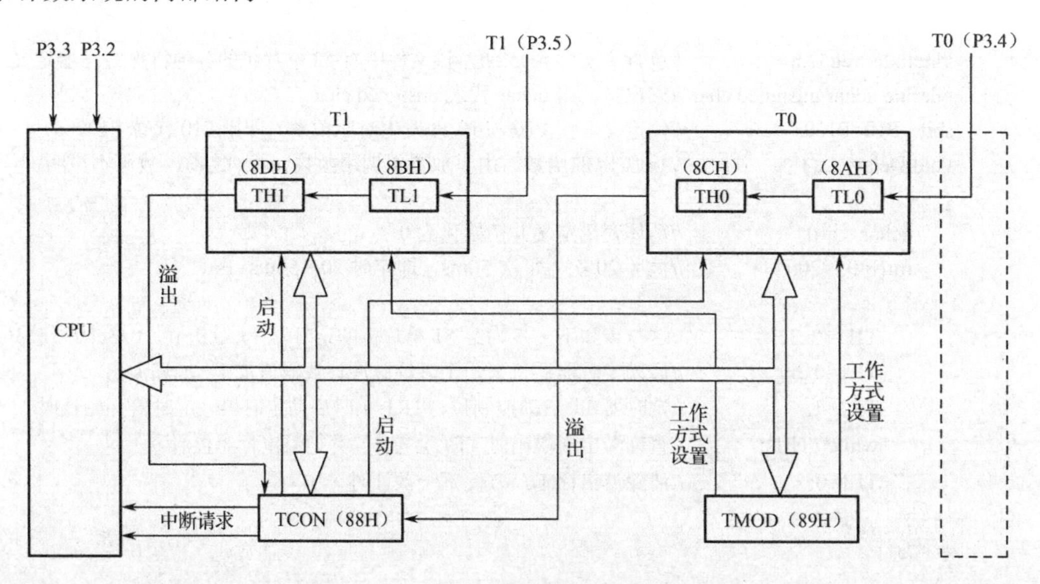

图 5-1 51 单片机定时/计数系统内部结构图

由图 5-1 可见，51 单片机的定时/计数系统由定时/计数器 T0、T1，工作模式寄存器 TMOD

和控制寄存器 TCON 四大部分构成，各部分之间通过内部总线进行连接。而定时/计数器 T0 和 T1 都由两个 8 位的定时/计数器组成的，其中 T0 由 TH0 和 TL0 组成，T1 由 TH1 和 TL1 组成。T0 和 T1 用于装载计数初值及计数，TCON 和 TMOD 由两个定时/计数器共用，用于选择定时/计数器的工作方式及控制定时/计数器的启动与停止。

1. 定时/计数器 T0 和 T1

T0 和 T1 都是加 1 计数器，每来一个脉冲，计数器加 1，加满后清零（溢出）。输入的计数脉冲有两个来源：一个由单片机内部的时钟振荡器输出脉冲经 12 分频后送来，此时 T0 或 T1 做定时器用；另一个由外部脉冲源送来（T0 由 P3.4 送入，T1 由 P3.5 送入），此时 T0 或 T1 做计数器用。下面介绍定时/计数器的定时功能和计数功能的区别。

（1）定时/计数器的定时功能

此时 T0 和 T1 的计数脉冲信号由内部振荡器的 12 分频信号产生，即每过一个机器周期，计数器加 1，直至计数满清零（溢出）。例如，晶振的频率为 12MHz，则机器周期为 1μs，定时/计数器启动后，每经过 1μs，定时/计数器加 1。

（2）定时/计数器的计数功能

此时 T0 和 T1 对从输入引脚 P3.4（T0）和 P3.5（T1）进入的外部脉冲信号进行计数，下降沿触发，即外部脉冲的电平由“1”变“0”时，加 1 计数器加 1。由于单片机检测一个由“1”到“0”的跳变需要 2 个机器周期，故外部信号的最高计数频率为单片机时钟频率的 1/24。例如，单片机晶振频率为 12MHz，则最高计数频率为 0.5MHz。

本质上，定时器和计数器都是对输入脉冲进行计数的，故又可笼统称为定时器。在单片机复位时两个定时器 T0 和 T1 都被清零。

2. 定时器工作方式选择寄存器 TMOD

TMOD 的作用如下：

（1）设置定时器是软件启动还是软硬件共同启动；

（2）设置 T0、T1 的工作方式；

（3）设置 T0 或 T1 是做计数器还是做定时器。

TMOD 的各位定义如表 5-1 所示。

表 5-1　TMOD 的各位定义

位序	D7	D6	D5	D4	D3	D2	D1	D0
位名称	GATE	$C/\overline{T}$	M1	M0	GATE	$C/\overline{T}$	M1	M0
控制 T1					控制 T0			

由表 5-1 可见，TMOD 的高 4 位和低 4 位对应位相同，故其功能也相同，所不同的是高 4 位用于设置 T1，低 4 位用于设置 T0。各位含义如下。

(1) GATE：门控位，用于选择定时/计数器的启动方式。GATE 为“0”时，通过将 TCON 寄存器中的 TR0 和 TR1 置 1 启动相应的定时器，这种方式为软件启动方式；GATE 为“1”时，需要软硬件配合方能启动相应的定时器。此时需要将 TCON 寄存器中的 TR0 和 TR1 置 1，同时需要 $\overline{INT0}$（P3.2）或 $\overline{INT1}$（P3.3）置 1 才可以启动相应定时/计数器（TR0 和 $\overline{INT0}$ 都置

1 启动 T0，TR1 和 $\overline{\text{INT1}}$ 都置 1 启动 T1）。

（2）C/$\overline{\text{T}}$：功能选择位，用于选择定时/计数器的脉冲源。C/$\overline{\text{T}}$=0 时选择单片机内部时钟脉冲的 12 分频作为计数器的输入脉冲，C/$\overline{\text{T}}$=1 时选择外部输入脉冲作为计数器的输入脉冲。

（3）M1 和 M0：定时/计数器工作方式选择位。各位含义如表 5-2 所示。

表 5-2 定时/计数器的工作方式选择位

M1	M0	工作方式	功能说明
0	0	方式 0	13 位
0	1	方式 1	16 位
1	0	方式 2	8 位自动重载
1	1	方式 3	T0 分成两个 8 位；T1 停止计数

需要说明的是，如果使用的是 T1，原则上 T0 对应的 TMOD 的低 4 位可随意设置，但实际上低 2 位不可同时为 1，原因在于 TMOD 的最低 2 位为 11（意味着 T0 工作于方式 3），此时 T1 停止计数（具体可参见 5.2 单片机定时/计数器的工作方式）。所以如果 T0 未用，TMOD 的低 4 位一般直接设为 0000。TMOD 无位地址，不可以位寻址。

3. 定时/计数器控制寄存器 TCON

TCON 主要用于控制定时/计数器的启动与停止、标示定时器的溢出（意味着一轮计数结束）和中断情况。TCON 的各位定义如表 5-3 所示。

表 5-3 TCON 寄存器各位定义

D7	D6	D5	D4	D3	D2	D1	D0
TF1	TR1	TF0	TR0	IE1	IT1	IE0	IT0

TCON 的各位含义如下。

TF1：定时/计数器 1（T1）的溢出中断标志位。当定时/计数器 T1 计满溢出时，由硬件自动将 TF1 置 1，并向 CPU 发出中断请求，当 CPU 响应该中断进入中断服务程序后，由硬件自动将该位清零，不需用专门的语句将该位清零。需要说明的是，如果使用定时/计数器的中断功能，则该位完全不用人为操作，硬件电路会自动将该位置 1、清零，但是如果中断被屏蔽，使用软件查询方式去处理该位时，则需用专门语句将该位清零。

TR1：定时/计数器 1（T1）的启动控制位。当 TR1=1 时，T1 启动计数；当 TR1=0 时，T1 停止计数。

TF0：定时器 T0 溢出标志位。其功能与 TF1 相同。

TR0：定时器 T0 运行控制位。其功能与 TR1 相同。

IE1、IT1、IE0、IT0 这 4 位与定时/计数无关，将在项目 6 中断中进行介绍。控制寄存器 TCON 的位地址是 88H，可以对它进行位寻址，溢出标志位清零或启动定时器都可以用位操作语句。例如：

```
TR0=1;        //启动定时器 T0
TF1=0;        //T1 溢出标志清零
```

单片机复位时，TCON 的内容清零。

5.2　单片机定时/计数器的工作方式

在讲述 TMOD 时曾介绍过定时/计数器有 4 种工作方式，分别为方式 0、方式 1、方式 2 和方式 3。除方式 3 外，T0 和 T1 有完全相同的工作状态。下面以 T0 为例，分别介绍各工作方式的特点和用法。

1. 工作方式 0

定时/计数器的工作方式 0 称为 13 位定时/计数器方式。它由 TL(1/0)的低 5 位和 TH(0/1)的全部 8 位构成 13 位的计数器，此时 TL（1/0）的高 3 位未用，如图 5-2 所示。

TH（1/0）								TL（1/0）							
D12	D11	D10	D9	D8	D7	D6	D5	*	*	*	D4	D3	D2	D1	D0

图 5-2　13 位定时/计数器

当定时/计数器启动后，定时或计数脉冲加到 TL0 的低 5 位，从预先设置的初值开始不断加 1。当 TL0 计数满后（TL0 的低 5 位全为 1），向 TH0 进位。当 TL0 和 TH0 都计数满后再加 1 发生溢出，T0 清零并将 T0 的标志位 TF0 置 1，以此表明定时时间或计数时间已到，如果中断允许，则向 CPU 发出中断请求。

下面来讨论定时/计数器工作于方式 0 时的最大计数次数及最大定时时间。假设定时器 T0 中初值为 0，此时 T0 中各位状态为 0000 0000 0000 0000。定时器启动计数后对每个输入脉冲进行加 1 计数，一直计数至满，此时定时器中各位内容为 1111 1111 *** 11111（注意，TL0 的高 3 位在工作方式 0 中没有用到），最大计数次数为 $2^{13}-1+1=8192$，所以定时/计数器工作于方式 0 时最大计数值为 8192。假设系统晶振的频率为 12MHz，由于定时器每经过 1 个机器周期都加 1，即每次计数时间为 1μs，所以使用工作方式 0 的最大计数时间为 8192μs。

由 51 单片机定时/计数器的加 1 计数特点可以得到它的初值 X 的计算公式：

$$X\text{=最大计数值 }2^{13}-\text{需要计数的次数}$$

以系统晶振频率为 12MHz 为例，如果要定时 5ms，则定时器的初值应设为 $2^{13}-5\text{ms}/1\mu\text{s}=3192$，转化成二进制数形式为 1100 0111 1000，考虑到工作于方式 0 时 TL1 的高 3 位未用，所以定时器中的初值应为 1100 0111 000 1000（未用的 3 位为 0 或为 1 都可以）。

2. 工作方式 1

工作方式 1 是 16 位的定时/计数器，其工作特性与工作方式 0 基本相同，区别仅在于工作方式 1 的计数位数为 16，计数范围更宽，最大计数次数可达 $2^{16}=65536$。其初值的设定可由下式计算：

$$X\text{=最大计数值 }2^{16}-\text{需要计数的次数}$$

3. 工作方式 2

工作方式 2 为 8 位自动重装初值定时/计数器方式。该方式下，16 位的计数器分成了两个独立的 8 位计数器（TH0 和 TL0），二者具有不同的功能，其中 TL 依然作为计数器，但 TH

却用于保存计数初值。编程时，TL和TH必须由软件赋予相同的初值。一旦TL0计数满溢出，TF0将被置位，同时，TH0中保存的初值自动装入TL0，开始新一轮的计数，如此重复循环。由于只有TL计数，故其最大计数次数只有256。

工作方式0和工作方式1用于循环重复定时或计数时，在每次计数器计数满溢出后，计数器都会清零。若要开始新一轮的计数，就得重新装入初值，这样既影响定时精度，又导致编程麻烦。而工作方式2由于具有自动装入初值功能，省去了用户程序中的重装指令，所以特别适合于需循环定时的场合。

4. 工作方式3

在这种工作方式下，定时/计数器0被拆成两个独立的定时/计数器来用。其中，TL0可以构成8位的定时器或计数器，而TH0则只能作为定时器来用（TH0不能对外部脉冲进行计数）。由于每个定时/计数器都需要一套单独的控制系统及溢出标志，所以T0被分成两个独立的计数器后，就需要两套控制及溢出标志。其中，TL0还是用原来的T0标志，而TH0则借用T1的标志（TH0使用T1的TR1来控制计数的启动与停止并占用T1的中断请求标志位TF1）。所以只有T0可以设置为工作方式3，而T1设置为工作方式3后不工作。

当T0处于工作方式3时，T1仍可设置为工作方式0、工作方式1和工作方式2，但由于它只有$C/\overline{T}$一个控制位，当计数满溢出时不能置位TF1申请中断，所以在T0运行于工作方式3时T1往往用做串口波特率发生器或不需要中断的场合。所以，工作方式3是为了使单片机有1个独立的定时/计数器、1个定时器以及1个串口波特率发生器的应用场合而特地提供的。

5.3 单片机定时/计数器的应用

1. 定时/计数器的初始化

使用单片机的定时器时，对其进行正确的初始化是整个应用成功的关键。对单片机的定时器进行初始化一般采用以下步骤：

（1）对TMOD赋值，以确定T0或T1的工作方式；

（2）设置计数初值，并将初值写入TH0、TL0或TH1、TL1；

（3）如使用中断，还需要设置中断寄存器IE的相应位，开放中断；

（4）使TR0和TR1置位，启动定时/计数器定时或计数。

2. 定时/计数器初值的计算

由于不同的工作方式下定时器的可供使用的计数位数不同，因而最大计数值也不同，定时同一时间，其初值也不同。用M代表最大计数值，则4种工作方式下的最大计数值如下：

工作方式0：$M=2^{13}=8192$；

工作方式1：$M=2^{16}=65536$；

工作方式2：$M=2^{8}=256$；

工作方式3：T0此时分为两个部分，一个是定时器，一个是计数器。

由于51单片机的定时/计数器是加1计数器，所以其初值的计算公式为

$$计数器的初值=M-计数值$$

以任务 5-1 为例，晶振为 12MHz，每计数一次经历的时间为 1μs，定时 50ms 需要的计数值为 50000。又由于定时器工作于方式 1，所以其初值应该为

$$X=2^{16}-50\text{ms}/1\mu\text{s}=15536$$

将 15536 转化为十六进制数，得 0x3cb0，这个 0x3cb0 即为定时/计数器的初值，也是任务 5-1 中将 TH1 置为 0x3c 且将 TL1 置为 0xb0 的原因。

小　经　验

实际上，在定时器的初值的设置上一般不采用上面介绍的比较烦琐的方法，而采用下面的方法（以 T0 为例，系统晶振为 12MHz）。

1．工作方式 0

TH0 = (8192−计数次数)/32

TL0 = (8192−计数次数)%32

2．工作方式 1

TH0 = (65536−计数次数)/256

TL0 = (65536−计数次数)%256

除此之外，还可以采用处理速度更快的移位方法。

任务 5-2　利用单片机的定时器延时实现呼吸灯效果

1．任务目标

利用单片机的 P1.0 引脚控制 1 颗发光二极管实现呼吸灯效果，其中的延时采用定时器完成。

2．电路连接

电路连接与任务 5-1 相同。

3．源程序设计

```
#include<reg52.h>
#define uchar unsigned char
sbit LED=P1^0;
uchar Cycle = 200;                    //设置呼吸灯的周期约为 200×100μs=20ms
void Delay_100μs()                    //实现 100μs 的延时
{
    TH0=(65536-100)/256;              //注意初值赋值方式
    TL0=(65536-100)%256;
    TR0=1;
    while(TF0 != 1);                  //TF=1 说明一次计数结束
    TF0 = 0;
}
```

```
void Delay(uchar t)
{
    uchar i;
    for(i=0; i<t; i++)
        Delay_100μs();
}
void main()
{
    uchar i;
    TMOD = 0x01;
    while(1)
    {    //由暗变亮
        for(i=1; i< Cycle; i++)
        {
            LED = 0;
            Delay(i);
            LED = 1;
            Delay(Cycle - i);
        }
        //由亮变暗
        for(i=1; i<Cycle; i++)
        {
            LED = 0;
            Delay(Cycle-i);
            LED = 1;
            Delay(i);
        }
    }
}
```

任务小结

在任务 5-2 中，采用了一种新方法对定时器赋初值，建议读者在使用定时器时使用此方法（如果熟悉移位运算，则建议采用移位运算）对 T0 或者 T1 赋初值。

另外，在设计呼吸灯效果实验时，为了更好地观察到效果，呼吸灯的周期不宜过大，经笔者实测，周期在 20ms 以下比较好观察。如果周期过大，则会出现闪烁效果。

习　题　5

1. 选择题

（1）MCS-51 单片机的定时/计数器工作方式 0 是________。

A．8 位计数器结构　　　　B．16 位计数器结构

C．13 位计数器结构　　　　　　D．2 个 8 位计数器结构

（2）假设 51 单片机的晶振频率为 12MHz，定时器做计数器用，则其最高的输入计数频率为________。

A．250kHz　　B．500kHz　　C．1MHz　　D．2MHz

（3）定时器有 4 种工作模式，它们由________寄存器中的 M1 M0 位的状态组合决定。

A．PCON　　B．SCON　　C．TCON　　D．TMOD

（4）若 MCS-51 单片机的定时器工作于方式 0，则其最大计数次数为________。

A．256　　B．1024　　C．8192　　D．65536

（5）在 MCS-51 单片机中，定时器的__________可以一次定时 5ms。

A．工作方式 0 和工作方式 1　　B．工作方式 0 和工作方式 2

C．工作方式 1 和工作方式 2　　D．工作方式 1 和工作方式 3

（6）在 MCS-51 单片机中，定时器工作于________时具有自动加载功能。

A．方式 0　　B．方式 1　　C．方式 2　　D．方式 3

（7）若将 51 单片机的定时器 1 设置为外部启动，则可由________引脚启动。

A．P3.2　　B．P3.3　　C．P3.4　　D．P3.5

（8）51 单片机的定时器用做定时功能时是________。

A．对内部时钟频率计数，一个时钟周期加 1

B．对外部时钟频率计数，一个时钟周期加 1

C．对内部时钟频率计数，一个机器周期加 1

D．对外部时钟频率计数，一个机器周期加 1

（9）设单片机晶振的频率为 f，则单片机定时器的计数时钟脉冲周期等于________。

A．$2/f$　　B．$4/f$　　C．$8/f$　　D．$12/f$

（10）单片机复位后，定时器 T0 和 T1 的内容是________。

A．FFH　　B．07H　　C．00H　　D．不确定

2. 填空题

（1）MCS-51 单片机中，当____________________时定时器 T1 启动计数。

（2）当____时，定时器做定时用；当____时，定时器做计数用。

（3）设 MCS-51 单片机的定时器做定时用，软件启动，其中 T1 采用工作方式 0 计数，定时器 T0 采用工作方式 1 计数，则 TMOD 的内容为________。

（4）设单片机的晶振为 12MHz，定时器 T1 工作于方式 1，其值为 TH1=0x63，TL1=0xc0，则定时器 T1 的定时时间为_____________。

（5）定时器控制寄存器 TCON 中的 TF1 用于_________________________________，当 T1 计数满溢出时，TF1 的值由硬件置________。

3. 问答题

（1）设单片机的晶振为 12MHz，定时时间设为 200μs，则应用 T0 分别工作于 4 种工作方式时的初值应各为多少？

（2）为什么定时/计数器 T0 可以工作于方式 3 而定时/计数器 T1 则不可以？

（3）单片机的定时/计数器的定时功能和计数功能各有什么不同？它们各应用于什么场合？

（4）单片机的定时/计数器是加 1 计数器还是减 1 计数器？加 1 计数器和减 1 计数器在计算计数初值时有什么不同？假设定时/计数器的计数位数为 16 位，定时时间为 50ms，做加 1 计数器和减 1 计数器时，定时器的初值应各为多少？

4．编程题

单片机系统和数码管的电路连接如图 5-3 所示，编程实现数码管的秒时钟显示。

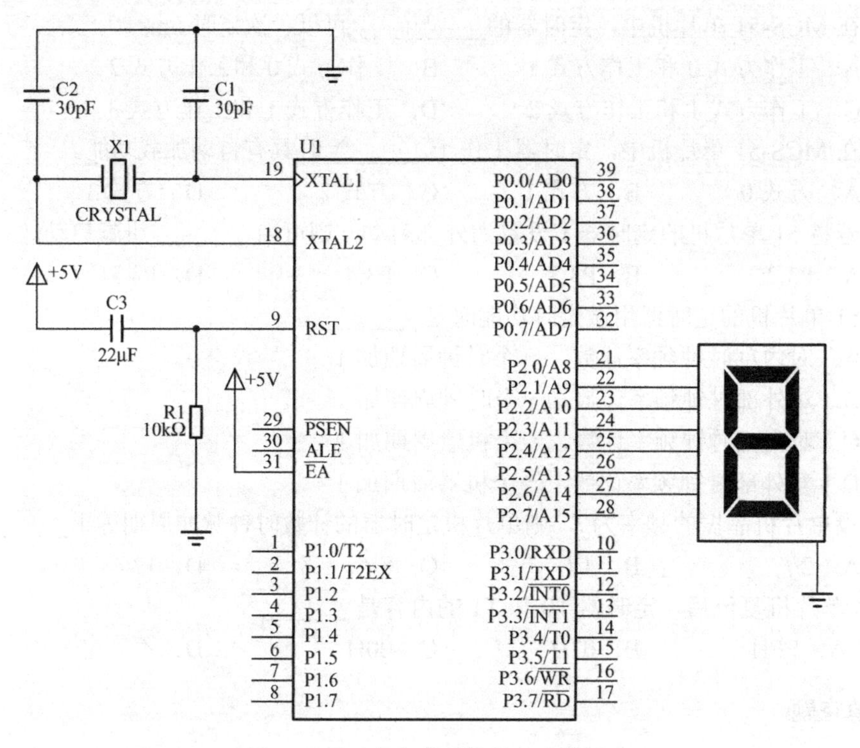

图 5-3　单片机与数码管接口电路图

项目 6　认识单片机的中断

<table>
<tr><th colspan="3">项目介绍</th></tr>
<tr><td colspan="2">实现任务</td><td>认识单片机的中断及应用</td></tr>
<tr><td rowspan="2">知识要点</td><td>软件方面</td><td>掌握单片机中断函数的格式及调用特点</td></tr>
<tr><td>硬件方面</td><td>1．掌握单片机中断系统的结构；
2．掌握单片机中与中断相关的寄存器中的各位的含义及设置</td></tr>
<tr><td colspan="2">使用的工具或软件</td><td>Keil C51、Proteus</td></tr>
<tr><td colspan="2">建议学时</td><td>4</td></tr>
</table>

任务 6-1　使用单片机的外部中断

1．任务目标

使用按键，利用单片机的外部中断实现流水灯过程中的全部发光二极管的闪烁控制。具体来说，就是正常情况下程序跑的是流水灯，而当按下按键后，全部 LED 闪烁一次，然后再回到原来的流水灯显示。

2．电路连接

4 颗 LED 发光二极管与单片机的连接如图 6-1 所示。

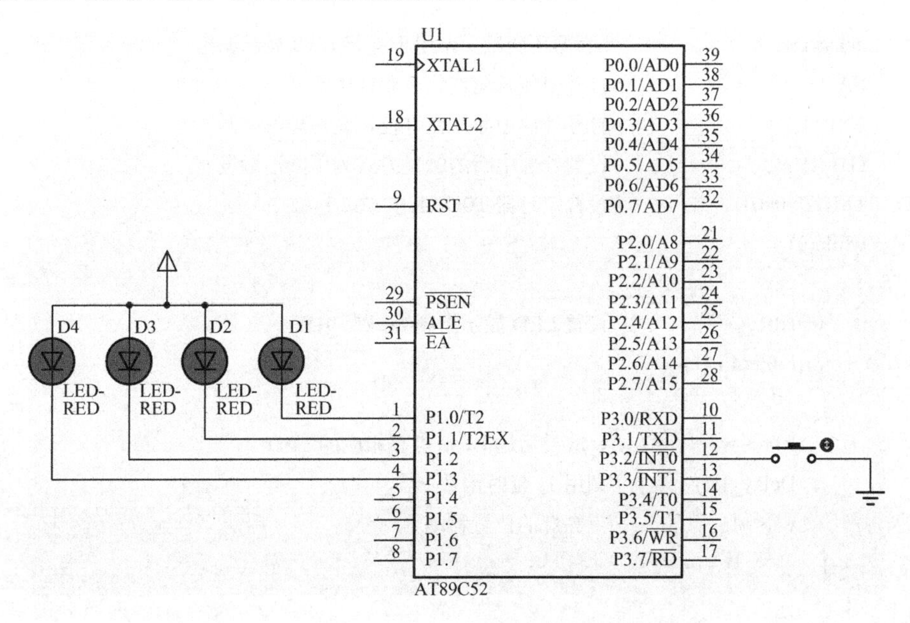

图 6-1　4 颗 LED 发光二极管与单片机的连接图

3. 源程序设计

```
#include<reg52.h>
typedef unsigned char uchar;
void Delay_1s()                //用定时器 T0 的工作方式 1 实现 1s 延时的程序
{
    uchar i;
    for(i=0;i<20;i++)          //设置 20 次循环次数，每次计数 50ms，50ms×20=1s
    {
        TH0=0x3c;              //设置定时器的初值
        TL0=0xb0;
        TR0=1;                 //启动定时器 T0
        while(!TF0);           //查询计数是否溢出，即 50ms 定时时间是否到，时间到时有 TF0=1
        TF0=0;                 //将定时器溢出标志位 TF0 清零
    }
}
void int_0() interrupt 0       //外部中断 0 的中断发生时执行的函数
{
    P1=0x00;                   //同时点亮 4 颗 LED
    Delay_1s();                //调用 1s 延时函数
    P1=0xff;                   //同时熄灭 4 颗 LED
    Delay_1s();
}
void main()
{
   uchar i,w;                  //i 为循环变量，w 用于保存 LED 显示编码
   EA=1;                       //打开中断总允许位，允许中断
   EX0=1;                      //打开外部中断 0 允许位，允许外部中断
   IT0=1;                      //设置外部中断的触发方式为下降沿触发
   TMOD=0x01;                  //设置定时器 T0 为工作方式 1
   while(1)
   {
      w=0x01;                  //设置 LED 显示控制编码为 01H
      for(i=0;i<4;i++)
      {
         P1=~w;                //w 取反后送 P1 口点亮相应的 LED
         Delay_1s();           //调用 1s 延时函数
         w<<=1;                //点亮灯的位置移动
      }
   }
}
```

任务小结

将以上源程序编译链接生成的十六进制文件下载到单片机的 ROM 并加电运行后，可以看到 4 颗 LED 按 LED1→LED2→LED3→LED4→LED1…的顺序轮流点亮。但当按下 K1 键时就会发现 4 颗 LED 会同时亮灭。每按下一次，4 颗 LED 同时亮灭一次。如果足够细心，还会有更加激动人心的发现：当某颗 LED，如 LED2 亮的瞬间，若按下按键，这时所有的 LED 同时亮灭一次，然后是 LED3 亮，再然后是 LED4，…。也就是说，单片机处理同时亮灭的中断程序后继续回来执行原来没有执行的程序部分。这种按键事件发生后，单片机暂时停止当前的程序转而去执行其他程序，然后再回来执行原来程序的过程称为中断。

6.1　单片机中断的概念

所谓中断就是中间断开的意思。中断现象在生活中随处可见。例如，你正在看书，突然电闪雷鸣要下大雨，你只好先用书签记录好你看到的位置，然后跑去收衣服，收好衣服再回来继续看。又如，你正在吃饭，突然来了一个电话，你只好放下饭碗去接，接完回来继续吃。

单片机世界是模拟人类世界工作的，它也有自己的中断，那么单片机中断的具体概念该如何描述呢？首先来分析一下收衣服和接电话的人类世界的中断。在人类的世界中中断可以描述为：某件事物（人）在处理事件 1（看书、吃饭）的过程中突然来了事件 2（下雨、电话）（当然还可以来事件 3，4，…），事物停下对事件 1 的处理，转而去处理事件 2（如有事件 3 和事件 4 等则还要去处理这些事件）引发的结果（收衣服、接电话），处理完事件 2 的这些结果后再转回去继续处理事件 1 中剩下的没有处理的部分。单片机世界中的总控制部件是 CPU，它执行的是程序，所以只需将生活中的事物（人）用 CPU 代替，事件用程序代替即可得到单片机世界中中断的概念：CPU 在处理程序 1 的过程中，突然来了一个请求，这个请求希望 CPU 马上去执行程序 2，CPU 响应请求后暂时停止运行当前的程序 1，转而去执行程序 2，执行程序 2 后，再转回来继续执行程序 1 中剩下的部分。其具体过程可用图 6-2 所示的示意图来描述。

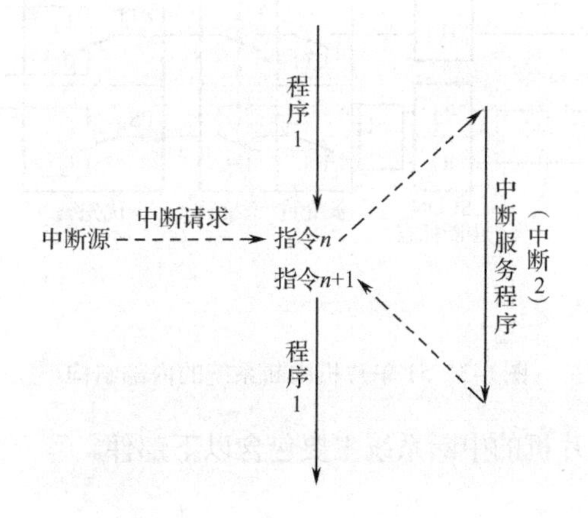

图 6-2　单片机的中断过程示意图

由图6-2并结合上面的分析可以总结出单片机中与中断有关的一些概念。

（1）主程序：原来正常运行的程序（程序1）。

（2）中断服务程序：CPU响应中断后，转去执行相应的处理程序（程序2），该处理程序即为中断服务程序。

（3）断点：主程序被断开的位置（指令*n*的位置）。

（4）中断源：引起中断的原因。

（5）中断请求：中断源要求服务的请求，也就是请求CPU去处理与该中断源对应的中断函数。

（6）中断请求方式：有电平触发、下降沿触发及计数溢出触发等方式。

（7）中断响应：CPU暂时中止正在处理的事情，转去处理突发事件的过程。

单片机的中断由它的中断系统控制，如任务6-1中如下的语句：

```
EA=1;                    //打开中断总允许位
EX0=1;                   //打开外部中断0允许位
IT0=1;                   //设置外部中断为下降沿触发方式
```

就是用来对它的中断系统进行设置。如果将这些语句去掉，将会发现按下K1键时发光二极管的执行流程等根本没有变化（没有产生中断效果）。

6.2　单片机中断系统的结构

51单片机中断系统的结构如图6-3所示。

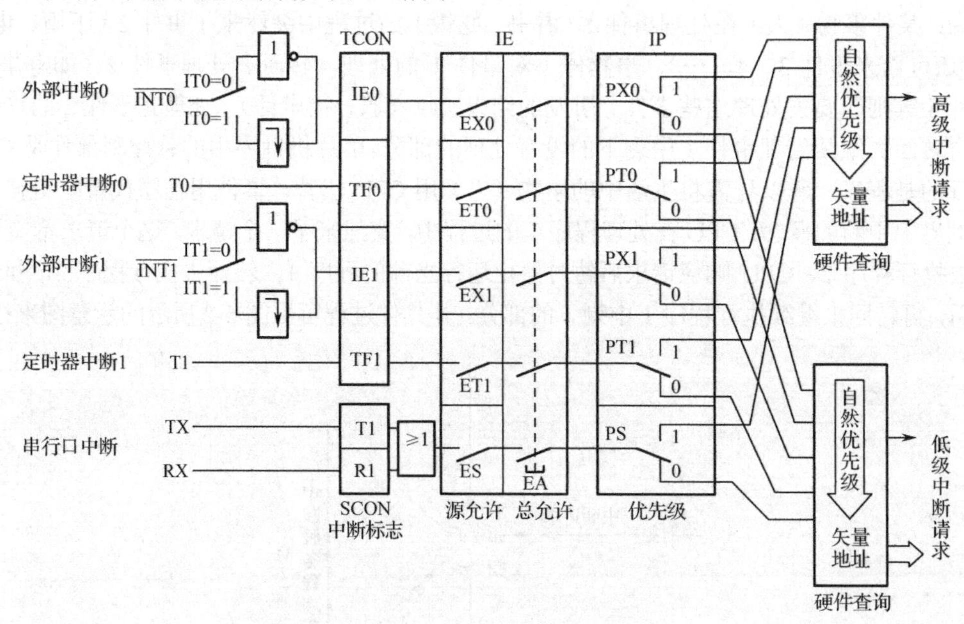

图6-3　51单片机中断系统的内部结构

由图6-3可知，51单片机的中断系统主要包含以下部件。

1. 5个中断源

5个中断源分别为两个外部中断、两个定时器中断（T0、T1）和一个串行口中断（串行

口中断有两个子中断：发送中断和接收中断）。其中外部中断 0 和外部中断 1 分别由单片机的 P3.2 和 P3.3 端口引入，名称分别为 $\overline{\text{INT0}}$ 和 $\overline{\text{INT1}}$，低电平或下降沿触发。定时/计数器中断源位于单片机内部，当计数器计满溢出时就会向 CPU 发出中断请求。MCS-51 单片机内部有一个全双工的串行通信接口，可以和外部设备进行串行通信，当串行口接收或发送完一帧数据后会向 CPU 发出中断请求。这些中断源的中断请求信号分别由特殊功能寄存器 TCON 和 SCON 的相应位锁定。

2. 中断请求标志寄存器

中断请求标志寄存器就是在定时/计数器中学过的控制寄存器 TCON，它的字节地址为 88H，是一个可位寻址的 8 位特殊功能寄存器。它的高 4 位用来控制定时/计数器的启动与停止，标志定时/计数器是否计满溢出和中断情况，这部分内容在定时/计数器部分已经介绍过，此处不再讨论。低 4 位用于设定两个外部中断的触发方式、标志外部中断请求是否触发。其各位名称如表 6-1 所示。

表 6-1　定时/计数器控制寄存器 TCON 的各位功能说明

位号	D7	D6	D5	D4	D3	D2	D1	D0
位名称	TF1	TR1	TF0	TR0	IE1	IT1	IE0	IT0

寄存器 TCON 的各位功能介绍如下。

IT0：外部中断 0 的触发方式控制位。配置 IT0=0 时，外部中断 0 的触发方式为低电平触发；配置 IT0=1 时，外部中断 0 的触发方式为下降沿触发。任务 6-1 中就配置为下降沿触发。

IE0：外部中断 0 的中断请求标志位。当外部中断 0 无中断请求时，IE0=0；当外部中断 0 有中断请求时，IE0=1。在 CPU 响应该中断后，由硬件自动将 IE0 清零。

IT1：外部中断 1 的触发方式控制位。用途与 IT0 类似。

IE1：外部中断 1 的中断请求标志位。用途与 IE0 类似。

3. 串行口控制寄存器 SCON

TCON 只涉及外部中断和定时器中断来临时对相关标志位进行标志，并没有涉及串行口中断。串行口收发数据时产生的中断在 SCON 寄存器中标志，详见项目 7 串行口的寄存器介绍部分。

4. 中断允许控制寄存器 IE

在 MCS-51 单片机的中断系统中，CPU 可对中断源进行开放或屏蔽，由片内的中断允许寄存器 IE 控制。IE 也是一个可位寻址的 8 位特殊功能寄存器，其字节地址为 A8H。单片机复位时，IE 全部被清零。其各位定义如表 6-2 所示。

表 6-2　中断允许控制寄存器 IE 的各位功能定义

位号	D7	D6	D5	D4	D3	D2	D1	D0
位名称	EA	—	—	ES	ET1	EX1	ET0	EX0

中断允许控制寄存器 IE 的各位功能定义说明如下。

EA：Enable All 的缩写，全局中断允许总控制位。当 EA=0 时，所有中断均被禁止；当 EA=1 时，全局中断允许打开，此时，各个中断源的中断是否被允许由 IE 中的 D0～D5 位对应的各中断控制位确定。换言之，EA 就是各种中断源的总开关。

EX0：外部中断 0 的中断允许位。如果 EX0=1，则允许外部中断 0 中断，否则禁止外部中断 0 中断。

ET0：定时/计数器 T0 的中断允许位。如果 ET0=1，则允许定时/计数器 T0 中断，否则禁止定时/计数器 T0 中断。

EX1：外部中断 1 的中断允许位。如果 EX1=1，则允许外部中断 1 中断，否则禁止外部中断 1 中断。

ET1：定时/计数器 T1 的中断允许位。如果 ET1=1，则允许定时/计数器 T1 中断，否则禁止定时/计数器 T1 中断。

例如，如果要允许外部中断 0、外部中断 1、定时/计数器 T1 中断，其他中断被禁止，则 IE 寄存器各位取值如表 6-3 所示。

表 6-3　IE 寄存器的各位取值

位号	D7	D6	D5	D4	D3	D2	D1	D0
位名称	EA	—	—	ES	ET1	EX1	ET0	EX0
取值	1	0	0	0	1	1	0	1

由表可知 IE=0x8d。当然，也可以用位操作指令来实现：EA=1，EX0=1，ET1=1。在任务 6-1 中就是采用这种方式来设置 IE 的。需要说明的是，单片机的中断属于两级管理，所以要开放某个中断源，除了要设置对应的局部中断位为 1 外还要设置总中断控制位 EA 为 1。

5. 中断优先级寄存器 IP

CPU 在任一时刻只能处理一个中断，若同时有两个或两个以上的中断请求，则 CPU 处理时就要区分先后，所以在 MCS-51 单片机中需要对中断的优先顺序进行分级。中断源的优先级须在中断优先级寄存器 IP 中设置。IP 也是一个可位寻址的 8 位特殊功能寄存器，其字节地址为 B8H。单片机复位时，IP 全部被清零，即所有中断源为同级中断。IP 的各位定义如表 6-4 所示。

表 6-4　中断优先级寄存器 IP 的各位功能定义

位号	D7	D6	D5	D4	D3	D2	D1	D0
位名称	—	—	—	PS	PT1	PX1	PT0	PX0

由表 6-4 可见，IP 的高 3 位没有使用，低 5 位分别控制单片机 5 个中断源的优先级，具体如下。

PS：串行口中断优先级控制位。PS=1 为高优先级中断，PS=0 为低优先级中断。

PT1：定时器 T1 中断优先级控制位。

PX1：外部中断 1 中断优先级控制位。

PT0：定时器 T0 中断优先级控制位。

PX0：外部中断 0 中断优先级控制位。

和 PS 控制位一样，其他的每个控制位为 1 时表明对应中断优先，否则反之。

如果在程序中不对中断优先级寄存器 IP 进行任何人为操作，也就是所有的中断处于同级中断，则当多个中断源同时向 CPU 发出中断请求时，CPU 会按照其默认的自然优先级顺序优先响应自然优先级较高的中断源。默认的自然优先级顺序如下：

中断源	中断级别
外部中断 0	最高
定时器 T0 中断	↓
外部中断 1	↓
定时器 T1 中断	↓
串行口中断	最低

6.3　单片机中断的响应过程

中断响应是指 CPU 对中断源发出的中断请求的接受。它包括中断标志的置位、中断的查询、中断的处理和中断标志的撤除 4 个过程。下面对其进行简要说明。

1. TCON 和 SCON 对应的中断标志位的置位

TCON 和 SCON 对应的中断标志位的置位分两种情况，一种是外部中断，另一种是内部中断。

（1）外部中断标志位 IE0（或 IE1）的置位。在中断允许的情况下，当有外部中断到来时，由硬件对 TCON 的 IE0（或 IE1）位置位。

（2）内部中断标志位 IT0、IT1 和串行口的 RI（或 TI）的置位。由于定时/计数器 T0 和 T1 以及串行口中断请求都发生在芯片内部，故当定时/计数器计数满溢出后直接去置 TCON 的 TF0（TF1）为 1 时，串行口却是在发送完（或接收完）一帧数据后直接去置 SCON 的 TI（或 RI）位为 1。

2. 中断的查询

中断的查询实际上就是 CPU 测试 TCON 和 SCON 中各标志位的状态，以确定有无中断请求发生，如果有中断请求发生则判断中断源是哪个。CPU 在每个机器周期的最后一个状态，按优先级顺序对 TCON 和 SCON 中的中断标志位进行查询，即先查询高级中断，后查询低级中断，如果是同级中断则按“外部中断 0→定时器 T0 中断→外部中断 1→定时器 T1 中断→串行口中断”的顺序查询。如果查询到有标志位为“1”，则表明有中断请求发生，接着就从相邻的下一个机器周期的第 6 个状态开始进行中断响应。

由于中断请求是随机发生的，CPU 无法预知，故在程序执行过程中，CPU 在每个机器周期都要对各中断标志位进行扫描以确定是否有中断请求到来。

3. 中断的处理

当查询到有效的中断请求后，紧接着就进行中断响应。中断响应时，单片机内部根据TCON和SCON中的中断标记，由硬件自动生成一条长调用指令LCALL ××××，指令中的××××为相应中断的入口地址。在MCS-51单片机中这些入口地址已由系统设定，具体如表6-5所示。

表6-5 51单片机的中断源的中断类型号、默认优先级及对应的中断服务程序入口地址

中断源名称	中断类型号	默认优先级	中断入口地址
外部中断0	0	最高	0003H
定时/计数器T0中断	1	第2	000BH
外部中断1	2	第3	0013H
定时/计数器T1中断	3	第4	001BH
串行口中断	4	第5	0023H

例如，某个瞬间，CPU检测到TCON中的IE1=1，则产生的长调用指令为

```
LCALL    0013H
```

生成LCALL指令后，CPU先将PC的内容（准备执行的下一条指令的地址，但由于中断的到来，这条指令及其后的指令都要等中断处理完后才继续处理）压入堆栈保护起来，以保证在执行中断处理后能够正确返回来。在保护完PC的内容后，CPU将中断入口地址（如上面例子中的0013H）装入PC，使程序转向相应ROM中地址为0013H的存储单元执行其中的指令。由表6-5可知，地址为0013H到下一中断的入口地址001BH之间只有8个字节的存储单元，而通常情况下中断处理程序远不止8个字节，所以如果将中断处理程序放置于此位置，则会因为占用下一中断的入口地址从而导致出错，那么这里放的一般是跳转指令。例如“LJMP ××××”或“AJMP ××××”等的跳转指令。而××××则为实际的中断处理程序的入口地址（符号地址）。

实际上，在执行中断服务程序时，CPU压入堆栈保护的内容是有限的。而如果CPU在处理中断服务程序前后正在进行算术运算，其中会涉及PSW等寄存器的内容，如果进入中断前没有将寄存器的内容保存起来，则当CPU返回来继续执行这个计算过程的下一条指令，而这条指令恰好用到PSW等寄存器的内容时，如进位标志，则由于在执行中断服务程序时可能已经改变了这些寄存器的内容从而导致计算错误。所以一般在中断处理程序的前面先将一些常用的寄存器，如A、DPTR、PSW的内容压入堆栈保护起来，而在返回前将其弹出来。

在上面的内容中提到CPU在机器周期的第5个状态的第2个节拍阶段置位标志位，再在接下来的一个周期中查询这些标志位，如果中断条件成立，系统会产生一个LCALL到相应的中断服务程序中，但当出现下面3种情况时，系统不会对中断请求信号进行响应。

（1）CPU 正在处理同级或更高级别的中断。

（2）当前的机器周期不是所执行的指令的最后一个机器周期，即在正在执行的指令完成前，任何中断请求都得不到响应。例如，当系统正在执行需花 2 个机器周期的指令时，中断信号必须出现在第 2 个机器周期上才算有效。所以，MCS-51 单片机的中断信号必须持续足够长的时间以便 CPU 去反应。

（3）正在处理的指令是中断返回指令 RETI 或者对 IE、IP 等控制中断的寄存器进行设置的指令时，对正好出现的中断信号不反应。因为这些情况刚好是某个中断服务程序执行的结束，或是允许/禁止某个中断的指令，所以只有等到这些指令执行完毕后，才会对中断信号有所反应。由于这些指令最多占用 2 个机器周期的时间，所以此时进入的中断信号必须持续 2 个机器周期以上的时间，中断才被 CPU 接受。

4. 中断请求的撤除

CPU 响应中断请求后即进入中断服务程序并执行，在中断返回前，应撤除该中断请求，否则会造成重复查询和响应。51 单片机各中断源请求撤销的方法各不相同，具体如下。

（1）定时/计数器中断请求的撤销

对于定时/计数器溢出中断，CPU 在响应中断后，硬件自动将标志位 TF0（或 TF1）清零，无须人工干预。

（2）串行口中断请求的撤除

CPU 在响应串行口中断后，没有用硬件清除其中断标志位 RI（或 TI），所以串行口中断必须采用软件方式在中断服务程序中清除。

（3）外部中断请求的撤除

外部中断请求的撤除包括中断标志位 IE0（或 IE1）的清零和外部中断请求信号的撤除。其中 IE0（或 IE1）清零是在中断响应后由硬件电路自动完成的。

6.4　中断函数的格式

对任务 6-1 研究分析后会发现，在主函数中对中断的一些设置，并没所谓的“中断处理过程”，倒是有一个名为 int_0()的配有关键字 interrupt 的函数，这是怎么回事呢？原来，在 C51 中，中断的处理过程实际上可以看做中断函数的执行过程，而这个 int_0()函数就是中断函数。在 C51 中，只需设置好各个中断控制寄存器和设计好中断函数，其他的设置交由系统自己处理即可。

在单片机 C 语言中，中断函数是一种特别的函数，它具有自己固定的格式。C51 的中断服务程序（函数）的格式如下：

```
void 中断处理程序函数名() interrupt 中断类型号 [using 工作寄存器组编号]
{
    中断处理程序内容;
}
```

注意：中断处理函数没有返回值，故其函数类型为void，函数类型名后紧跟中断处理程序的函数名，函数名可以任意起，只要合乎 C51 中对标识符的规定即可，不过关于函数和变量的起名都应该坚持“见名知意”的原则；中断处理函数不带任何参数，所以中断函数名后面的括号内为空；中断函数头部中的“interrupt 中断类型号”用于表示这个函数用于响应哪一类中断源的中断请求，不能省略。而且中断类型号（参见表 6-5）要写准确，否则中断程序将得不到正确执行。函数头部最后的“using 工作寄存器组编号”是指这个中断函数使用单片机 RAM 中 4 组工作寄存器中的哪一组，如果不加设定，C51 编译器在对程序编译时会自动分配工作寄存器组，因此“using 工作寄存器组编号”通常可以省略不写。另外，需要注意的是，单片机的中断函数不需要声明。

在任务 6-1 的主函数中，通过位定义语句“EA=1;EX0=1;IT0=1;”开放总中断和外部中断 0。而外部中断 0 引脚恰好接一个按键，由于 P1 口内部上拉的作用，在按键没有按下时P3 口的各个引脚为高电平，当将按键按下后，P3.2 接地，引脚电平为 0。CPU 检测到 P3.2的电平变化后响应中断并执行中断处理函数 int_0()。整个过程中可看到函数 int_0()的执行实际只取决于 P3.2 的电平由高向低变化（中断触发信号），它的执行具有随机性，不像普通函数那样只有调用到才执行，所以中断处理函数无须声明。

6.5 中断的嵌套

中断的嵌套是指当 CPU 正在处理一个中断请求时，又出现了另一个优先级比它高的中断。这时 CPU 就暂时中止执行对原来优先级较低的中断源的服务程序，保护当前断点，转而去执行拥有更高优先级的中断请求，执行完毕后返回，并继续执行原来被中止的中断程序。实际上，中断的嵌套在日常生活中随处可见，例如，你正在看书，突然来了一个电话，你将书中看到的页数用书签记录好，然后去接电话，刚接一会，有人来敲门，这时你暂时停一下电话去开门，开完门后再回去接电话，而接完电话后再回去看书。接电话时去开门这就是一个中断的嵌套。图 6-4 给出了单片机两级嵌套的处理过程。多级中断的嵌套过程类似，不再细述。

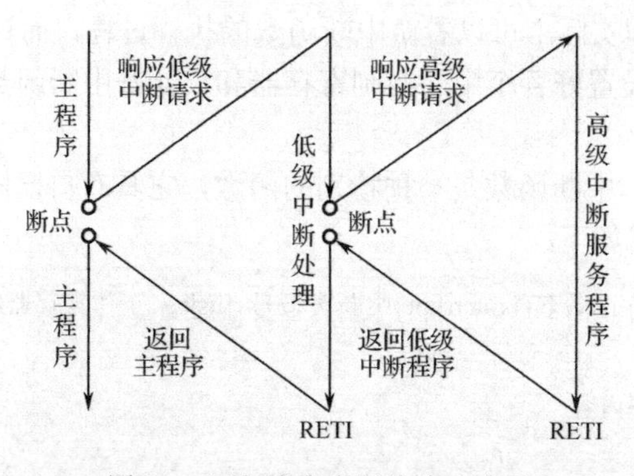

图 6-4　两级嵌套中断的处理过程

6.6　中断的优点

中断是 CPU 与外部设备之间交换信息的方式之一。在中断方式下，CPU 可以与外设同时工作，并执行与外设无关的操作，一旦外设需要进行数据交换，就主动向 CPU 提出中断申请，CPU 接到中断请求后，如果中断允许就暂停当前的工作转去为外设服务，处理完毕后又返回到原来暂停处继续执行原来的工作。因此，CPU 不必浪费时间去查询外设状态，使得效率大大提高。另外，利用中断方式可以实现分时操作（使 CPU 可以同时处理多件事）、实时处理（对随时发生的事件进行及时处理），所以中断方式应用范围非常广泛。

任务 6-2　学习使用单片机定时器中断

1. 任务目标

使用单片机的定时器中断，实现 1s 的精确定时。

2. 电路连接

参见任务 5-1 中图 5-1 所示电路图。

3. 源程序设计

```
#include <reg52.h>
sbit led = P1^0;
unsigned int count = 0;                //每次计数 50μs，1s 需要计 20000 次
void Timer_Init(void)                  //定时器初始化
{
    TMOD = 0x02;                       //定时器 T0 工作于方式 2
    TH0 = 256-50;                      //计数 50 次，晶振频率为 12MHz，故一共为 50μs
    TL0 = 256-50;
    EA = 1;                            //开总中断
    ET0 = 1;                           //开定时器 T0 中断
    TR0 = 1;                           //打开定时器 T0，定时器 T0 开始计数，计数满一次 count 加 1
}
void Timer0_Int(void) interrupt 1      //定时器 T0 的中断函数，用于实现 count 的变化
{
    count++;
}
int main(void)
{
    Timer_Init();                      //初始化定时器
```

```
    led = 1;                              //初始化LED为暗
    while(1)
    {
        if(count < 20000)
            led = 0;     //LED亮
        else if(count <40000)
                led = 1;
            else
                count = 0;                //达到2s，重新初始化为0


    }
    return 0;
}
```

实验结果如图6-5所示。

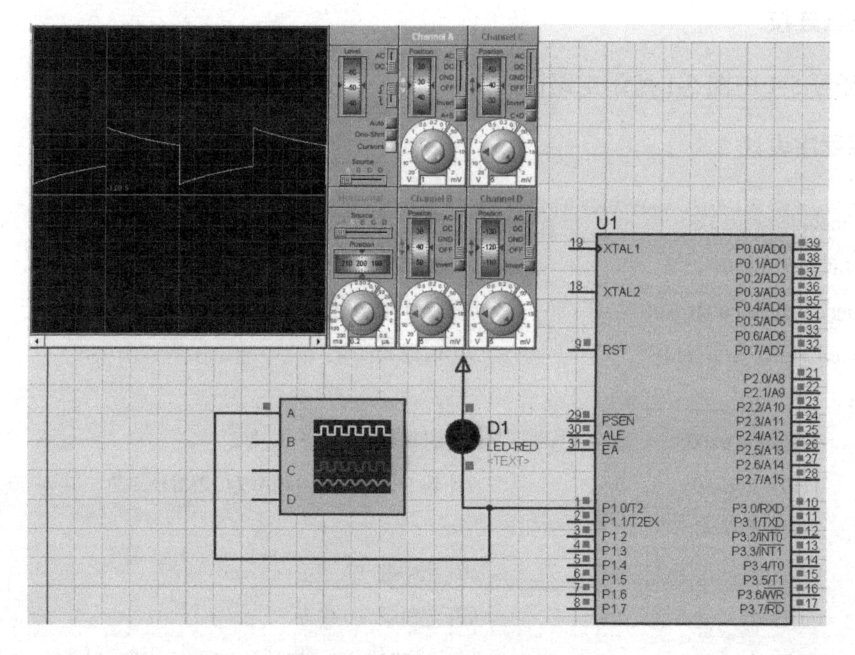

图6-5　任务6-2实验结果

习　题　6

1. 选择题

（1）当MCS-51单片机中允许CPU响应定时器T1的中断请求时，IE中_____位必须为1。

A．ES和EA　　　　B．EX0和EA

C．ET0和EA　　　　D．ET1和EA

（2）当外部中断 1 向单片机的 CPU 发出中断请求时，若 CPU 允许并接受中断请求，则程序计数器 PC 的内容将被自动修改为_______。

A．0003H　　B．000BH　　C．0013H　　D．001BH

（3）单片机的 5 个中断源中，如果按硬件排队，则优先级别最高的中断是_______。

A．定时器 T0　　B．定时器 T1　　C．外部中断 0　　D．外部中断 1

（4）在 CPU 响应定时器 T1 的中断后，51 单片机的定时/计数器的溢出标志 TF1 将______。

A．由软件清零　　B．由硬件清零

C．随机状态　　D．软硬件清零都可以

（5）如果将 MCS-51 单片机的中断优先级寄存器 IP 的值设置为 0x0a，则优先级最高的是_______。

A．定时器 T0 中断　　B．外部中断 0

C．定时器 T1 中断　　D．外部中断 1

（6）下述语句中，用于将 MCS-51 单片机的 CPU 中断关掉的是_______。

A．ES=0　　B．EA=0　　C．EX0=0　　D．ET1=0

（7）要使 MCS-51 单片机的 CPU 能够响应定时器 T1 中断、串行口中断，它的中断允许寄存器 IE 的内容应是_______。

A．98H　　B．84H　　C．42H　　D．22H

（8）下列属于 MCS-51 系统的内部中断源的是_______。

A．3 个定时器和 1 个串行口　　B．2 个定时器和 1 个串行口

C．3 个定时器和 2 个串行口　　D．2 个定时器和 2 个串行口

2．填空题

（1）MCS-51 单片机共有_______个中断源，分________ 级管理。上电复位后，优先级最高的是_______。

（2）MCS-51 单片机的中断源中，属外部中断的有____________________________，属内部中断的有____。

（3）MCS-51 单片机的外部中断可由_____________或___________________触发。

（4）TCON 的高 4 位用于____；低 4 位用于____。

（5）MCS-51 单片机的中断源的默认的优先级顺序是___________________________。

（6）MCS-51 单片机中串行口中断对应的中断类型号为___________，对应的中断入口地址为____________。

（7）MCS-51 单片机的 CPU 响应定时/计数器 T0 的中断的条件是___________________。

（8）若（IP）=00010100B，则 51 单片机的中断优先级最高者为_______________，最低者为_____________。

3．问答题

列出 MCS-51 的所有中断源，并说明哪些中断源在响应中断时，中断请求标志由硬件自动清除，哪些必须用软件清除？

4. 编程题

单片机系统电路图如图 6-6 所示。单片机上电后，4 颗 LED 同时亮，按下 K1 键后，4 颗 LED 要完成闪烁 10 次，在 4 颗 LED 还没完成闪烁 10 次的中途，如果按下 K2 键，LED 会完成一次流水灯，试编程实现。

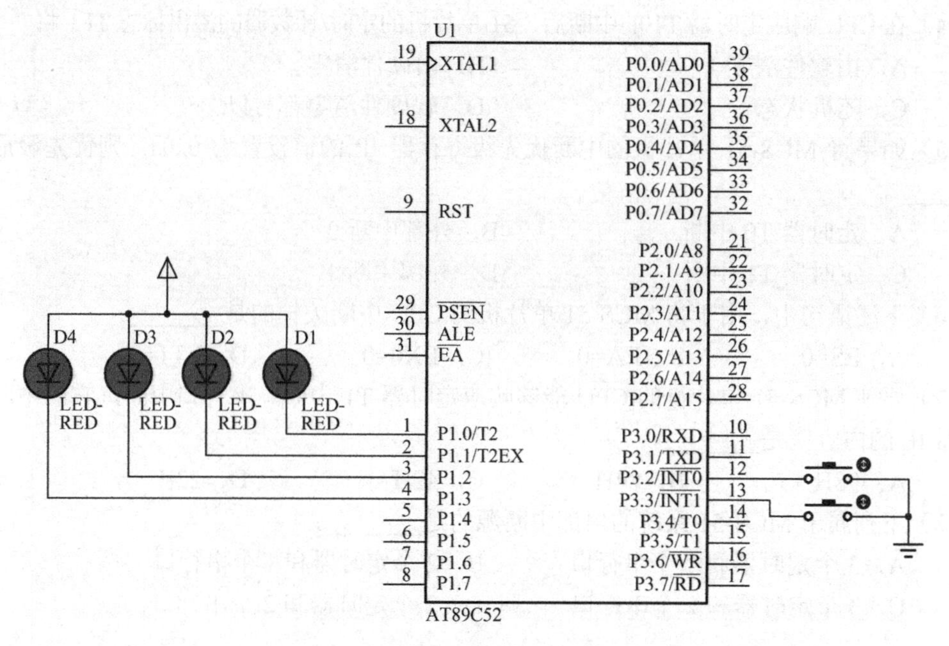

图 6-6　单片机系统与按键、LED 接口电路图

项目 7　认识单片机的串行口

<table>
<tr><td colspan="3">项目介绍</td></tr>
<tr><td colspan="2">实现任务</td><td>认识单片机的串行口及其应用</td></tr>
<tr><td rowspan="2">知识
要点</td><td>软件方面</td><td>掌握单片机串口中断函数的特点</td></tr>
<tr><td>硬件方面</td><td>1．了解串行口通信基础知识；
2．熟悉单片机串行口的结构、工作方式及波特率的设置；
3．掌握单片机之间的串行口通信；
4．掌握单片机与 PC 之间的通信</td></tr>
<tr><td colspan="2">使用的工具或软件</td><td>Keil C51、Proteus</td></tr>
<tr><td colspan="2">建议学时</td><td>8</td></tr>
</table>

任务 7-1　使用单片机的串行口进行数据的传输

1．任务目标

利用单片机的串行口向虚拟终端发送数据“OUT”。

2．电路连接

51 单片机与虚拟终端的连接如图 7-1 所示。

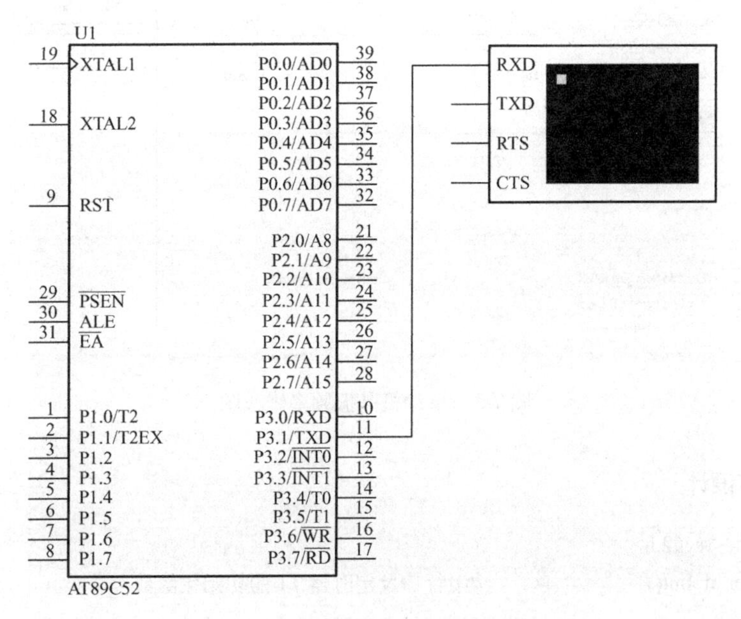

图 7-1　51 单片机与虚拟终端的连接图

在该任务中涉及 Proteus 中的一种新的仪器——虚拟终端，其导出过程及默认属性如图 7-2 所示。

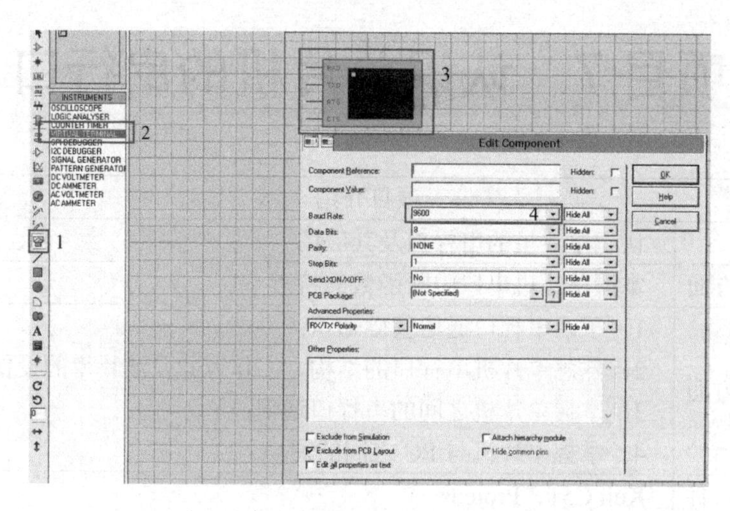

图 7-2　Proteus 虚拟终端导出过程及默认属性

另外，由于虚拟终端默认的通信波特率为 9600bps，为减小双方通信的波特率误差需要对单片机的时钟进行设置。具体设置为：双击单片机，导出单片机的属性如图 7-3 所示，然后将晶振的频率改为 11.0592MHz。

图 7-3　单片机晶振频率修改图

3. 源程序设计

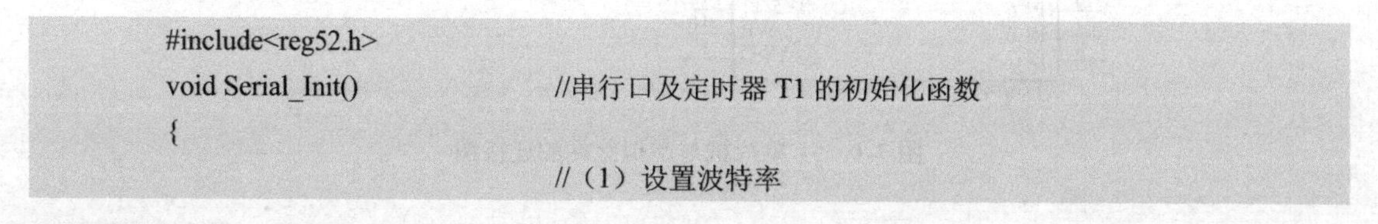

```
#include<reg52.h>
void Serial_Init()                    //串行口及定时器 T1 的初始化函数
{
                                      //（1）设置波特率
```

```
    TMOD=0x20;              //设置定时器 T1 工作于方式 2，用于设置串行口通信的波特率
    TH1=0xFD;               //由于晶振频率是 11.0592MHz，根据波特率选择表建议的波特率，
    TL1=0xFD;               //此处设置波特率为 11.0592×10^6/(32×12×(256-0xFD))=9600
    PCON=0x00;              //设置波特率倍增率为 0，也就是采用上面计算的波特率不倍增
                            //（2）设置串行口工作方式
    SCON=0x40;   //串行口工作于方式 1，REN=0，单片机只用于发送数据，不用于接收数据
                            //（3）开定时器
    TR1=1;
}
void main()
{
    Serial_Init();
    SBUF='O';               //发送字符
    while(TI==0);           //发送完 TI 置 1，发送过程为 0
        TI=0;               //清零，为下次发送做准备
    SBUF='U';               //发送字符
    while(TI==0);
        TI=0;
    SBUF='T';               //发送字符
    while(TI==0);
        TI=0;
    while(1);
}
```

4．实验结果

将上面的程序编译链接后下载到单片机的程序存储器，运行仿真电路，将看到虚拟终端上接收到单片机发来的字符串“OUT”，如图 7-4 所示。

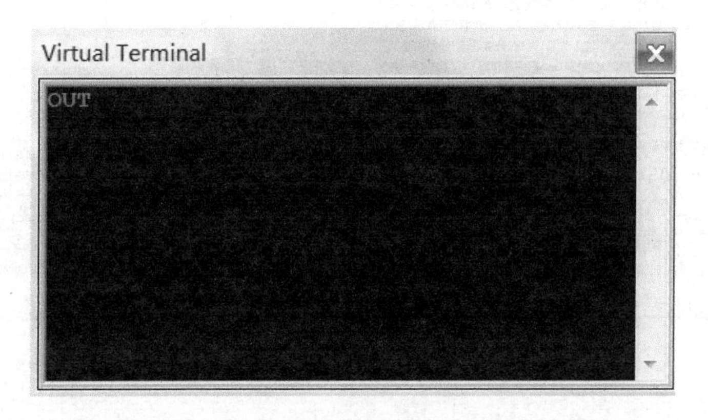

图 7-4　虚拟终端显示图

如果使用开发板来做任务 7-2 的实验，可以用 STC-ISP 中的串口助手来接收单片机发送的字符，这时需要对串口助手进行设置。首先单击“串口助手”选项卡，如图 7-5 所示。

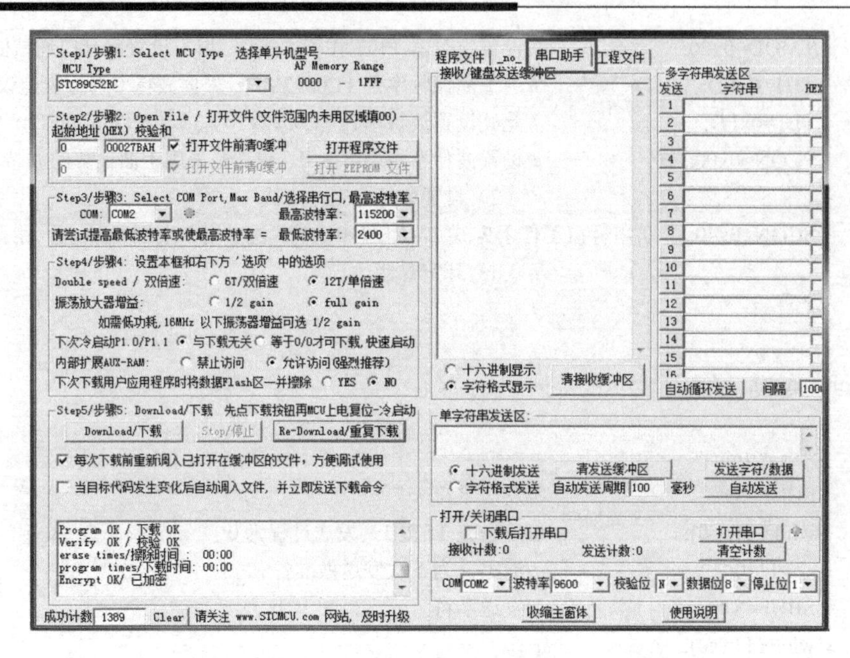

图 7-5　单击 STC-ISP 上的“串口助手”选项卡

然后将串口助手进行如图 7-6 所示的设置。

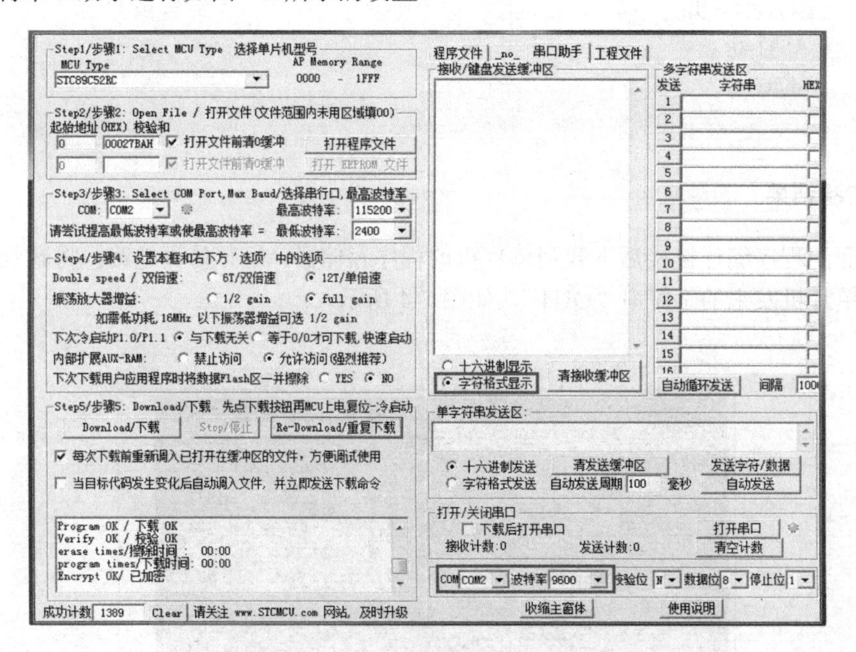

图 7-6　设置 STC-ISP 中的串口助手

注意：设置的时候，COM 口要根据具体的情况来进行，由于上面提供的例子采用的是 COM2，所以设置为 COM2，对于波特率要根据程序中设置的波特率进行设置，要保证收发双方的波特率一致，否则会出错。

设置好串口助手后，单击“打开串口”按钮，如图 7-7 所示。

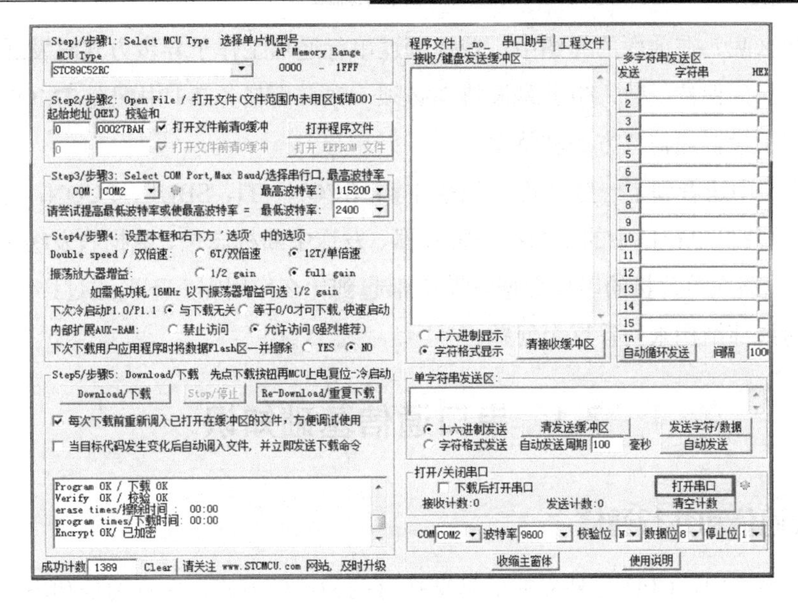

图 7-7　单击 STC-ISP 的“串口助手”中的“打开串口”按钮

单击打开串口按钮后，按单片机的复位键，让单片机从 0000H 处重新执行程序，可以看到，串口助手中的“接收/键盘发送缓冲区”接收到“OUT”。此时的具体显示结果如图 7-8 所示。

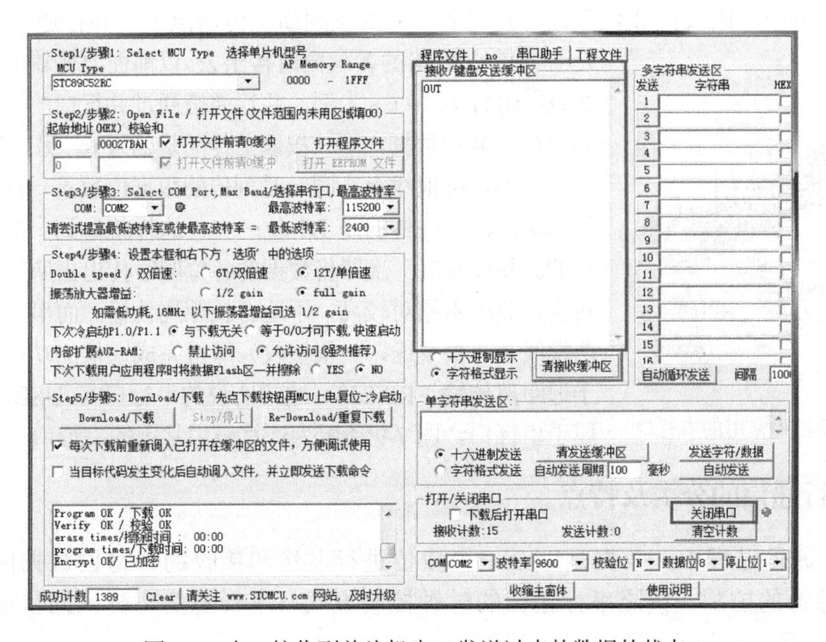

图 7-8　串口接收到单片机串口发送过来的数据的状态

任务小结

在任务 7-1 中可以看到一些熟悉的名字：TMOD、TH、TL，通过前面的学习已经知道这些名字实际代表的是 51 单片机中的定时器电路中的工作方式寄存器、定时器，那么在这里它们的作用是什么呢？在前面的介绍中，曾提到过串行通信工作于异步方式时发送和接收方的数据收发速率必须保持一致，也就是波特率必须一致，而任务 7-1 中配置 TMOD、TH、TL 的目的就是用于设置通信双方的波特率。

在任务 7-1 中还看到了一些“陌生”的名字：SCON、TI、SBUF、PCON，这些名字分别代表的是 51 单片机串行口中的中断控制寄存器、发送中断标志位、数据收发缓冲器及波特率倍增器，这些电路在单片机的串口数据收发中都起到什么作用呢？下面通过详细介绍 51 单片机的串行口的内部结构来回答这个问题。

7.1 串口通信基础知识

7.1.1 串行通信和并行通信

在计算机系统中，CPU 与外界的信息交换有两种通信方式：并行通信和串行通信。并行指并排行走，在通信领域指的是数据的各位在多根数据线上同时发送或接收。串行指一个接一个行走，在通信领域指的是数据的各位在同一根数据线上依次逐位发送或接收。例如，要传输一个字节的数据（0111 0110）$_B$，串行通信方式通过串行口先将最低位（D0 位）的“0”通过数据线传送过去，然后是下一位的“1”（D1 位，两次传送时间间隔很小），再下一位是 1（D2 位）……，依次将 8 位数据（1 字节）从低位到高位传送出去。并行通信则不然，它是一次就将数据的各位同时传出去。以前面要传输的一个字节的数据（0111 0110）$_B$为例，并行通信通过并行口的 8 根数据线，同时传送 8 位数据，即一根线上传的是信号 0，另一根是信号 1，以此类推，每根线上在同一时刻传的数据位数不一样，某些传的是 D0 位，某些传的是 D1 位……，这样就达到一次传送多位的目的。并行通信一次即将数据的各位同时传出去所以需要的线比较多，故成本相对较高，不适合长距离传输。而串行口通信只需两根线（一根发送，一根接收）即可完成通信的功能，特别适用于远距离传输。RS-232（通常所说的串行口）、USB、1394 等都属于串行口。图 7-9 所示为计算机中常用的串行口。

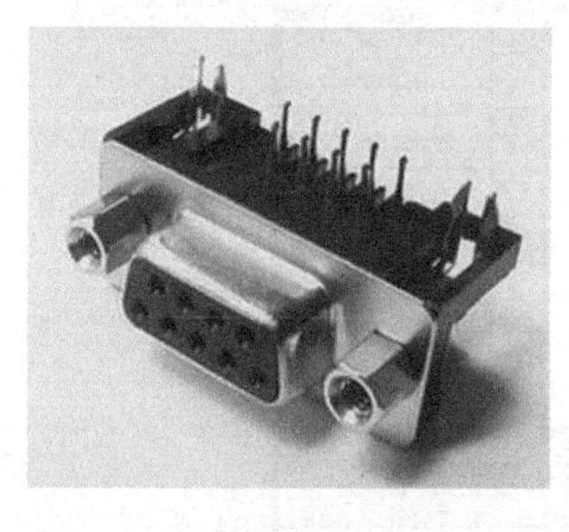

图 7-9 计算机中常用的串行口

7.1.2 串行通信的分类及特点

在串行通信过程中，数据是一个一个按位进行发送和接收的。每位数据的发送和接收都要受时钟的控制。按照串行通信的时钟控制方式，串行通信可分为同步通信和异步通信两类。

1. 同步通信

同步通信是指在约定的通信速率下，发送端和接收端的时钟信号在频率和相位上始终保持一致（同步）的通信方式。同步通信一次传输一帧信息。一帧信息由同步字符、数据字符和校验字符（CRC）组成，如图 7-10 所示。其中同步字符位于帧开头，用于确认数据字符的开始；数据字符在同步字符之后，个数没有限制，由所传输的数据块长度决定；校验字符有

1～2 位，用于接收端对接收到的字符序列进行正确性校验。同步方式下，发送方除了发送数据，还要传输同步时钟信号，信息传输的双方用同一个时钟信号确定传输过程中每一位的位置。同步通信的优点是数据传输速率较高，通常可达 56000bps（位/秒）或更高，缺点是要求发送时钟和接收时钟保持严格同步，所以其发送器和接收器比较复杂，成本也较高，一般只用于传送速率要求较高的场合。

同步字符	数据字符1	数据字符2	……	数据字符$n-1$	数据字符n	校验字符	（校验字符）

图 7-10　同步通信数据传送格式

2. 异步通信

与同步通信类似，异步通信也是一帧一帧地传输数据信息。所不同的是，同步通信中一帧信息可以包含多个字符，而异步通信的一帧信息只包含一个字符，所以异步通信的帧又称为字符帧。异步通信的字符帧格式如图 7-11 所示。

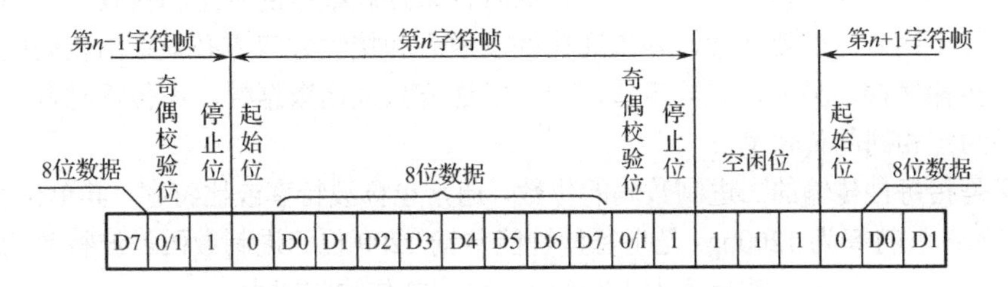

图 7-11　异步通信帧格式

由图 7-11 可见，异步通信的一帧数据由起始位、数据位、奇偶校验位和停止位组成。

（1）起始位：位于字符帧的开始，只占一位，为逻辑 0 低电平，用于向接收设备表示发送端开始发送一帧信息。

（2）数据位：紧跟起始位之后，可取 5～8 位，发送时，低位在前，高位在后。

（3）奇偶校验位：位于数据位之后，仅占一位，用来表征串行通信中采用的是奇校验还是偶校验，由用户编程决定。奇偶校验（Parity Check）是一种检验代码传输正确性的方法。根据被传输的一组二进制代码的数位中 1 的个数是奇数或偶数来进行校验。采用奇数的称为奇校验；反之，称为偶校验。例如，如果一组给定数据位中 1 的个数是奇数，如果采用偶校验，那么校验位就置 1，从而使总的 1 的个数是偶数；如果采用奇校验，则校验位置 0，使得总的 1 的个数是偶数。

（4）停止位：位于字符帧的最后，为逻辑 1 高电平。通常可取 1 位、1.5 位或 2 位，用于向接收端表示一帧字符信息已经发送完，也为发送下一帧做准备。

注意：这里说的停止位的位数指的是停止信号的存在时间。如停止位为 1.5，指的是停止位时间上的宽度是 1 位信号位的时间宽度的 1.5 倍。假设异步通信的波特率为 1000bps，那么 1 位的宽度为 1ms，1.5 个停止位就是 1.5ms。

举个例子，假设采用异步通信方式进行数据传输时，某瞬间传送的 8 位数据是 43H（0100 0101B），检验方式采用奇校验，停止位 1.5 位，则信号线上的电平信号（假设 1 代表高电平，0 代表低电平）波形如图 7-12 所示。

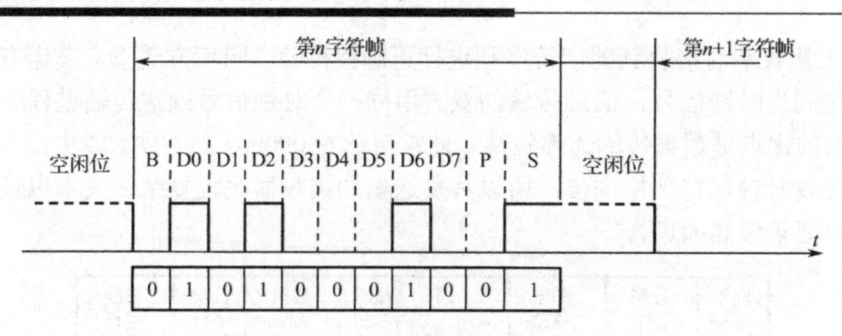

图 7-12 一帧数据的信号电平

图中相关符号表示的含义如下：

B：起始位

D7～D0：数据位，先发 D0，再发 D1，……，最后发 D7

P：奇偶校验位

S：停止位

异步通信的发送端和接收端可以由各自的时钟来控制数据的发送和接收，这两个时钟源彼此独立，互不同步。但要注意，异步通信的发送方和接收方双方必须采用相同的帧格式，否则会造成传输错误。另外，在异步通信中，发送方只发送数据帧，不传输时钟，发送方和接收方必须约定相同的传输率。

传输率是指每秒传输的二进制数码的位数，通常也称波特率或比特率，其单位为 bps（比特/秒）。例如：波特率为 1200bps 是指每秒钟能传输 1200 位二进制数码。波特率的倒数即为每位数据传输时间。例如：波特率为 1200bps，每位的传输时间为

$$T_{\mathrm{d}} = \frac{1}{1200} = 0.833(\mathrm{ms})$$

波特率越高，数据传输的速度越快。通常，异步通信的波特率为 50~19200bps。

注意：波特率和字符的传输速率不同，若采用图 7-11 的数据帧格式，并且数据帧连续传送（无空闲位），则实际的字符传输速率为 1200/11=109.09 个/秒。

7.2 单片机的串行口

51 单片机内部有一个可编程全双工串行通信接口，可同时进行数据的收发，它提供了 4 种工作方式，波特率可由软件设置，并由片内的定时/计数器产生。它不仅能同时进行数据的发送和接收，也可作为一个同步移位寄存器使用。而且接收、发送均可工作在查询方式或中断方式，使用十分灵活。

图 7-13 所示为 51 单片机串行口的内部结构。

由图 7-13 可见，51 单片机的内部串行口主要由以下几部分组成。

1. 数据缓冲器 SBUF

51 单片机的串行口有两个 SBUF，一个用于发送数据，另一个用于接收数据，占用同一地址 99H，可同时发送和接收数据。CPU 在写 SBUF 时操作的是发送缓冲器；读 SBUF 时，操作的是接收缓冲器。发送缓冲器只能发送数据而不能接收数据，接收缓冲器只能接收数据

而不能发送数据，所以虽然两者共用一个地址，但 CPU 在访问的时候不会出错。例如：

```
SBUF=send_buffer[i];             //发送数组 send_buffer 中的第 i 个数据，发送缓冲器工作
Receive_buffer[i]=SBUF;          //接收缓冲器工作
```

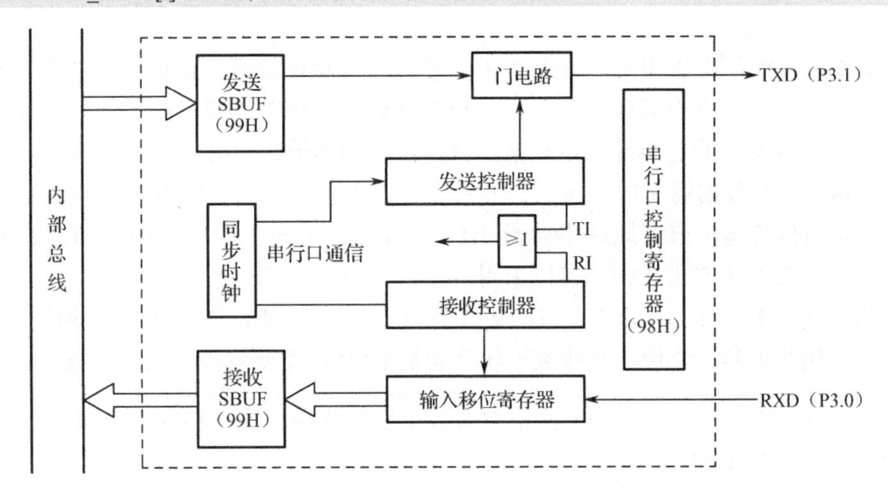

图 7-13　单片机串行口的内部结构

2. 串行口控制寄存器 SCON

串行口控制寄存器 SCON 用于设置串行口的工作方式、监视串行口的工作状态、控制发送与接收的状态等。它是一个既可以字节寻址又可以位寻址的 8 位特殊功能寄存器，地址为 98H，单片机复位时，全部位为 0。SCON 中的各位定义如表 7-1 所示。

表 7-1　串行口控制寄存器 SCON

位地址	9FH	9EH	9DH	9CH	9BH	9AH	99H	98H
SCON	SM0	SM1	SM2	REN	TB8	RB8	TI	RI

下面对表 7-1 中的各位含义进行介绍。

（1）SM0 SM1：串行口工作方式选择位。它们的状态组合用于选择串行口所对应的工作方式，具体如表 7-2 所示。

表 7-2　串行口工作方式选择位组合及其对应的工作方式

SM0　SM1	工作方式	功　能	波特率
0　0	0	8 位同步移位寄存器（输出）	波特率固定为 *fosc*/12
0　1	1	10 位异步收发方式	波特率可变
1　0	2	11 位异步收发	波特率固定为 *fosc*/ *n*，*n*=64 或 32
1　1	3	11 位异步收发方式	波特率可变

（2）SM2：多机通信控制器位。在工作方式 0 中，SM2 必须设成 0。在工作方式 1 中，当处于接收状态时，若 SM2=1，则只有接收到有效的停止位“1”时，RI 才能被激活成“1”（产生中断请求）。在工作方式 2 和工作方式 3 中，当 SM2=0 时，串行口以单机发送或接收方

式工作，TI 和 RI 以正常方式被激活并产生中断请求；当 SM2=1 时，若 RB8=1，则 RI 被激活并产生中断请求；若 RB8=0，不激活 RI，也不引起接收中断。

（3）REN：串行接收允许控制位。该位由软件置位或复位。当 REN=1 时，允许接收；当 REN=0 时，禁止接收。

（4）TB8：工作方式 2 和工作方式 3 中要发送的第 9 位数据。该位由软件置位或复位。在许多通信协议中该位是奇偶校验位，可以根据需要由软件置位或清除。在多机通信中，该位的状态表示主机发送的是地址还是数据，TB8=1 表示地址，TB8=0 表示数据。

（5）RB8：接收数据第 9 位。在工作方式 2 和工作方式 3 时，RB8 存放接收到的第 9 位数据（可以是奇偶校验位或者地址/数据标志位）。在工作方式 1 中，若 SM2=0，则 RB8 是接收到的停止位。在工作方式 0 中，该位未用。

（6）TI：发送中断标志位，发送完一帧字符后 TI=1，需要软件方式清除该位。

（7）RI：接收中断标志位，接收完一帧字符后 RI=1，需要软件方式清除该位。

注意：TI 和 RI 位在任何工作方式下都必须由软件清零。这点和外部中断及定时器中断的标志位的清除方式不同。

3. 波特率倍增寄存器 PCON

波特率倍增寄存器的各位含义如表 7-3 所示。

表 7-3　波特率倍增寄存器各位的含义

PCON	D7	D6	D5	D4	D3	D2	D1	D0
位名称	SMOD	—	—	—	GF1	GF0	PD	IDL

其中，只有 SMOD 与串行通信有关。在工作于方式 1～方式 3 时，若 SMOD=1，则串行口波特率增加 1 倍；若 SMOD=0，波特率不加倍。系统复位时，SMOD=0。

7.3　单片机串行口的工作方式及波特率的约定

单片机串行通信共有 4 种工作方式，它们分别是工作方式 0、工作方式 1、工作方式 2 和工作方式 3，由串行口控制寄存器 SCON 中的 SM0 SM1 的内容决定。

7.3.1　工作方式 0

在工作方式 0 下，串行口作为同步移位寄存器使用。此时 SM2、RB8、TB8 均应设置为 0。工作方式 0 主要用于外接同步移位寄存器，以扩展并行 I/O 口。其帧格式如表 7-4 所示。

表 7-4　单片机串行口工作于方式 0 时的数据帧格式

…	D0	D1	D2	D3	D4	D5	D6	D7	…

（1）数据发送：当 TI=0 时，将数据送往 SBUF 启动数据发送，8 位数据由低位到高位从 RXD 引脚送出，TXD 发送同步脉冲。发送完后，由硬件置位 TI。

（2）数据接收：当 RI=0，REN=1 时启动接收，数据从 RXD 输入，TXD 接收同步脉冲。8 位数据接收完，由硬件置位 RI。

（3）波特率：工作方式 0 的波特率为 *f*osc/12（*f*osc 为系统晶振频率），即一个机器周期发送或接收一位数据。

任务 7-2　单片机串行口工作于方式 0 时的使用方式

1. 任务目标

学习单片机串行口工作于方式 0 时的使用方式。

2. 电路连接

两共阳 8 段数码管与单片机的电路连接如图 7-14 所示，编程实现用单片机的串行口工作于方式 0 实现数码管从 60 到 0 的倒计时显示。

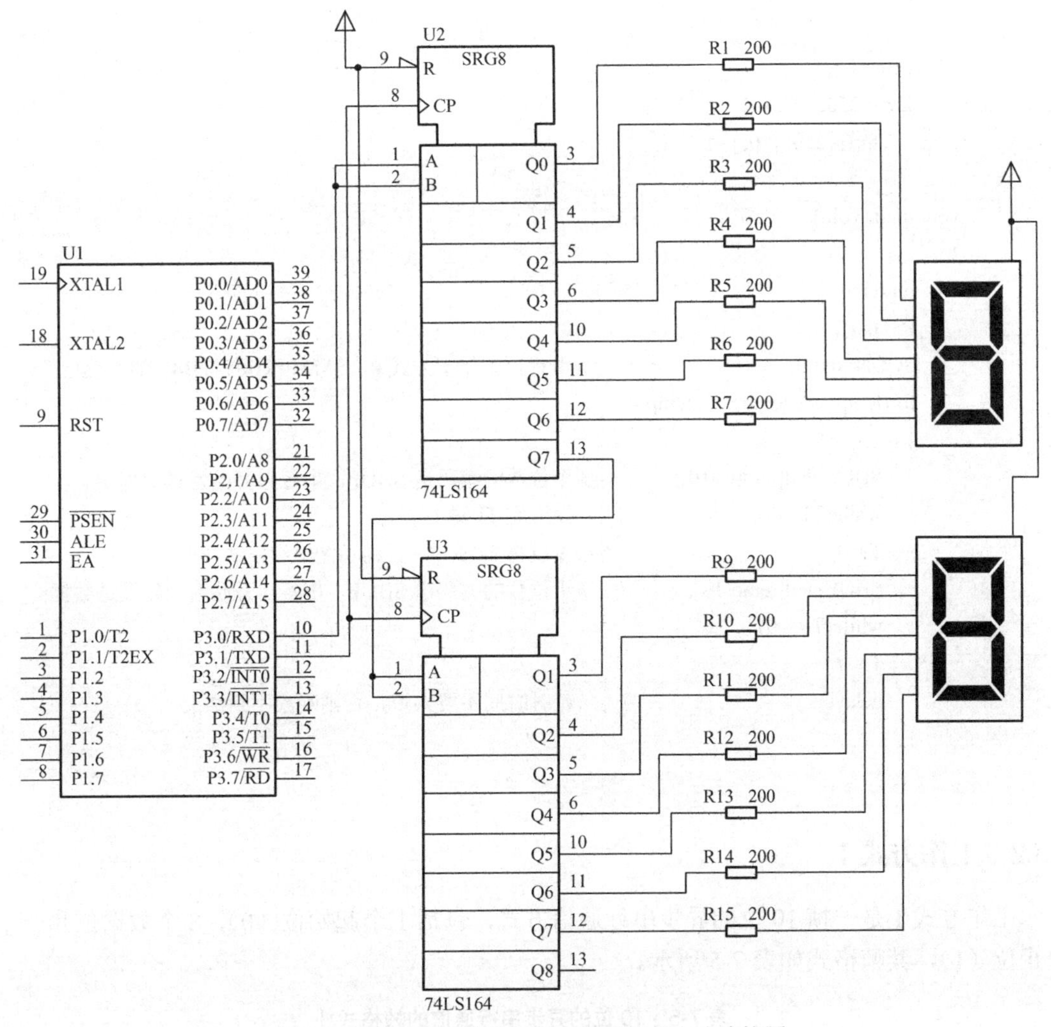

图 7-14　两共阳 8 段数码管与单片机的电路连接图

3. 源程序设计

74LS164 是 8 位串入并出移位寄存器，边沿触发，数据串行输入，并行输出。74LS164 的数据通过两个输入端（A 或 B）之一串行输入。两个输入端或者连接在一起，或者把不用的输入端接高电平，一定不要悬空。CP 为时钟端，每次由低变高时，数据右移一位，输入到 Q0（Q0 的数据下移到 Q1，以此类推），Q0 是两个数据输入端（A 和 B）的逻辑与。R 为主复位端，低电平复位，复位将使其他所有输入端都无效，非同步地清除寄存器，强制所有的输出为低电平。

根据 74LS164 的功能特点及对应的电路图可得实现任务 7-2 的源程序如下：

```
#include <reg52.h>
typedef unsigned char uchar;
void delay(void);
uchar led[]={0x03, 0x9f, 0x25, 0x0d, 0x99,0x49, 0x41, 0x1f, 0x01, 0x09};//数码管编码
void delay(void)
{
    uchar i, j;
    for(i=250; i>0; i--)
        for(j=250; j>0; j--);
}
void main(void)
{
    int temp;
    P3=0xff;
    SCON=0x00;                      //串行口工作于方式 0，SM2、RB8、TB8、TI 清零
    for(temp=60; temp>=0; temp--)
    {
        SBUF=led[temp%10];          //个位数的编码送 SBUF，串行口开始发送数据
        while(TI==0);               //发送完 TI 置 1
        TI=0;                       //重新将 TI 置 0，否则不能继续发送数据
        SBUF=led[temp/10];          //十位数的编码送 SBUF，串行口开始新一轮发送数据
        while(TI==0);
        TI=0;
        delay();                    //延时时间不要太短，否则观察不到结果
    }
}
```

7.3.2 工作方式 1

工作方式 1 是一帧 10 位的异步串行通信方式，包括 1 个起始位（0），8 个数据位和一个停止位（1），其帧格式如表 7-5 所示。

表 7-5 10 位的异步串行通信的帧格式

起始位 0	D0	D1	D2	D3	D4	D5	D6	D7	停止位 1

（1）数据发送：配置 TI=0，将数据送入 SBUF，由硬件自动加入起始位和停止位，构成一帧数据，然后由 TXD 端串行输出。发送完后，TXD 输出线维持在“1”状态下，并将 SCON 中的 TI 置 1，表示一帧数据发送完毕。

（2）数据接收：配置 RI=0，REN=1，接收电路以波特率的 16 倍速度采样 RXD 引脚，如出现由“1”到“0”跳变，认为有数据正在发送，开始接收数据。在接收到第 9 位数据（停止位）时，必须同时满足以下两个条件：RI=0 和 SM2=0 或接收到的停止位为“1”，才把接收到的数据存入 SBUF 中，停止位送 RB8，同时置位 RI。若上述条件不满足，接收到的数据不装入 SBUF 被舍弃。在工作方式 1 下，SM2 应设定为 0。

（3）波特率：

$$\text{波特率}=2^{SMOD}\times f_{osc}/(32\times12\times(\text{定时器计数最大值}-\text{定时初值}))$$

其中，SMOD 为 PCON 的最高位，f_{osc} 为系统时钟频率。一般定时器采用定时器 T1，工作方式采用方式 2。假设 f_{osc}=11.0592MHz，PCON 的最高位为 0，定时器使用 T1，工作方式采用方式 2，T1 的初值为 253，则可依据上式计算出通信的波特率为 9600bps。

任务 7-3　单片机串行口工作于方式 1 时的使用方式

1. 任务目标

学习单片机串行口工作于方式 1 时的使用方式。

2. 电路连接

单片机与两虚拟终端的连接如图 7-15 所示，写出实现从一虚拟终端输入字符并在另一虚拟终端上显示的程序。

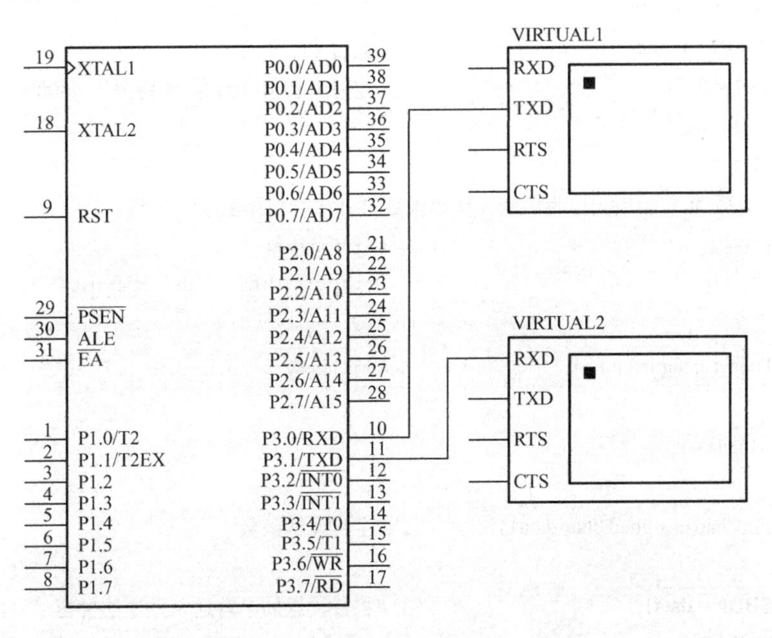

图 7-15　单片机与两虚拟终端的连接图

3. 源程序设计

将单片机的晶振频率设为11.0592MHz，此时与任务7-3对应的源程序如下：

```
#include <reg52.h>                          //包含头文件
void SerialInit();
void Delay(unsigned int x);
void PutString(unsigned char *dat);
void main(void)
{
    SerialInit();
    Delay(50000);
    PutString("----------------------\r");
    PutString("Receiving from 8051...\r");    //串行口向终端发送字符串，结尾处回车换行
    PutString("----------------------\r");
    Delay(50000);
    while(1);
}
void SerialInit()                           //串行口初始化
{
    //（1）设置串行口工作于方式1，允许接收，TI、RI清零
    SCON = 0x50;
    //（2）设置串行口的波特率
    TMOD = 0x20;                            //T1工作于方式2
    PCON = 0x00;                            //波特率不倍增
    TL1 = 0xfd;                             //定时器初值=0xfd，波特率为9600bps
    TH1 = 0xfd;
    TR1=1;
    //（3）本实验用到接收中断，所以需要打开串行口中断
    EA = 1;                                 //打开总中断
    ES = 1;                                 //打开局部中断——串口接收中断
}
void Delay(unsigned int x)                  //延时函数
{
    while(x--);
}
void PutChar(unsigned char data1)           //字符发送函数
{
    SBUF = data1;                           //将待发送的字符送入发送缓冲器
    while(TI == 0);                         //发送过程TI为0，发送结束TI置1，申请中断
    TI = 0;                                 //发送中断标志清零
}
```

```
void PutString(unsigned char *dat)            //字符串发送函数
{
    while(*dat != '\0')                       //判断字符串是否发送完毕
    {
        PutChar(*dat);                        //发送单个字符
        dat++;                                //字符地址加 1，指向下一个字符
        Delay(200);
    }
}
void SerialReceiveInt(void) interrupt 4       //接收中断函数
{
    unsigned char temp;
    if(RI == 0) return;                       //如果没有接收中断标志，返回
    ES = 0;                                   //关闭串行口中断，待处理完再开放
    RI = 0;                                   //清串行口中断标志位
    temp = SBUF;                              //将接收缓冲器中的字符赋给中间变量 temp
    PutChar(temp);                            //将接收的字符发送出去
    ES = 1;                                   //重新开启串行口中断
}
```

4. 实验结果

运行 Proteus，并随机往虚拟终端 VIRTUAL1 中输入字符，这些字符经单片机接收并发送到 VIRTUAL2，在 VIRTUAL2 上所得结果如图 7-16 所示。

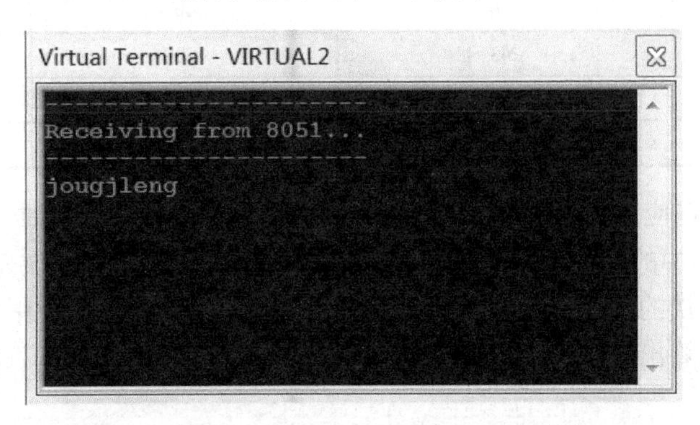

图 7-16 任务 7-3 的实验结果

7.3.3 工作方式 2 和工作方式 3

工作方式 2 和工作方式 3 都是 11 位异步收发串行通信方式，两者仅在波特率的计算上有所不同。在工作方式 2 和工作方式 3 中，一帧信息包含 1 位起始位（0）、9 位数据位和 1 位停止位（1）。9 位数据位中的第 8 位为可编程位，发送时可编程位作为 TB8 使用，可置 0 或置 1，接收时可编程位进入 SCON 中的 RB8。串行口工作于方式 2 和方式 3 时的帧格式如表 7-6 所示。

表 7-6　工作方式 2 和工作方式 3 的帧格式

起始位 0	D0	D1	D2	D3	D4	D5	D6	D7	可编程位 D8	停止位 1

（1）数据发送：置 TI=0，发送数据前，先由软件设置 TB8，然后再向 SBUF 写入 8 位数据，并以此来启动串行发送。一帧数据发送完毕后，CPU 自动将 TI 置 1，其过程与工作方式 1 相同。

（2）数据接收：置 REN=1，RI=0 时，启动接收，分为两种情况：①若 SM2=0，接收到的 8 位数据送 SBUF，第 9 位数据送 RB8。②若 SM2=1，接收到的第 9 位数据为 0 时，数据不送 SBUF；接收到的第 9 位数据为 1 时，数据送 SBUF，第 9 位送 RB8。

（3）波特率：

工作方式 2：$\text{波特率}=\dfrac{2^{\text{SMOD}}\times fosc}{64}$

工作方式 3：$\text{波特率}=\dfrac{2^{\text{SMOD}}\times fosc}{32\times 12\times (M-\text{定时初值})}$（与工作方式1相同）

需要说明的是，当串行口工作于方式 1 或方式 3，如果波特率按规范取 1200，2400，4800，9600，…时，若采用晶振频率 12MHz 和 6MHz，则按上述公式计算出的 T1 定时初值将不是一个整数，由此产生波特率误差并影响串行通信的同步性能，表 7-7 给出了使用 12MHz 晶振时的波特率误差表。

表 7-7　用 12MHz 晶振时波特率误差表（加一个实际计数值）

波特率	计数器重载值 TH1	实际计数值	波特率误差
1200	204	1202	0.16%
2400	230	2404	0.16%
4800	243	4808	0.16%
9600	249	8929	6.99%
19200	253	20833	8.51%

由表 7-7 可见，在应用晶振频率为 12MHz 的单片机的串行口通信时，最好选用波特率为 1200、2400 或 4800 中的一个，此时数据传输的速度比较慢但波特率误差较小。如果要提高数据传输的速度，解决的方法是调整单片机的晶振频率 *fosc*，也就是使用频率为 11.0592MHz 的晶振，这样可使计算出的 T1 初值为整数。表 7-8 给出了单片机串行口通信中常用的波特率及其参数选择关系。

表 7-8　常用的波特率及其参数选择的关系

波特率	*fosc*	SMOD	定时器 T1		
			C/T	模式	初值
工作方式 0：1MHz	12MHz	×	×	×	×
工作方式 2：375kHz	12MHz	1	×	×	×
工作方式 1、3：62.5kHz	12MHz	1	0	2	FFH
19.2kHz	11.059MHz	1	0	2	FDH
9.6kHz	11.059MHz	0	0	2	FDH

续表

波特率	fosc	SMOD	定时器 T1		
			C/T	模式	初值
4.8kHz	11.059MHz	0	0	2	FAH
2.4kHz	11.059MHz	0	0	2	F4H
1.2kHz	11.059MHz	0	0	2	E8H
137.5kHz	11.059MHz	0	0	2	1DH
110Hz	6MHz	0	0	2	72H
110Hz	6MHz	0	0	1	FEEBH

7.4 单片机串行口的应用编程

在应用单片机的串行口进行数据传输时首先需要对串口进行初始化，初始化流程一般如下：

（1）设置串口波特率，这里涉及 3 个寄存器，具体为定时器（T0 和 T1 都可以），定时器工作方式寄存器和波特率倍增寄存器 PCON，设置流程如下：

① 设置定时器工作方式寄存器 TMOD；

② 设置定时器初值 TH 和 TL；

③ 设置波特率倍增寄存器（实际上就是设置倍增位 SMOD）。

（2）设置串行口控制寄存器 SCON。

（3）开定时器 TR=1，如需中断，则还需要打开总中断和局部中断。

（4）根据具体情况开接收 REN=1 或关接收 REN=0。

除了以上步骤，还需注意的是，每次数据接收或发送完毕都要求软件重置 RI（RI=0）或重置 TI（TI=0）。

习 题 7

1. 选择题

（1）51 单片机的串行口每次传送______字符。

A．1 个　　B．1bit　　C．1 帧　　D．1 串

（2）当采用定时/计数器 T1 作为串行口波特率发生器使用时，T1 通常工作于方式______。

A．0　　B．1　　C．2　　D．3

（3）要使 MCS-51 单片机能够响应串行口中断和定时器 T0 中断，它的中断允许寄存器 IE 的内容应为______。

A．98H　　B．22H　　C．92H　　D．82H

（4）当 SCON=0x80 时，串行口工作于______。

A．方式 0　　B．方式 1　　C．方式 2　　D．方式 3

（5）在应用 MCS-51 单片机的串行口进行通信时，每收发完一帧数据都需要对 TI 或 RI 进行清零，这个清零是______。

A．软件清零　　B．硬件清零　　C．自动清零　　D．软硬件清零均可

（6）MCS-51单片机的串行口工作于方式1时，其波特率______。

A．取决于系统时钟频率　　B．定时器T1的溢出率

C．PCON的SMOD位　　D．PCON的最高位和定时器T1的溢出率

2．填空题

（1）在异步通信中，数据通常以______为单位组成______传送，每一帧数据都是______在前。

（2）设MCS-51单片机的晶振频率为11.0592MHz，串行口中的PCON=0x80，定时器T1=0xf4f4，串行口工作于方式1，波特率由T1决定，则该串行口的波特率为______ bps。

（3）定时器T1工作于方式3作为波特率发生器使用时，若系统晶振频率为12 MHz，可产生的最低波特率为______，最高波特率为______。

（4）串行异步通信，传送速率为2400 bps，每帧包含1个起始位、7个数据位、1个奇偶校验位和1个停止位，则每秒传送字符数为______。

（5）帧格式为1个起始位、8个数据位和1个停止位的异步串行通信方式是______。

（6）偶校验是指____。

3．编程题

（1）编程实现应用51单片机的串行口向PC发送数据“ABC”。要求数据的输入/输出方式采用中断方式。

（2）编程实现串行口接收数据“1”，如串行口收到“1”，置P1.0为低电平，否则为高电平。采用T1做波特率发生器，串行口工作于方式3，系统晶振频率为11.0592MHz，波特率采用9600bps。

项目 8　键盘接口技术基础

项目介绍		
实现任务		熟悉机械按键的按下特点及 4×4 键盘的按键判断
知识要点	软件方面	1．按键过程抖动的软件消除； 2．扫描法和反转法识别矩阵键盘的按键
	硬件方面	1．了解机械式按键的抖动原因，掌握机械式按键的消抖原理； 2．掌握矩阵式键盘的连线特点及其与单片机的接口技术
使用的工具或软件		Keil C51、Proteus
建议学时		4

任务 8-1　使用单片机的 I/O 口控制发光二极管的闪烁

1．任务目标

实现按键控制 LED 的亮暗，按下为亮，弹起为暗。

2．电路连接

单片机与按键、LED 发光二极管的电路连接如图 8-1 所示。

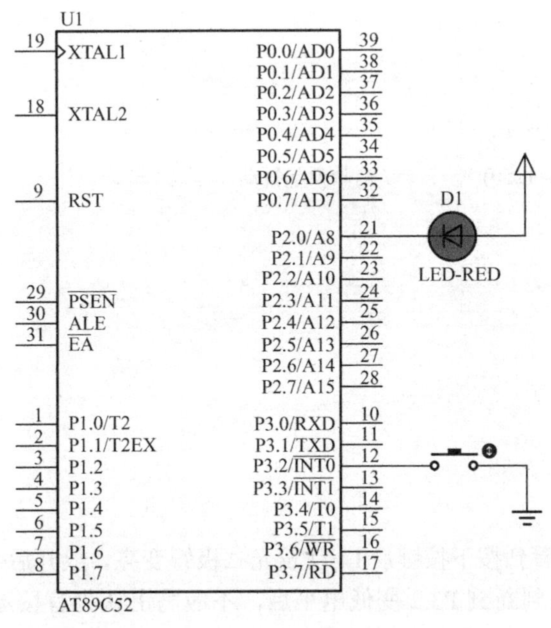

图 8-1　单片机系统与按键、LED 连接电路图

3. 源程序设计

```
#include<reg52.h>
typedef unsigned int uint;          //定义 uint 为 unsigned int 类型的别名
sbit P20=P2^0;
sbit P32=P3^2;
void Delay2us(uint i)               //实测表明，在晶振频率为 12MHz 时，延时时间约为 i×8+10μs
{
    while(--i);
}
void main()
{
    P20=1;
    P32=1;
    while(1)
    {
        if(P32==0)
        {
            Delay2us(1250);         //延时约 10ms，防抖动
            if(P32==0)
            {
                P20=0;
            }
        }
        while(P32==0);              //等待按键弹起
        Delay2us(1250);             //消除弹起抖动
        P20=1;
    }
}
```

任务小结

在任务 8-1 中可以看到按下按键后 LED 发光二极管变亮，放开后变暗。在源程序设计中判断按键被按下时，在判断到 P3.2 变低电平后，不应马上认为有按键被按下，而应延时约 10ms 左右后再判断 P3.2 是否是低电平，如果是低电平才认为按键确实被按下并由此执行按键的动作。而在按键弹起时，也不是判断 P3.2 变为高电平后就确定按键弹起，而是稍做延时

才确认按键弹起（实际上再做判断会更好，可参见后续的状态机设计）。

8.1　独立式按键

独立式按键是指各个按键相互独立，一般每个按键的一端接地，另一端占用一个 I/O 口。按键被按下时输出端为低电平，放开时输出端为高电平。为了保证按键断开时输出高电平，通常在每个按键的输出端接入 10kΩ左右的上拉电阻。对于 51 单片机的 I/O 口作为按键的输入端口时，如果使用 P1、P2、P3 口，则因端口内部已有上拉电阻，故外部的上拉电阻可省略。当采用 P0 口时，应外接 10kΩ左右的上拉电阻。

归于 51 单片机的常用的独立式按键接口电路如图 8-2 所示。

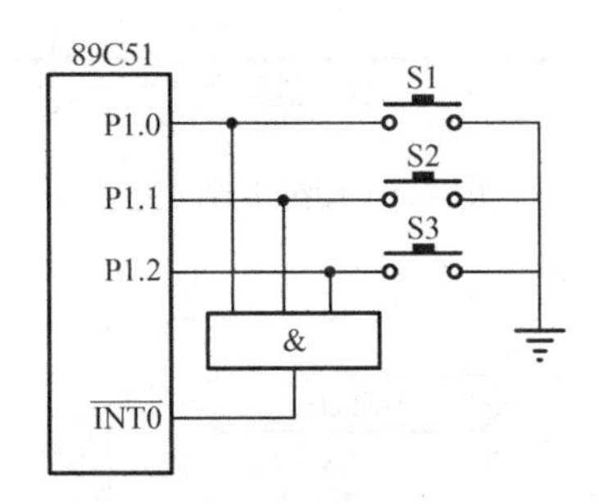

图 8-2　独立式按键常用接口电路

对于图 8-2 所示的接口电路，单片机判断有无按键被按下的方法有两种，一种是查询，另一种是中断。对于查询方式，没有按键被按下时，各 I/O 口为高电平；当有按键被按下时，相应的输入线为低电平。CPU 通过查询输入口的电平状态即可判断哪个键被按下。对于中断方式，按键的输出线通常通过一个与门接入单片机的外部中断接口。无按键被按下时，各 I/O 口均为高电平，与门的输出也为高电平，即外部中断引脚也为高电平；当有按键被按下时，相应的输入接口为低电平，由于“0”与任何数相与结果都为“0”，故与门的输出也为低电平，对应的中断接口也为低电平。如果采用下降沿触发，则系统检测到 $\overline{\text{INT0}}$ 的电平由高变低后，置位相应的中断标志位，同时向 CPU 发出中断请求，CPU 响应中断后通过查询各输入口的状态即可判断哪个键闭合。

独立式按键的各个按键相互独立，每根 I/O 线的按键工作状态不会影响其他 I/O 线的工作状态，电路配置灵活，软件结构简单。按键比较少或者端口有富余时，可以采用这种类型的键盘，但当键盘数量比较多时，不宜采用该方式。

在任务 8-1 中，在判断 P3.2 的按键是否被按下时，用了两次判断，且两次判断间有一个 10ms 左右的延时，在判断按键是否弹起时也采用了类似的操作，这些操作主要是为了消除机械按键的抖动（机械按键的抖动是指由于机械触点的弹性作用及人手的操作速度的影响，按键在闭合与断开的瞬间均存在的电平抖动），如图 8-3 所示。抖动时间的长短，与开关的机械特性有关，一般为 5~10ms，这可能被 CPU 误认为有多次按下操作。为使 CPU 能正确地读出对应引脚的状态，对每一次按下只做一次响应，就必须考虑如何去除抖动。常用去抖动的方法有两种：硬件法和软件法，单片机中常用软件法。软件法的核心就是避开按键被按下（或弹起）瞬间的抖动时间，然后再探测按键的电平，具体实现时，在单片机获得与按键相连的引脚为低（或高）的信息后，不是立即认定按

键已被按下（或弹起），而是延时 10ms 或更长一段时间后再次检测该引脚，如果仍为低（或高），说明按键的确被按下（或弹起）了。图 8-4 给出了常用的软件消除抖动的流程。

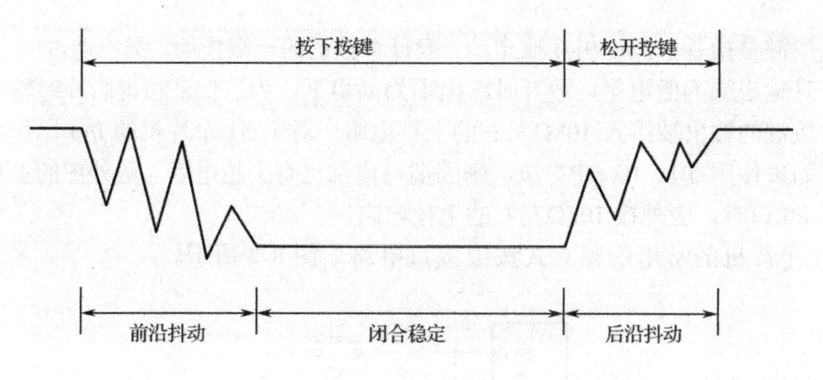

图 8-3　按键事件过程

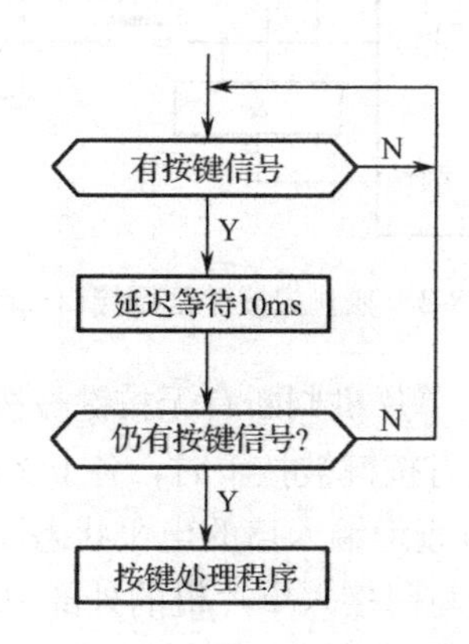

图 8-4　键盘抖动消除流程

8.2　矩阵式键盘

当键盘中按键数量较多时，为了减少 I/O 口的占用，通常将按键排列成矩阵形式构成矩阵式键盘。矩阵式键盘用 *N* 条 I/O 线作为行线，*N* 条 I/O 线作为列线，每条水平线和垂直线在交叉处不直接连通，而是通过一个按键加以连接，这样键盘上按键的个数为 $N \times N$，大大提高了 I/O 口的利用效率。这样，单片机的一个 I/O 口（如 P1 口）就可以接 4×4=16 个按键，相比直接将端口线用于键盘多出了 1 倍。图 8-5 所示为典型的 4×4 矩阵式键盘接口，其行线直接由单片机输出口控制，列线通过上拉电阻接到+5V 电源上。

独立式键盘只需判断 I/O 口的状态即可获知哪个按键被按下，而矩阵式键盘识别按键的过程则较为复杂，它通常用逐行扫描法或反转法来识别按键。

8.2.1　逐行扫描法

逐行扫描法中，行线作为输出线，列线作为输入线，逐行扫描。具体实现时先送第 0 行

为低电平，第 1～3 行为高电平，并读入各列状态，若某列为低，则该列与置低电平的行线交叉处的按键即为闭合的按键，若读入的列值全部为高，说明没有按键被按下。

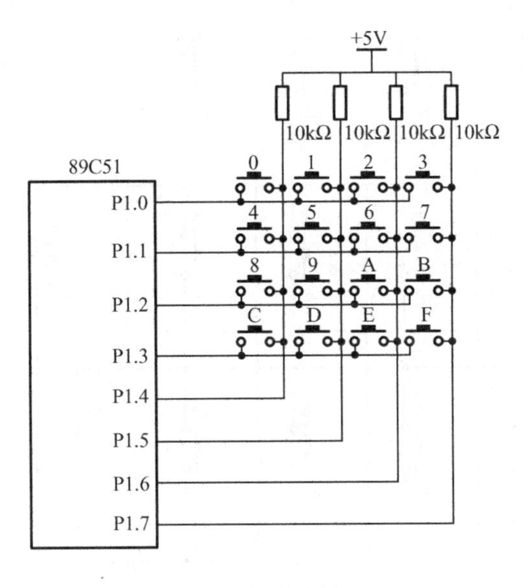

图 8-5　矩阵式键盘

任务 8-2　学习使用扫描法识别矩阵键盘的键值

1. 任务目标

学习使用扫描法识别 4×4 矩阵键盘的键值并送数码管显示，每按下一个按键时对应的蜂鸣器发声。

2. 电路连接

单片机系统与 4×4 矩阵键盘及数码管的电路连接如图 8-6 所示。

本任务中各仿真元件在 Proteus 的名称列表如表 8-1 所示。

表 8-1　元件列表

元件名称	数码管	按键	电阻	蜂鸣器	三极管	单片机
符号表示	7SEG-COM-ANODE	BUTTON	RES	BUZZER（device）	NPN	AT89C52

另外，在图 8-6 中 P3.*n* 旁边的小圆圈代表默认终端，导出过程如图 8-7 所示。与之匹配的标号在其属性中设置，具体操作方法：首先双击默认终端导出其属性，然后再进行设置，具体如图 8-8 所示。

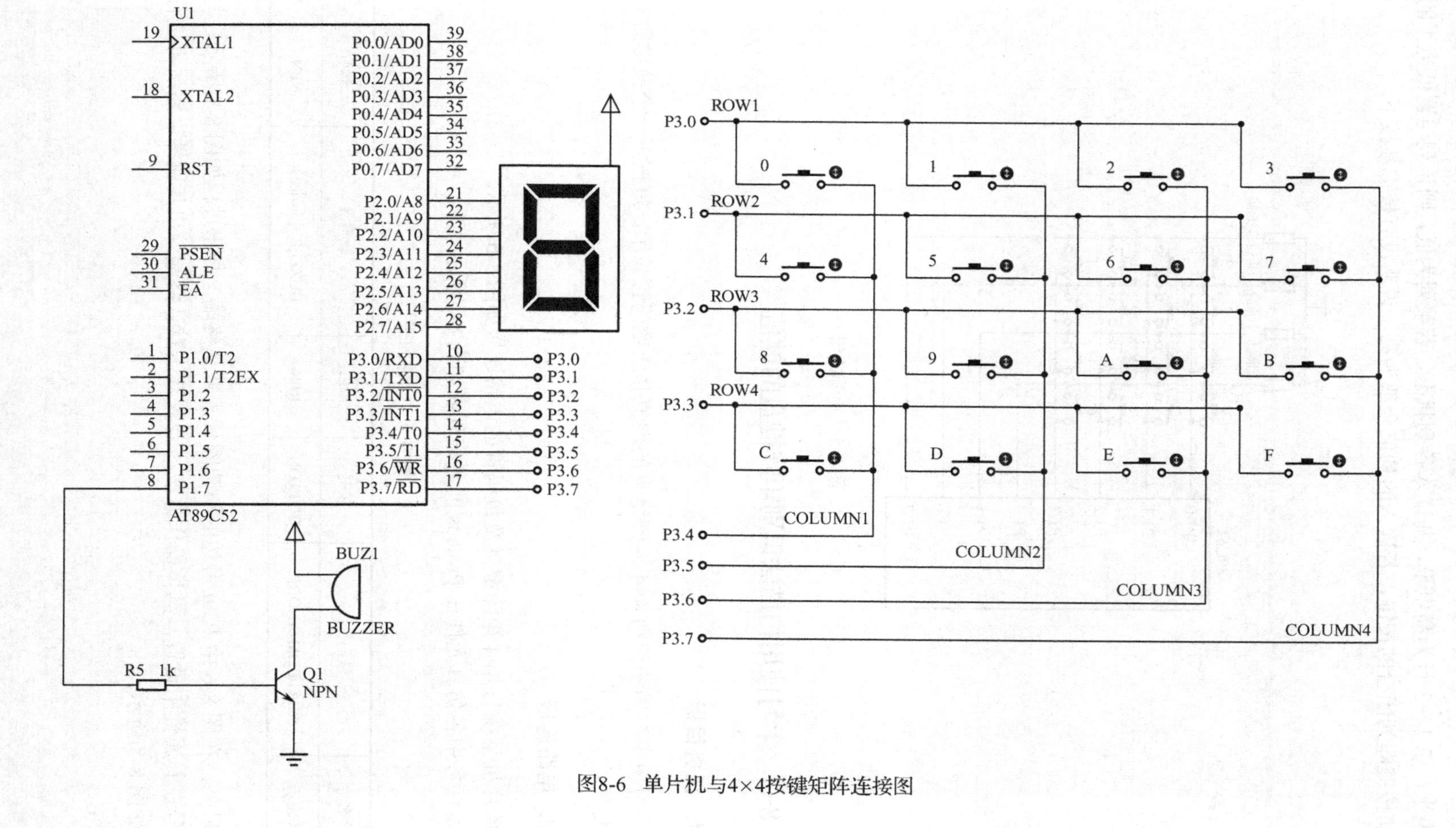

图8-6 单片机与4×4按键矩阵连接图

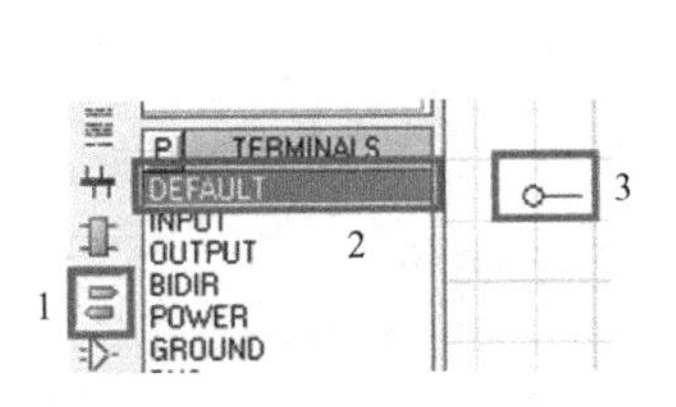

图 8-7　默认终端

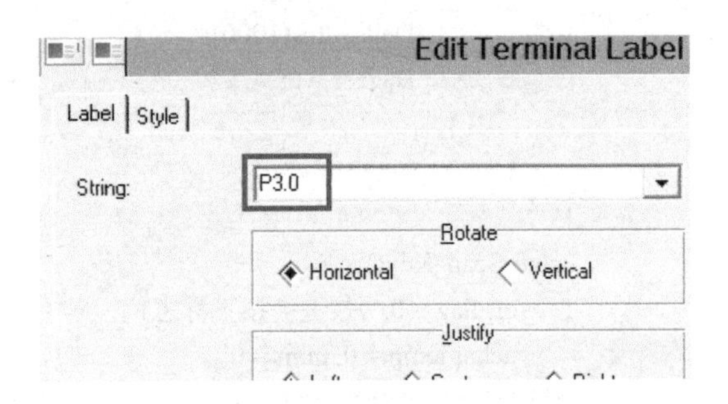

图 8-8　默认终端标号设置

在图 8-6 中还涉及修改电阻 R5 及蜂鸣器 BUZZER 的属性，修改结果分别如图 8-9 和图 8-10 所示。

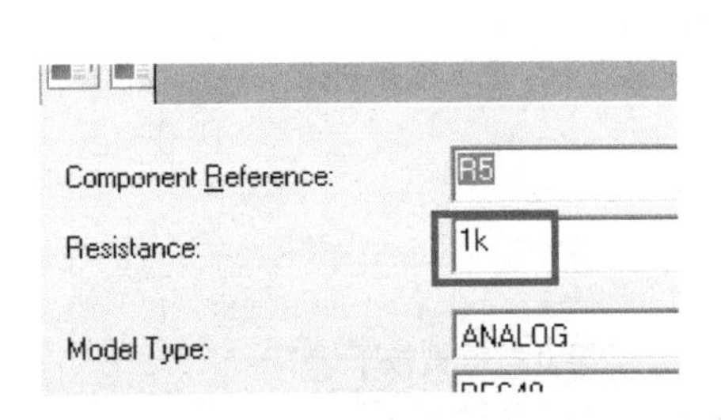

图 8-9　电阻属性图

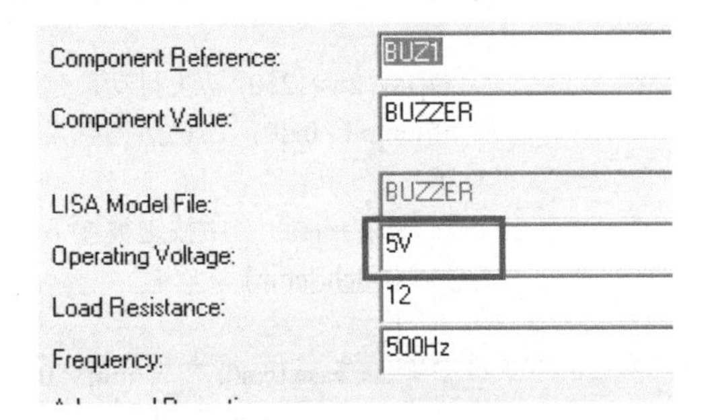

图 8-10　蜂鸣器属性图

3. 源程序设计

```
#include <reg52.h>
#define uchar unsigned char
#define uint unsigned int
uchar Scan_Key();
void Delay_2us(uint i);
sbit Buzzer = P1^7;
uchar code Display[]={0xc0, 0xf9, 0xa4, 0xb0, 0x99, 0x92,0x82, 0xf8, 0x80, 0x90, 0x88, 0x83, 0xc6,
0xa1, 0x86, 0x8e};//0~9，A~F
void main()
{
    uchar keynum;
    Buzzer = 0;
    P2 = 0xff;
    while(1)
    {
        keynum = Scan_Key();
        if(keynum != -1)
        {
            P2 = Display[keynum];
            Buzzer = 1;
```

```
                Delay_2us(1000);
                Buzzer = 0;
            }
        }
}
uchar Scan_Key()
{   bit flag = 0; //按键被按下标志位，若有则 flag=1，若无则 flag=0
    uchar temp = 0, num = 0;
/*********************扫描第一行***********************/
    P3 = 0xfe;              //1111 1110
    Delay_2us(10);
    temp = P3&0xf0;         //屏蔽掉低 4 位
    if(temp != 0xf0)        //如果有按键被按下，则为真，延时等待约 10ms
    {
        Delay_2us(1250); //去抖动，延时约 10ms 左右
        if(temp != 0xf0)  //仍然为真，说明有按键被按下，进入逐行扫描
        {
            flag = 1;         //按键被按下标志位置 1
            switch(temp)
            {
                case 0xe0:      num = 0;    break;      //第 0 按键被按下
                case 0xd0:      num = 1;    break;      //第 1 按键被按下
                case 0xb0:      num = 2;    break;      //第 2 按键被按下
                case 0x70:      num = 3;    break;      //第 3 按键被按下
            }
            while(temp != 0xf0)
            {
                temp = P3;
                temp = temp&0xf0;
            }
        }
    }
/*********************扫描第二行***********************/
    P3 = 0xfd;
    Delay_2us(10);
    temp = P3&0xf0;
    if(temp != 0xf0)
    {
        Delay_2us(1250); //去抖动，因机械按键机械抖动一般为 5~10ms，因此去抖动延时应为
                         //10ms 左右
        if(temp != 0xf0)
        {
            flag = 1;         //按键被按下标志位置 1
            switch(temp)
            {
                case 0xe0:  num = 4;    break;
                case 0xd0:  num = 5;    break;
```

```
                case 0xb0:  num = 6;    break;
                case 0x70:  num = 7;    break;
                //      default:     break;
            }
            while(temp != 0xf0)
            {   //等待按键释放
                temp = P3;
                temp = temp&0xf0;
            }
        }
    }
/*********************扫描第三行***********************/
    P3 = 0xfb;
    Delay_2us(10);
    temp = P3&0xf0;
    while(temp != 0xf0)
    {
        Delay_2us(1250);
        while(temp != 0xf0)
        {
            flag = 1;               //按键被按下标志位置 1
            switch(temp)
            {
                case 0xe0:   num = 8;   break;
                case 0xd0:   num = 9;   break;
                case 0xb0:   num = 10;  break;
                case 0x70:   num = 11;  break;
                // default:     break;
            }
            while(temp != 0xf0)
            {

                temp = P3;
                temp = temp&0xf0;
            }
        }
    }
/*********************扫描第四行**********************/
    P3 = 0xf7;
    Delay_2us(10);
    temp = P3&0xf0;
    if(temp != 0xf0)
    {
      Delay_2us(1250);
      if(temp != 0xf0)
      {
        flag = 1;
```

```
            switch(temp)
            {
                case 0xe0:   num = 12;  break;
                case 0xd0:   num = 13;  break;
                case 0xb0:   num = 14;  break;
                case 0x70:   num = 15;  break;
                //      default:    break;
            }
            while(temp != 0xf0)
            {
                temp = P3;
                temp = temp&0xf0;
            }
        }
    }
    if(flag == 0)
    {
        return -1;
    }
    else
    {
        return     num;        //若有按键被按下时，按键标志位置 1，则返回相应按键的码值
    }
}

void Delay_2us(uint i)         //实测表明在晶振频率为 12MHz 时，延时时间约等于 i×8+5μs
{
    while(--i);
}
```

8.2.2 线反转法

线反转法也是识别闭合键的一种常用方法，该方法的实现步骤如下。

（1）获取列码：执行程序使行线 ROW1~4（ROW1~4 及后面的 COLUMN1~4 参见图 8-6）全部输出低电平，然后读取列线 COLUMN1~4 的状态。如果没有按键被按下，各行线和列线相互断开，各列线保持高电平；如果有按键被按下，则相应的行线与列线通过按键相连，迫使对应列线电平变低，此时读取 COLUMN1~4 的状态，即可得到列码。

（2）获取行码：执行程序使 COLUMN1~4 输出低电平（电平反转），如果有按键被按下，行线中有一根为低电平，其余行线为高电平，读取 ROW1~4 的状态，得到行码。

（3）获取位置码：将步骤 1 得到的列码和步骤 2 得到的行码拼合成按键的位置码。需要注意的是，因为每一次按下都导致一行线和一列线为低电平，其余为高电平，所以位置码低 4 位和高 4 位各只有一位低电平。

以图 8-6 为例，当按下 0 号键时，P3.0 和 P3.4 都为低电平，对应的位置码 P3.7P3.6P3.5P3.4P3.3P3.2P3.1P3.0 为 11101110b；当按下 9 号键时，P3.2 和 P3.5 都为低电平，对应的位置码为 11011101b。以此类推，可得与图 8-6 相匹配的电路的按键键号和位置码的关系，如表 8-2

所示。

表 8-2　键号和位置码的关系

键号	位置码	键号	位置码	键号	位置码	键号	位置码
0	0xee	4	0xed	8	0xeb	C	0xe7
1	0xde	5	0xdd	9	0xdb	D	0xd7
2	0xbe	6	0xbd	A	0xbb	E	0xb7
3	0x7e	7	0x7d	b	0x7b	F	0x77

任务 8-3　使用反转法识别键值并送数码管显示

1. 任务目标

使用反转法识别图 8-5 中的键值并送数码管显示。

2. 电路连接

同任务 8-2。

3. 源程序设计

```
#include <reg52.h>
#define uchar unsigned char
#define uint unsigned int
sbit Buzzer = P1^7;
uchar code Display[]={0xc0, 0xf9, 0xa4, 0xb0, 0x99, 0x92,0x82, 0xf8, 0x80, 0x90, 0x88, 0x83, 0xc6,
0xa1, 0x86, 0x8e};//0~9,A~F
uchar code Tab[]={0xee, 0xde, 0xbe, 0x7e, 0xed, 0xdd, 0xbd, 0x7d, 0xeb, 0xdb, 0xbb, 0x7b, 0xe7, 0xd7,
0xb7, 0x77};                    //键盘按键编码
void Delay(uint t)
{
    uchar i;
    while(t--)
        for(i=0; i<120; i++);
}

uchar Scan_Key()
{
    uchar column, row, position;
    uchar i,temp;
    P3 = 0xf0;                  //P3 输出 11110000
    temp = P3&0xf0;
    if(temp != 0xf0)            //有按键被按下
    {
        Delay(10);              //延时约 10ms
```

```
            if(temp != 0xf0)
            {
                column = P3;                        //读取列的码值
                P3 = 0x0f;                          //反转
                row = P3;                           //读取行码
                position = row+column;
            }
            while(P3 != 0x0f)                       //说明按键没有弹起
            {
                P3 = 0x0f;
                Delay(1);
            }
        }
        for(i=0; i<16; i++)
            if(position == Tab[i]) return i;        //查表得到按键序号并返回
        return -1; //如果没有按键被按下，返回-1
    }

    void main()
    {
        uchar key;
        Buzzer = 0;
        P2 = 0xff;
        while(1)
        {
            key = Scan_Key();                       //扫描键盘
            if(-1!=key)
            {
                P2 = Display[key];                  //显示按键值
                Buzzer = 1;                         //蜂鸣器响
                Delay(100);
                Buzzer = 0;
            }
        }
    }
```

习 题 8

编程题

仔细研究任务 8-2 的源代码特点并进行精简。

项目 9　基于状态机思想的按键识别

<table>
<tr><td colspan="3">项目介绍</td></tr>
<tr><td colspan="2">实现任务</td><td>采用状态机思想实现任意按键识别</td></tr>
<tr><td rowspan="2">知识要点</td><td>软件方面</td><td>1．掌握状态机消抖的原理
2．掌握应用定时器中断及静态变量合理设计基于状态机思想的按键识别
3．掌握组合键、长按键、连击和连发的识别及程序实现
4．掌握应用模块化编程思想组织工程</td></tr>
<tr><td>硬件方面</td><td>无</td></tr>
<tr><td colspan="2">使用的工具或软件</td><td>Keil C51、Proteus</td></tr>
<tr><td colspan="2">建议学时</td><td>4</td></tr>
</table>

任务 9-1　使用状态机实现对机械按键被按下的识别

1．任务目标

按下 K1 键，D1 亮；按下 K2 键，D2 亮；按下 K3 键，D3 亮；按下 K4 键，D4 亮。要求采用状态机思想判断按键。

2．电路连接

单片机系统与按键、LED 接口电路如图 9-1 所示。

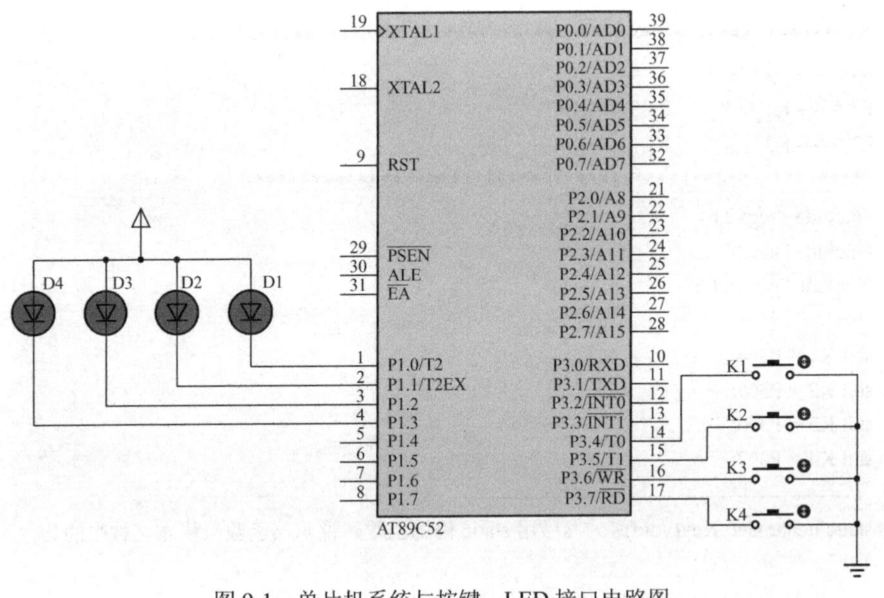

图 9-1　单片机系统与按键、LED 接口电路图

3. 源程序设计

本项目使用的 Proteus 中的元件为 BUTTON 和 LED-RED，整个项目采用模块化来组织工程文件，整个工程架构如图 9-2 所示。

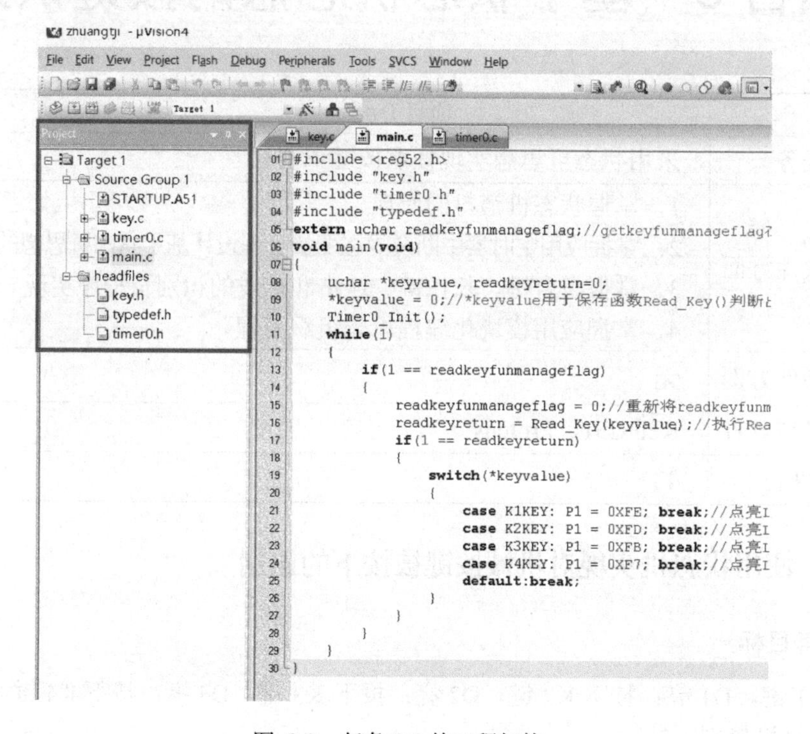

图 9-2　任务 9-1 的工程架构

由于模块较少，所以采用源程序和头文件分开管理。各文件源代码如下：

（1）key.c

```
/*******************************************************
键盘接口模块：
P3.4 ---- K1            P3.5 ---- K2
P3.6 ---- K3            P3.7 ---- K4
*******************************************************/
#include <reg52.h>
#include "key.h"
#include "typedef.h"

sbit K1 = P3^4;
sbit K2 = P3^5;
sbit K3 = P3^6;
sbit K4 = P3^7;
 //---------------------------------------------------
static uchar Get_Key(void)          //用 static 修饰函数，说明该函数只供本文件中的其他函数调用
{
     if(0 == K1) return K1KEY;   //返回 K1 的键值 1110 0000b
     if(0 == K2) return K2KEY;   //返回 K2 的键值 1101 0000b
```

```
    if(0 == K3) return K3KEY;          //返回 K3 的键值 1011 0000b
    if(0 == K4) return K4KEY;          //返回 K4 的键值 0111 0000b
    return 0xF0;                       //如果没有键被按下，则返回 0xF0
}
//---------------------------------------------------
uchar Read_Key(uchar *pkeyvalue)
{
    static uchar keystate = 0;          //keystate 用于保存按键的状态
    static uchar prekeyvalue = 0xF0;    //prekeyvalue 用于保存消抖之前的键值
    static uchar lastkeyvalue = 0xF0;
    uchar tempkeyvalue = 0;             //tempkeyvalue 用于保存临时键值
    uchar keydownflag = 0;              //keydownflag 用于保存返回按键标志，一次完整的按键将被置 1
    tempkeyvalue = Get_Key()&0xF0; //获得临时键值，每次调用函数都读取一次
    switch(keystate)
    {
        case 0:                         //keystate=0 时按键处于初始状态
        {
            if(tempkeyvalue != 0xF0)//如果临时键值不等于 0xF0，说明有键按下
            {
                keystate = 1;           //下次再调用本函数时跳到状态 1，两次之间的间隔大于
                                        //20ms，一般情况下可以完成消抖
                prekeyvalue = tempkeyvalue;     //保存消抖之前的键值，消抖后对比不一样的话可
                                                //认为是误击
            }
        }
        break;
        case 1:                                 //状态 1，程序执行到这一步时已经经过消抖
        {
            if(tempkeyvalue == prekeyvalue)     //如果相等，则说明有键被按下
            {
                /*将按下的键值保存到 pkeyvalue 指向的地址中，为了防止重复触发，
                这个值需要配合 keydownflag 使用，只有 keydownflag 为 1，一次完整
                按键结束，才应用这个值进行其他工作*/
                lastkeyvalue = tempkeyvalue;
                keystate = 2;                   //下次调用本函数时跳到状态 2
            }
            else
                keystate = 0;   //如果不相等，则说明键盘是一次误击，返回初始状态，重新判断
        }
        break;
        case 2:
        {
            if( tempkeyvalue != prekeyvalue)    //如果不相等，则说明可能已经松开按键，
                                                //下次调用函数进入状态 3
            {
                keystate = 3;
            }
```

```
            }
            break;
            case 3:
            {
                if( tempkeyvalue != prekeyvalue)       /为再次进入，已经弹起消抖，如果不
相等，则证明按键已经松开*/

                {
                    keydownflag = 1;                   /*等于 1，说明一次完整的按键已经结束，可以用
                                                       键值判断进行下一步的工作*/
                    keystate = 0;                      //恢复原值
                    prekeyvalue = 0xf0;                //恢复原值
                }
                else
                {
                    keystate = 2;                      //仍然是原来的键值，返回状态 1，即被按下状态
                }
            }
            break;
            default: break;
        }
        *pkeyvalue = lastkeyvalue;
        return keydownflag;
}
```

（2）key.h

```
#ifndef _KEY_H_
#define _KEY_H_
    #define K4KEY 0x70   //K4
    #define K3KEY 0xB0   //K3
    #define K2KEY 0xD0   //K2
    #define K1KEY 0xE0   //K1
    unsigned char   Read_Key(unsigned char *pkeyvalue);
#endif
```

（3）timer0.c

```
#include "reg52.h"
#include "typedef.h"
uchar readkeyfunmanageflag =0 ;              /*Read_Key()函数管理标志，只有 readkeyfunmanageflag
为 1 才进行一次键值读取*/
#define COUNT 20000                          //晶振=24MHz，一个机器周期为 0.5μs
//定时器初始化----------------------------------
void Timer0_Init(void)
{
    TMOD = 0x01;
    TH0 = (65536-COUNT)/256;
    TL0 = (65536-COUNT)%256;
```

```
    EA = 1;
    ET0 = 1;
    TR0 =1;
}
//定时器中断函数 --------------------------------
void Timer0_Int(void) interrupt 1
{
    TH0 = (65536-COUNT)/256;
    TL0 = (65536-COUNT)%256;
    readkeyfunmanageflag = 1;               //进入中断后置 1，触发 Read_Key()函数动作，并在
                                            //Read_Key()处理后置回 0
}
```

（4）timer0.h

```
#ifndef _TIMER0_H_
#define _TIMER0_H_
    extern void Timer0_Init();
#endif
```

（5）main.c

```
#include <reg52.h>
#include "key.h"
#include "timer0.h"
#include "typedef.h"
extern uchar readkeyfunmanageflag;      //readkeyfunmanageflag 在 timer.c 中定义
void main(void)
{
    uchar *keyvalue, readkeyreturn=0;
    *keyvalue = 0;                      //*keyvalue 用于保存函数 Read_Key()判断出来的键值
    Timer0_Init();
    while(1)
    {
        if(1 == readkeyfunmanageflag)
        {
            readkeyfunmanageflag = 0;                //重新将 readkeyfunmanageflag 置回 0
            readkeyreturn = Read_Key(keyvalue);      //执行 Read_Key()函数，返回值为 1 表示一
                                                     //次完整按键结束，而键值保存在*keyvalue 中
            if(1 == readkeyreturn)
            {
                switch(*keyvalue)
                {
                    case K1KEY: P1 = 0xFE; break;    //点亮 LED1，即与 P1.0 相连的 LED
                    case K2KEY: P1 = 0xFD; break;    //点亮 LED2，即与 P1.1 相连的 LED
                    case K3KEY: P1 = 0xFB; break;    //点亮 LED3，即与 P1.2 相连的 LED
                    case K4KEY: P1 = 0xF7; break;    //点亮 LED4，即与 P1.3 相连的 LED
                    default:break;
                }
```

```
                    }
                }
            }
        }
```

（6）typedef.h

```
#ifndef _TYPEDEF_H_
#define _TYPEDEF_H_
    #define uchar unsigned char
    #define uint unsinged int
#endif
```

4. 任务说明

需要注意的是，如果采用前面介绍的步骤对工程进行编译链接，此时将会出现如图 9-3 所示的错误信息。

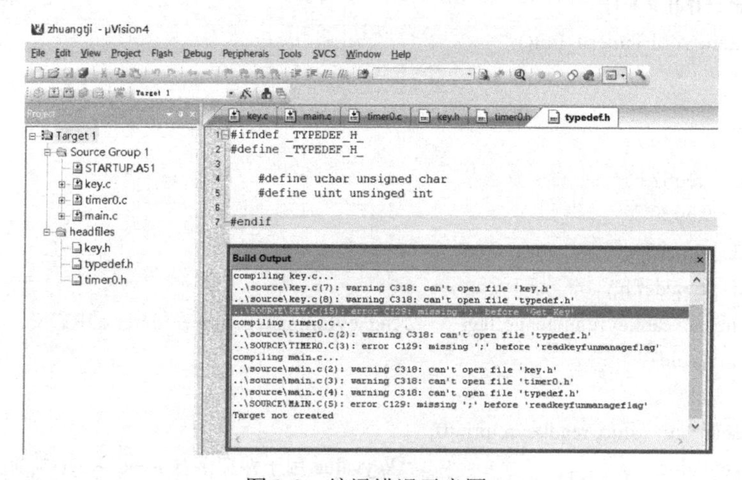

图 9-3　编译错误示意图

出现如图 9-3 所示的错误的原因在于，在采用模块化编程时需要将 C 语言的头文件或者汇编的头文件路径添加进工程中，添加步骤如图 9-4 所示。

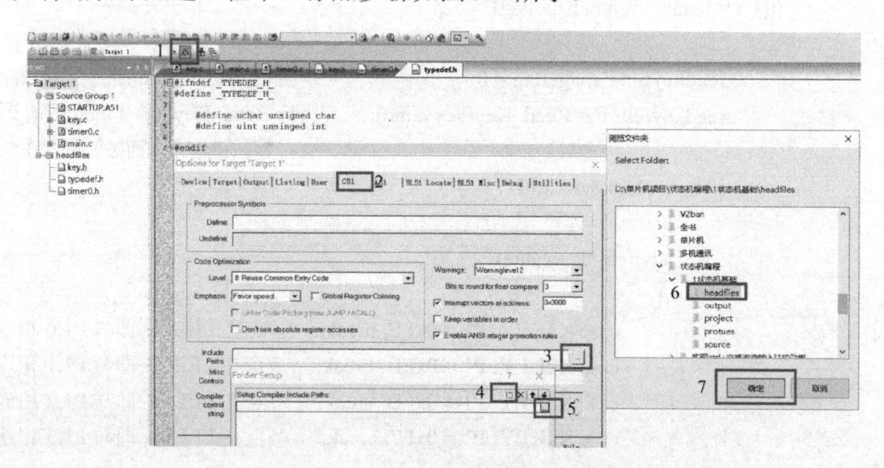

图 9-4　C 语言头文件的路径添加步骤

图 9-4 介绍的是 C 语言头文件的路径添加步骤，如果工程中有汇编语言的头文件，其路径的添加在 A51 选项中，其添加过程与图 9-4 类似。

在实现任务 9-1 的过程中，除了要添加头文件路径外，还需对整个工程进行重新组织，组织后工程包含 4 个文件夹，具体如图 9-5 所示。

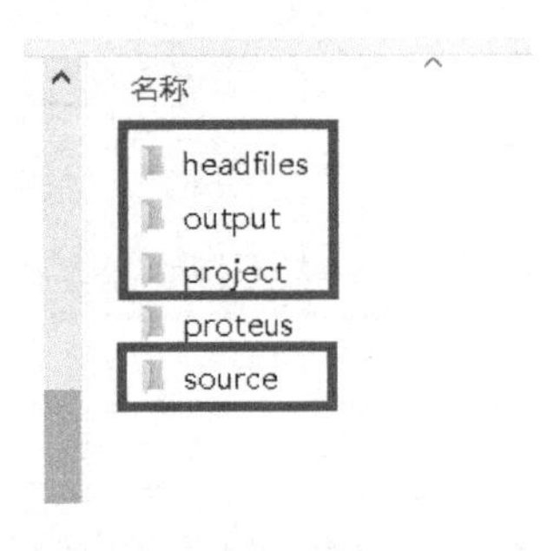

图 9-5　任务 9-1 的工程组织

4 个文件夹中，headfiles 用于存放各模块的头文件，source 用于存放各模块的 C 文件，output 用于存放输出的十六进制文件，output 用于存放输出的十六进制文件，配置步骤如图 9-6 所示。

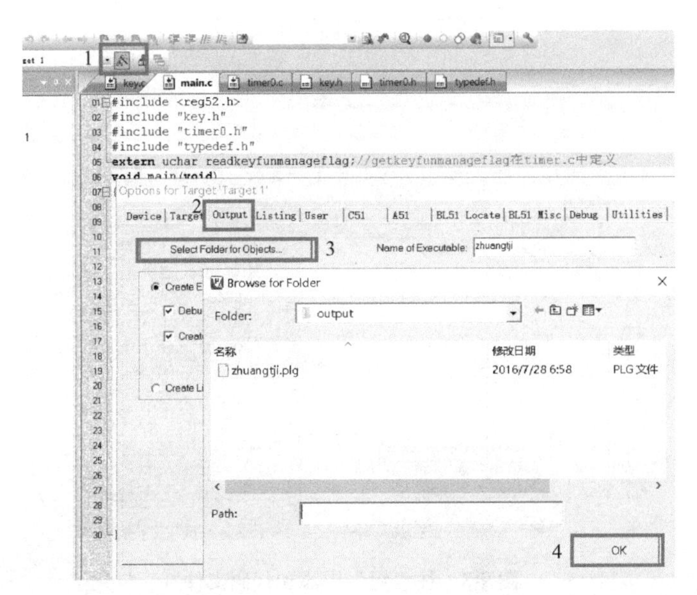

图 9-6　设置.hex 文件的输出路径

在模块化编程中，为了方便管理各文件，通常存放工程的文件夹的结构与 Keil 中的工程结构应一致。实现的途径是在 Keil 的工程中添加“组”，然后再将代码文件添加到“组”中，一个“组”和一个文件夹对应，且最好同名。Keil 中添加“组”的步骤如图 9-7（a）和图 9-7（b）所示。

往“组”中添加代码文件的步骤如图 9-8 所示。

在选择“Add Files to Group ‘source’”后，即可在弹出的对话框中选择工程的 source 文件夹中的 C 文件，并将之添加进“组”source 中。

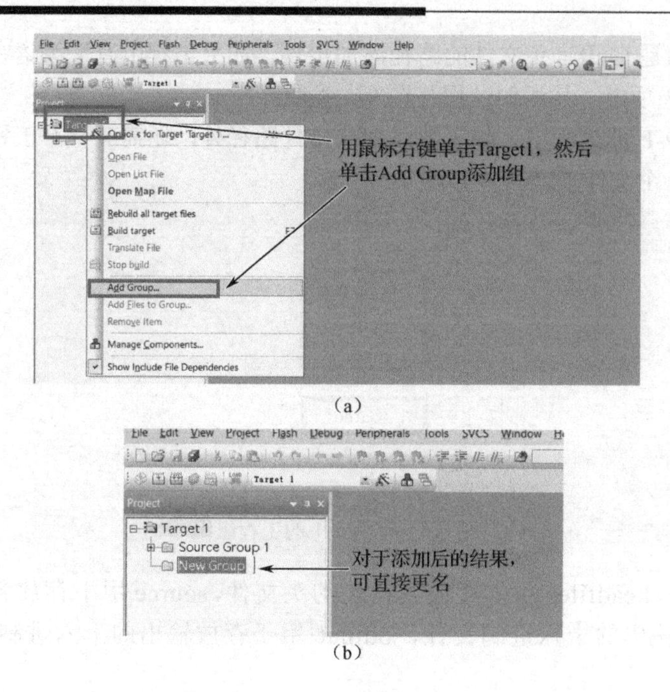

图 9-7 “组”的添加及更名

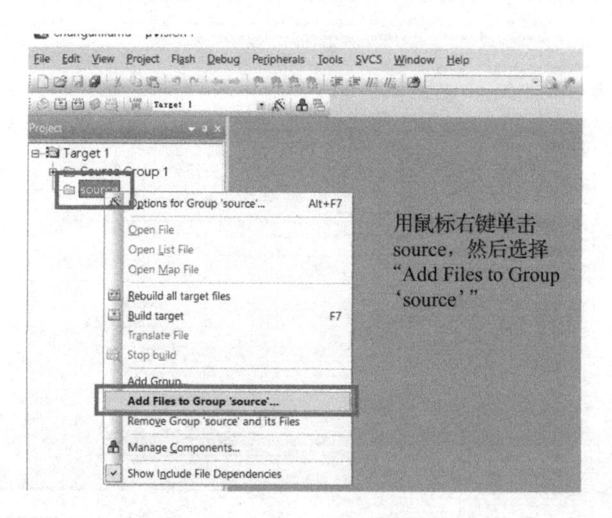

图 9-8 往“组”中添加代码文件

任务小结

由实现源码可以看到，整个工程包含 3 个模块：按键模块、定时器模块和主函数模块，其中按键模块和定时器模块各有两个文件，一个 C 文件和一个头文件，其中头文件用于定义一些宏和提供 C 文件中的函数的接口。

另外，在按键的判断中，不再采用低效的延时方式来对按键进行消抖，而是采用效率更高的定时器间隔扫描的方式来消抖。这种消抖方式称为状态机消抖。

9.1　状态机基础

在项目 8 的按键检测程序中，可以看到按键被按下与弹起都需要延时约 10ms 进行消抖，而在延时时 CPU 反复执行空操作而不能进行其他的处理，由此造成 CPU 利用率比较低，硬件资源严重浪费。而采用状态机则能很好地解决这一问题。

状态机是一种概念性机器，它能采取某种操作来响应一个外部事件。具体采取的操作不仅能取决于接收到的事件，还能取决于各个事件的相对发声顺序。状态机的核心是一种分状态机制，它将任何一个外部事件都看成一系列状态的组合。例如，按键被按下过程就可以抽象成以下几个状态：

（1）键未被按下状态，或者说初始状态，假设为 S0。

（2）确定有键被按下状态，假设为 S1；

（3）确定键稳定被按下状态，假设为 S2；

（4）键释放状态，假设为 S3；

（5）确定键释放状态，假设为 S4。

在将一个外部事件抽象成一系列状态的组合后，系统每隔一定的时间就对该事件进行查询，以确定其当下的状态及下一个将要切换到的状态。对于按键事件，在所有的状态遍历完后，即可认为一次完整的按键事件发生。

9.2　应用状态机思想实现按键识别

状态机的核心在于对分状态的外部事件进行查询的时间间隔，正确设置该时间间隔是该机制应用成功的关键。对于常用的机械按键，这个查询的时间间隔应为多少呢？通过前面的介绍可以知道，一个按键事件，从被按下到松开，需要经过被按下抖动、稳定被按下、弹起抖动 3 个过程。在这个过程中，被按下及弹起抖动约为 10ms，稳定被按下为 300~500ms，也就是说，按键事件的最小时间单位应取 10ms，所以系统查询的时间间隔应该为 10ms 或者适当选择大一点的(如 20ms)。这个间隔不仅可以跳过按键抖动的影响，同时也远小于 300~500ms 的稳定闭合期，不会将按键过程丢失。在具体的实现上，可以使用单片机的某一个定时器来提供这个时间间隔，然后在其相关程序中设置某一间隔标志，查询时间一到，该标志置 1，启动一次按键状态查询（在查询时注意将该标志清零以免影响下一次查询）。

下面来看一次按键的状态切换过程。

首先假设键按下时端口电平为 0，弹起为 1，按键抖动小于 10ms（视具体情况而定），通过状态机检测按键过程如下：

（1）按键处于初始状态 S0。假设某个瞬间，系统检测到与按键相连的端口电平为 0，系统认为按键处于被按下状态，并将按键状态切换到 S1。注意，此时是真的被按下还是只是一次误击、抖动，需要经过 10ms 后的再次判断方可知道。如果系统检测到的端口电平为 1，则保持按键状态不变。

（2）再经过 10ms，系统再次检测按键端口，如果电平仍为 0，则说明按键是真的被按下，将按键状态切换到 S2。如果电平为 1，说明是一次抖动或误击，系统将按键的状态切换回 S0，重新判断。

（3）再经过 10ms，系统再次检查按键端口，如果电平为 0，说明键处于稳定被按下状态，记录键值，并保持按键状态不变。由于稳定被按下时间持续 0.3~0.5s，所以接下来的多次查询按键都应该处于该状态。如果在某次检测中发现端口电平为 1，说明按键有可能已经松开，系统将按键的状态切换到 S3。

（4）再经过 10ms，系统检测按键端口，如果发现端口电平为 0，说明刚才电平变为 1 只是一次稳定被按下中的抖动，重新将按键状态置于 S2。如果端口电平为 1，说明按键是真的松开（S4），置位某一按键完整按下标志，将按键的状态切换回初始状态 S0，准备下一次判断。

由按键的状态切换过程可以看到，应用状态机识别按键需要注意以下几个问题：

（1）一个完整的按键过程通常需要返回两个变量，一个用于说明整个按键过程结束，另一个为键值。

（2）按键的识别通常由一个函数完成，而该函数中包含按键的多个状态，每执行一次该函数对应于按键的一次状态的判断。所以，为了保证每次调用该函数时按键状态都能被正确识别，按键状态变量应该用 static 修饰。

9.3　应用状态机思想判断组合键

在使用计算机对文档进行编辑和使用聊天工具进行聊天时，会经常使用组合键 Ctrl+Space 切换输入法的状态。这种组合键在单片机系统中该如何识别呢？仔细研究计算机输入法的切换，可以发现这种组合键的特点是要确保 Ctrl 键先被按下，然后 Space 键不管隔多长时间被按下，都会被认为是一次组合键。由此得到应用单片机模拟 Ctrl+ Space 组合键的过程如下：

（1）确保 Ctrl 键先被按下。如果先按 Space 键或者同时按两键，则组合无效。

（2）在 Ctrl 键被按下时，进一步判断 Space 键是否被按下，如果被按下，认为有组合键发生，获得组合键键值，但不能马上应用该键值进行某一个动作。

（3）Ctrl 键和 Space 键两个按键无论哪个先弹起，都认为是一次组合键组合结束，置组合完成标志。

（4）将此标志和键值一起配合执行某一个动作。

与上述思想相匹配的读组合键函数如 Read_Key()所示。

```
uchar Read_Key(uchar *pkeyvalue)
{
    static uchar state = 0;                //state 用于保存按键的状态
    static uchar lastkeyvalue = 0xf0;
    uchar keydownflag = 0;                 //keydownflag 用于保存返回按键标志，1 次完整的按键将被置 1
    switch(state)
    {
        /* state=0，按键处于初始状态，如果初始状态中 Ctrl 键被按下，其他键没有被按下，则
启动组合键判断。*/
        case 0:
        {
            if((P3&0XF0) == 0x70)
            {
                state = 1;
```

```
                }
            }
            break;
            /*再次调用 Read_Key()函数时，由于 state 为静态局部变量，所以其值为 1，跳到 case 1
执行，在确保 Ctrl 键被按下的条件下进一步判断 Space 键是否被按下*/
            case 1: //状态 1，程序执行到这一步时已经经过对 Ctrl 键的消抖
            {
                if(CTRL != 0)        //如果 CTRL 不为 0，说明 Ctrl 键已经松开，回到状态 0

                {
                    state = 0;
                }
                else
                {
                    if(SPACE == 0)      //如果 SPACE 为 0，说明 Space 键可能被按下，消抖后再判断
                    {
                        state = 2;
                    }
                }
            }
            break;
            /*再次调用 Read_Key()函数，如果有组合键发生，系统跳到 case 2 执行。在跳到 case 2
时系统已经对 Space 键完成消抖，如果 Space 键确实被按下，则 Space 键的状态为 0*/
            case 2:
            {
                if(CTRL != 0)
                {
                    state = 3; /*如果此时 CTRL 不为 0，则在 state=3 中判断是否按下 Ctrl 键过程中
的抖动*/
                }
                else
                {
                    if(SPACE != 0) state = 1; /*如果 SPACE 不为 0，说明 Space 键为误击，在 Ctrl
键被按下的情况下重新判断*/
                    else
                    {
                        lastkeyvalue = 0x30;    //0x30 为组合键值，这个键值可由程序员根据具体情
况给出，最好采用宏的形式定义*/
                        state = 4;//Ctrl 键和 Space 键都被按下，转到 state=4 的稳定状态
                    }
                }
            }
            break;
            /*case 3 用于测试组合键组合过程中 Ctrl 键是否发生过程抖动*/
```

```
            case 3:
            {
                if(CTRL != 0) state = 0;
                else state = 2;
            }
            break;
            /*case 4 用于判断 Ctrl 键和 Space 键哪个先弹起。如果在这一步中发现有键弹起，则进一步判断是不是抖动，Ctrl 键的抖动在 state=5 时进行判断，Spcae 键的抖动在 state=6 时进行判断。*/
            case 4:
            {
                if(CTRL != 0) state = 5;
                else
                {
                    if(SPACE != 0) state = 6;
                }
            }
            break;
            /*无论 Ctrl 键和 Space 键哪个先松开，都认为组合结束，置位组合按下标志，说明一次按键组合事件发生，可以使用组合键进行进一步的动作。*/
            case 5:
            {
                if(CTRL != 0)
                {
                    keydownflag = 1;
                    state = 0;
                }
                else
                    state = 4;
            }
            break;
            case 6:
            {
                if(SPACE != 0)
                {
                    keydownflag = 1;
                    state = 0;
                }
                else
                    state = 4;
            }
            break;
            default: break;
        }
        *pkeyvalue =   lastkeyvalue;            //将组合的键值保存到*pkeyvalue
        return keydownflag;                     //返回按下标志，为 1 说明一次完整按键判断结束
    }
```

注意：上述函数实现的是图 9-1 所示的按键连接电路，如果为其他电路，则需要做相应修改。

9.4　应用状态机实现按键长按及连发

在很多仪器仪表系统中，由于各种现场条件的限制以及从成本方面考虑，经常将一个按键设置成多个功能，例如短击是一个功能，连击是一个功能，而长按又会是另一个功能。而在调试系统或者计数系统中，还经常会用到一种连发功能。所谓连发是指如果一直按某一个按键，则系统的某一个量（如时间或计数值）一直在增加或减少，这样就不用反复按按键去实现这种调节效果了。

使用状态机思想可以很好地实现长按以及连发效果。长按的核心思想是检测到按键确实被按下后即启动计时，计时到一定值，例如 2s，即可认为有长按发生。连发的核心思想是检测到某个按键被按下达到一定时间，例如 2s 后，如果按键还处于被按下状态，则每隔一定的时间，例如 0.2s，需要变化的量变化一次。关于长按可参见后面的设计项目——可调电子钟设计，对于连发，读者可以自己依据上述思想添加。

习　题　9

编程题

自行设计一个按键控制电路，编程实现对某一个按键进行单击（短击）、双击时各实现不同的功能。

项目 10　LCD1602 液晶屏显示技术

<table>
<tr><th colspan="3">项目介绍</th></tr>
<tr><td colspan="2">实现任务</td><td>学习使用液晶屏 LCD1602 显示字符</td></tr>
<tr><td rowspan="2">知识要点</td><td>软件方面</td><td>1．熟练掌握单片机控制 LCD1602 的 RS、RW 和 E 引脚信号变化以实现对 LCD1602 的读/写操作；
2．了解使用器件指令对器件进行操作</td></tr>
<tr><td>硬件方面</td><td>1．了解 LCD1602 的基本知识；
2．掌握 LCD1602 和单片机的接口技术</td></tr>
<tr><td colspan="2">使用的工具或软件</td><td>Keil C51、Proteus</td></tr>
<tr><td colspan="2">建议学时</td><td>6</td></tr>
</table>

任务 10-1　使用液晶屏 LCD1602 显示字符串

1．任务目标

使用 LCD1602 显示屏显示字符串“guangzhou!”。

2．电路连接

单片机系统与 LCD1602 的连接图如图 10-1 所示。

3．源程序设计

```
#include<reg52.h>
#define uchar unsigned char
uchar *table="guangzhou!";
sbit RS=P2^5;                //指示命令、状态或数据的引脚
sbit RW=P2^6;                //读/写引脚
sbit EN=P2^7;                //使能引脚
//--------------------------------------------
void delay(uchar x)
{
    while(x--);
}
//--------------------------------------------
bit lcd1602_read_status()
```

```
{//读取 LCD1602 的状态，结果为 0 则说明不忙，可以对 LCD1602 写入数据或命令
    uchar temp;
    RW = 1;  //RW=1 为读操作：单片机将 LCD1602 中的数据读出来
    delay(2);
    RS = 0;  //RS=0 为读/写命令或状态，RS=1 为读/写数据
    delay(2);
    EN = 1;  //使能 LCD1602
    delay(2);
    temp = P0;//将从 LCD1602 读到的信息存入临时变量 temp 中
    delay(2);
    EN = 0;  //关 LCD1602
    delay(2);
    return (bit)(temp&0x80);//返回读到数据的最高位（状态位）
}
//------------------------------------------------
void lcd1602_write_cmd(uchar cmd)
{//对 LCD1602 写入命令函数
    while(lcd1602_read_status()!=0);
    RW = 0;
    delay(2);
    RS = 0;
    delay(2);
    EN = 1;
    delay(2);
    P0 = cmd;
    delay(2);
    EN = 0;
    delay(2);
}
//------------------------------------------------
void lcd1602_write_dat(uchar dat)
{//对 LCD1602 写入数据函数
    while(lcd1602_read_status()!=0);
    RW = 0;
    delay(2);
    RS = 1;
    delay(2);
    EN = 1;
    delay(2);
    P0 = dat;
    delay(2);
    EN = 0;
    delay(2);
}
//------------------------------------------------
void lcd1602_init()
{
    lcd1602_write_cmd(0x38);//设置 LCD1602 的数据位数
    lcd1602_write_cmd(0x0c);//设置 LCD1602 的显示开关和光标
    lcd1602_write_cmd(0x01);//清屏，将光标置于第 1 行第 1 列
    lcd1602_write_cmd(0x06);//设置光标移动的方式并确定整体显示是否移动
    delay(200);                //仿真中这里的延时要足够长，否则有可能出错
```

```
}
//-------------------------------------------
void main()
{
    lcd1602_init();
    while(1)
    {
        lcd1602_write_cmd(0x03|0x80);//与 0x80 进行或运算是为了使写入地址的最高位为 1
        while(*table!='\0')
        {
            lcd1602_write_dat(*table);
            table++;
        }
    }
}
```

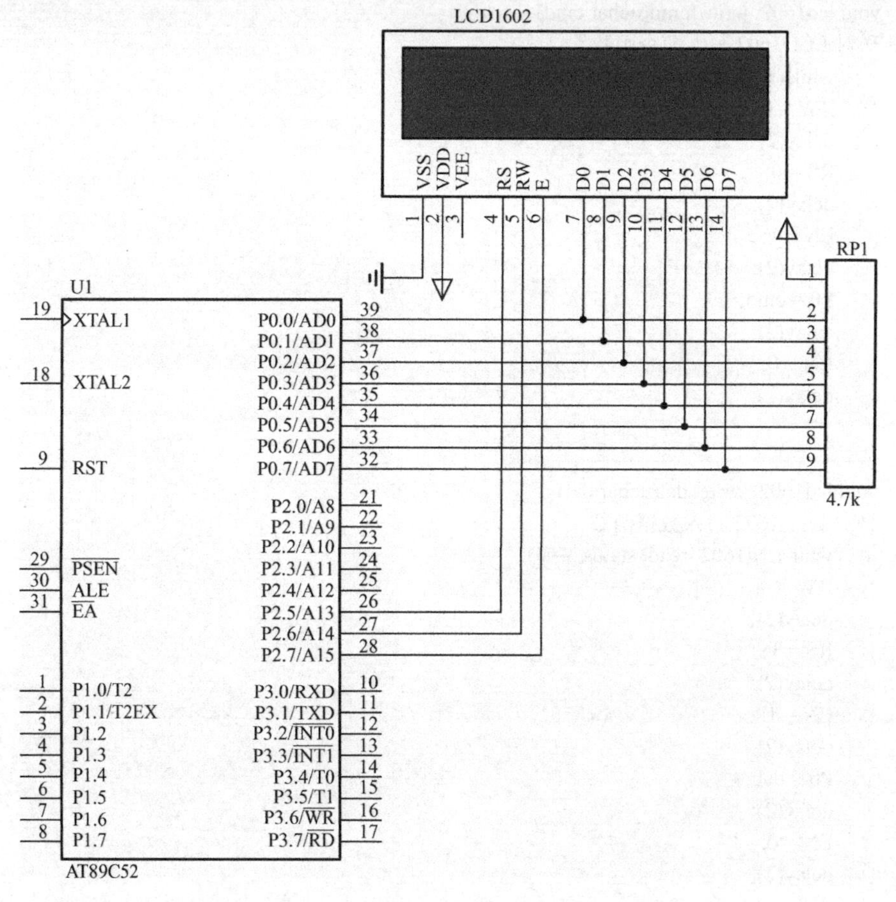

图 10-1　单片机系统与 LCD1602 的连接图

4. 实验结果

对上述程序对应的工程进行编译，并将生成的二进制文件下载到单片机上，可以得到如图 10-2 所示的结果。

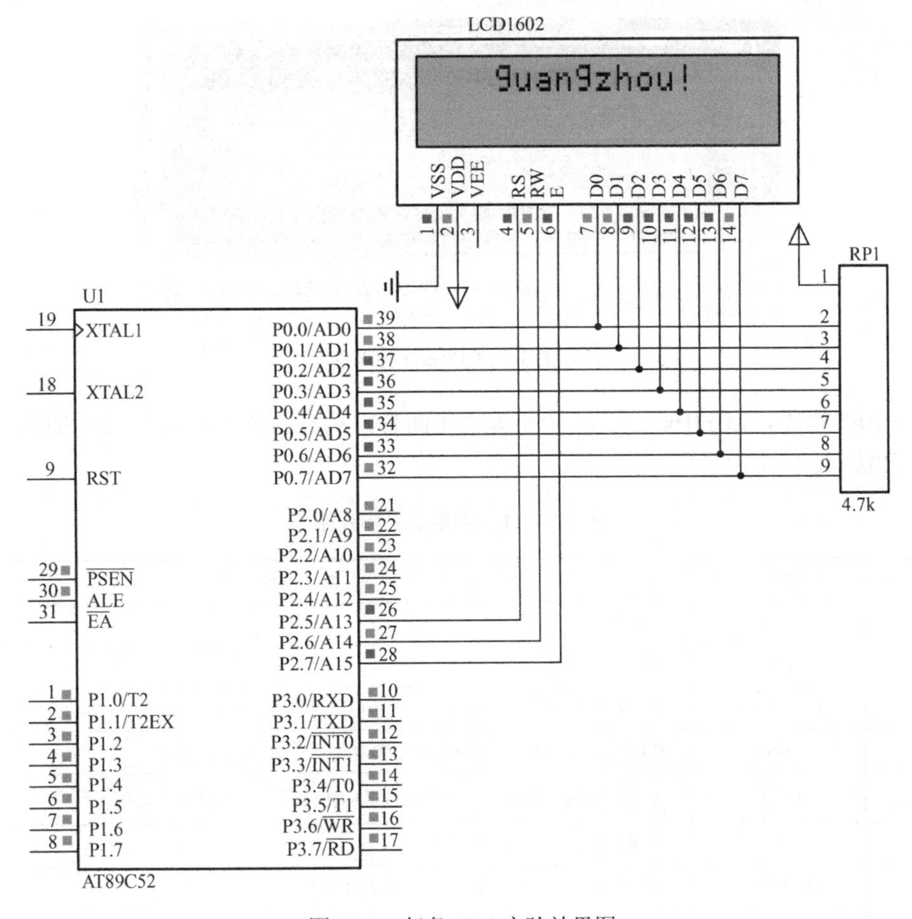

图 10-2　任务 10-1 实验效果图

任务小结

图 10-2 所示的结果与实物的显示相比，效果稍差，读者可以在开发板上烧录程序并观察对比。

仔细观察任务 10-1 的源程序，可以看到对 LCD1602 的操作主要通过 3 个控制端 RW、RS 和 EN（即 E 端）的配合来实现，下面来详细介绍 LCD1602 的基本知识及其应用。

10.1　LCD1602 液晶显示屏基础知识

LCD1602 液晶显示屏名称中的 2 表示该屏可以显示 2 行字符，16 表示每行可以显示 16 个字符。每个字符可以有两种点阵显示方式：5×7 点阵显示和 5×10 点阵显示。LCD1602 具有较低的工作电压（4.5～5.5V）、较低的工作电流（2.0mA），可以直接采用单片机进行驱动。

10.1.1　LCD1602 液晶显示屏的引脚结构

LCD1602 的外观形状如图 10-3 所示。

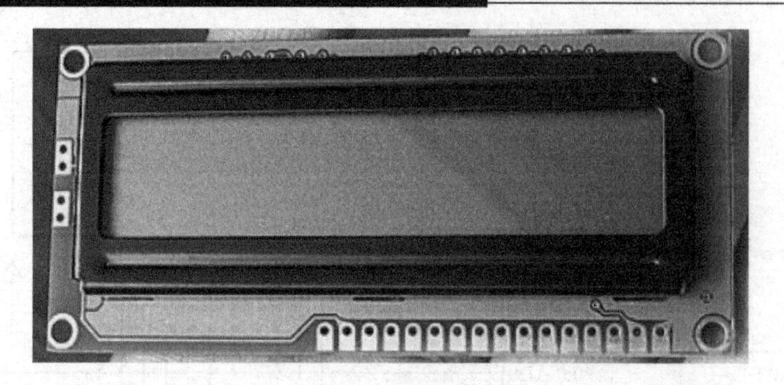

图 10-3　LCD1602 外形图

由图 10-3 可见，LCD1602 有 16 个引脚，正面看，从右到左分别为 1～16 引脚，各引脚名称及作用如表 10-1 所示。

表 10-1　LCD1602 引脚介绍

引脚号	引脚名称	作　用
1	VSS	电源地
2	VDD	+5V 电源引脚
3	V0（VEE）	液晶显示驱动电源（0~5V），一般接电位器，用于调节对比度
4	RS	RS=0 为向 LCD 输入指令或读 LCD 状态；RS=1 为读/写数据
5	$R/\overline{W}$	$R/\overline{W}$=0 为向 LCD 写入指令或数据；$R/\overline{W}$=1 为从 LCD 读数据
6	E	使能信号，下降沿时执行指令
7~14	DB0~DB7	数据总线，可以用 8 位，也可以用高 4 位
15	A	LCD 背光电源正极
16	K	LCD 背光电源负极

由表 10-1 可以看到，LCD1602 的引脚分为 3 类：

（1）电源引脚：VSS、VDD、V0、A、K。

（2）控制引脚：RS、$R/\overline{W}$、E。这三个引脚很关键，对 LCD1602 的显示控制实际上就是对这三个引脚的控制，而任务 10-1 中的 RS、RW 和 EN 就分别对应于这三个引脚。

（3）数据引脚 DB0～DB7，用于数据输入和输出。

10.1.2　LCD1602 的存储器结构

LCD1602 的主控制驱动芯片为 HD44780，它是 LCD1602 液晶显示模块中最重要的部件。HD44780 内置三个存储器，用于存储需要显示的字符。

（1）CGROM（字符生成 ROM），用于保存常用字符的点阵信息。CGROM 内部存储 160 个不同的点阵字符图形，这些字符包括阿拉伯数字、大小写英文字母、常用的符号和日文假名等。

（2）CGRAM（字符生成 RAM），用于保存自定义的特殊字符点阵。CGRAM 是控制芯片，留给用户，以供用户存储自己设计的字模编码。CGRAM 中可以存放 8 组 5×7 点阵的字符或存放 4 组 5×10 点阵的字符。

（3）DDRAM（显示数据 RAM），用于存储显示的数据。DDRAM 与屏幕具有一一对应

的映射关系，即该区域中某字符的位置与显示时的位置相同，例如任务 10-1 所显示字符串中的字符“z”位于显示的第 1 行第 6 列，则在 DDRAM 中的第 1 行第 6 列中存的就是字符“z”。图 10-4 所示为给 LCD1602 的 DDRAM 缓冲区的地址映射图。

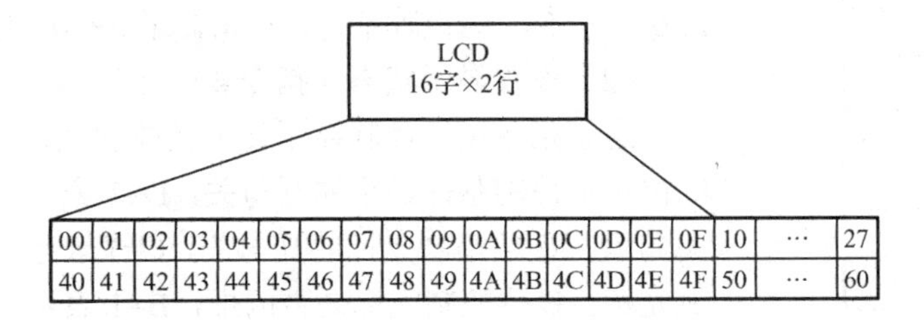

图 10-4　LCD1602 内部 DDRAM 缓冲区地址映射图

从图 10-4 中可以看到，LCD1602 的 DDRAM 第 1 行的首地址是 00H，第 2 行的首地址是 40H。如果要将某个字符写入某个地址，就需要先定位光标于该地址。不过直接写入地址并不能将光标定位在写入的地址。例如第 2 行第 1 个字符的地址是 40H，那么直接写入 40H 并不能将光标定位在第 2 行第 1 个字符的位置。原因在于 LCD1602 要求将数据写入显示地址时，写入地址的最高位 D7 恒定为高电平 1，所以实际写入的地址应该是 0C0H。在任务 10-1 中有一条调用函数的语句“lcd1602_write_cmd(0x03|0x80);”里面的参数 0x03 代表的是第 1 行第 3 列的地址，这个地址需要与 0x80 进行按位或运算，使得最终的写入地址能够满足 LCD1602 的光标地址定位要求。

10.1.3　LCD1602 的指令集

LCD1602 有一组可执行的指令，对 LCD1602 的读/写操作需要通过指令编程来实现。LCD1602 的指令集如表 10-2 所示。

表 10-2　LCD1602 指令集

序号	指　令	RS	R/$\overline{W}$	D7	D6	D5	D4	D3	D2	D1	D0
1	清屏	0	0	0	0	0	0	0	0	0	1
2	光标返回	0	0	0	0	0	0	0	0	1	*
3	设置输入方式	0	0	0	0	0	0	0	1	I/D	S
4	设置显示状态	0	0	0	0	0	0	1	D	C	B
5	光标或字符移位	0	0	0	0	0	1	S/C	R/L	*	*
6	设置工作方式	0	0	0	0	1	DL	N	F	*	*
7	置 CGROM 地址	0	0	0	1	字符发生存储器地址					
8	置数据存储器地址	0	0	1	显示数据存储器地址						
9	读忙标志或地址	0	1	BF	计数器地址						
10	写数到 CGRAM	1	0	要写的数据内容							
11	从 CGRAM 读数	1	1	读出的数据内容							

实际使用 LCD1602 时都要先对其进行初始化，正常的初始化流程如图 10-5 所示。

在正常的初始化中只用到了表 10-2 中的 4 条指令，下面分别对其进行介绍，其他的指令如有需要，读者可以参考 LCD1602 的使用手册。

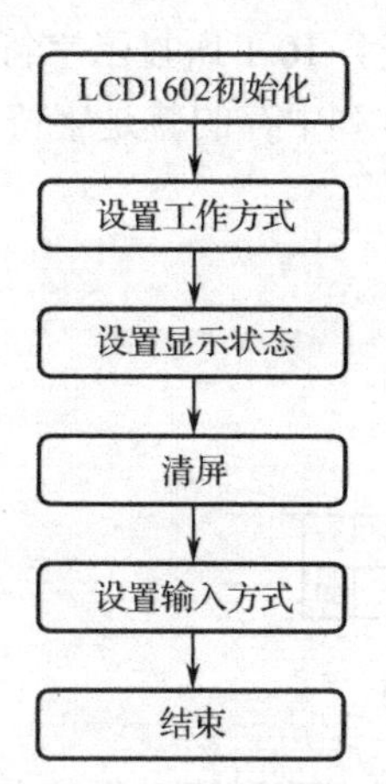

图 10-5　LCD1602 的初始化流程

（1）设置工作方式（指令 6）

指令中 DL=0 表示使用高 4 位数据总线，DL=1 表示使用全部 8 位数据总线；N=0 时为单行显示，N=1 时为双行显示；F=0 显示 5×7 的点阵字符，F=1 显示 5×10 的点阵字符。

（2）设置显示状态（指令 4）

这条指令用于控制显示开关及控制光标是否闪烁。其中：D 位用于控制整体显示的开与关，D=1 表示开显示，D=0 表示关显示；C 位控制光标的开与关，C=1 表示有光标，C=0 表示无光标；B 位控制光标是否闪烁，B=1 表示闪烁，B=0 表示不闪烁。

（3）清屏（指令 1）

LCD1602 执行清屏指令 0x01 后，数据存储缓冲区 DDRAM 全部填入“空白”的 ASCII 代码 20H，同时将光标移至左上角。

（4）设置输入方式（指令 3）

该指令用于设定每次写入 1 位数据后光标的移位方向，并且设定每次写入的字符是否移动。设定情况如下：

I/D=1 为写入新数据后光标右移，I/D=0 为写入新数据后光标左移。

S=1 为写入新数据后显示屏整体右移 1 个字符，S=0 为写入新数据后显示屏整体右移 0 个字符。

关于 LCD1602 的初始化过程可以参考任务 10-1 中的函数 lcd1602_init()。

10.2　LCD1602 与单片机的接口技术及其应用

从 LCD1602 的 RS 和 R / $\overline{W}$ 的引脚描述可以看到，单片机对 LCD1602 的操作有 6 种可能：读数据、读命令、读状态、写数据、写命令和写状态，很显然读命令和写状态是不可能的，所以单片机对 LCD1602 模块的操作可以归结为 4 个：读 LCD1602 的状态、读 LCD1602 的显示数据、对 LCD1602 写入命令和对 LCD1602 写入数据。这 4 种基本操作由 LCD1602 的 2 个控制引脚的不同组合状态决定，如表 10-3 所示。

表 10-3　LCD1602 模块的 2 个控制引脚状态及其对应的基本操作（E=1）

LCD1602 模块		LCD1602 的基本操作
RS	R / $\overline{W}$	
0	0	写命令操作：用于初始化、清屏、光标定位等
0	1	读状态操作：当忙标志为“1”时，表明 LCD1602 忙，此时不能进行其他操作；当忙标志为“0”时，表明 LCD1602 空闲，可以对其进行操作
1	0	写数据操作：写入要显示的数据
1	1	读数据操作：将显示存储区中的数据读出来，一般较少使用

4 种操作中，读显示数据的操作极少使用，所以不进行介绍，其他操作的详细步骤可分别参考任务 10-1 中的三个函数：读状态函数 lcd1602_read_status()、写入命令函数

lcd1602_write_cmd()和写入数据函数 lcd1602_write_dat()。

最后需要说明的是，液晶显示模块是一个慢显示器件，在每次对 LCD1602 进行读/写操作时都要先确保 LCD1602 处于“不忙”的状态。LCD1602 的“忙”与“不忙”可通过对其读取数据时获得的最高位来判断，如果读到的最高位为 1 说明 LCD 正在“忙”，为 0 说明“不忙”。任务 10-1 中的函数 lcd1602_read_status()即用来获取 LCD1602 的状态，其返回值是一个 bit 型的数据，如果该数据为 0 说明可以对 LCD1602 进行操作。

习　题　10

填空题

（1）LCD1602 模块有 3 个存储器，分别是__________、__________和__________。

（2）当单片机对 LCD1602 进行写入命令操作时，LCD1602 的 $R/\overline{W}$ =_____，RS=_____。

（3）LCD1602 的忙标志位用 DB0~DB7 中的______位来描述。

（4）如果要将光标定位在第 1 行第 2 列，则应该向 LCD1602 写入的命令字是______。

（5）LCD1602 的清屏命令字是________。

项目 11　LCD12864 液晶屏显示技术

项目介绍		
实现任务		熟练掌握 LCD12864 液晶屏显示汉字技术
知识要点	软件方面	1．熟练应用 QC12864B 的时序实现对 LCD12864 进行操作； 2．了解 QC12864B 的命令及其应用； 3．掌握应用取模软件提取汉字字模
	硬件方面	1．了解 LCD12864 的基本知识； 2．掌握 LCD12864 的存储器结构； 3．掌握 LCD12864 和单片机的接口技术
使用的工具或软件		Keil C51、开发板（晶振为 24MHz）
建议学时		8

任务 11-1　使用单片机控制 LCD12864 显示字符

1. 任务目标

利用单片机控制 LCD12864，使之在屏幕的第 1 行第 1 列显示“法”字，在第 1 行的最后 1 列显示“BC”。

2. 电路连接

LCD12864 与单片机的连接如图 11-1 所示，其中 LCD12864 的 D0~D7 分别与单片机的 P0.0~P0.7 相连。

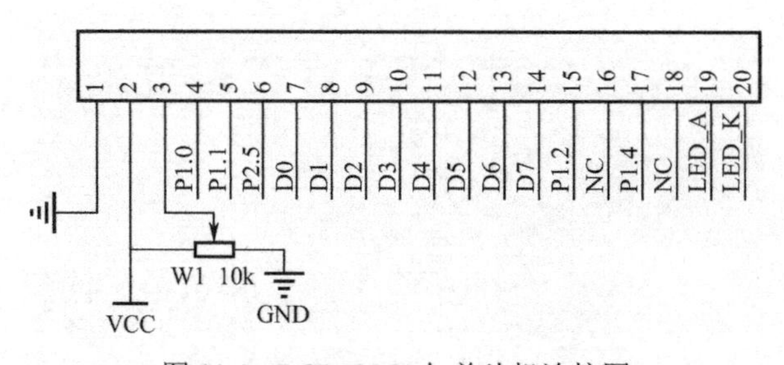

图 11-1　LCD12864 与单片机连接图

3. 源程序设计

```
#include <reg52.h>
#include <intrins.h>            //使用_nop_()需要添加此头文件
#define uchar unsigned char
#define uint unsigned int
```

```
//P0 数据口，P1 控制口
sbit RS = P1^0;              //RS=1，数据线上为显示数据；RS=0，数据线上为指令或状态。
sbit RW = P1^1;              //RW=1，EN=1，数据被读到数据线；RW=0，EN=1-->0，数据线上的
                             //数据被写到 IR 或 DR
sbit EN = P2^5;
sbit PSB = P1^2;             //PSB=1，8 位或 4 位并口方式，PSB=0，串口方式
sbit RST = P1^4;             //复位，低电平有效

void Delay_1ms(uint ms);
void Delay_2us(uchar us);
bit Read_Busy();
void Write_Cmd(uchar cmd);
void Write_Data(uchar dat);
void Lcd_Init(void);
/*****************************************************************/
void Delay_1ms(uint ms)
{
    uint y;
    for(;ms>0; ms--)
        for(y=125; y>0; y--);
}
//------------------------------------------------
void Delay_2us(uchar us)
{
    while(--us);
}
/*****************************************************************/
bit Read_Busy() //RW=1，EN=1，数据被读到 DB7~DB0
{
    bit flag;
    RS = 0;
    RW = 1;
    EN = 0;
    _nop_();
    EN = 1;
    _nop_();
    flag = (bit)(P0&0x80);
    _nop_();
    EN = 0;
    return flag;
}
/*****************************************************************/
void Write_Cmd(uchar cmd) //RW=0，EN=1-->0，数据被写到 DB7~DB0
{
    while(Read_Busy());
    RS = 0;
    RW = 0;
```

```
        EN = 0;
        _nop_();
        EN = 1;
        P0 = cmd;                       //除了清除指令，执行其他指令至少需要 72μs
        Delay_2 μ s(40);
        EN = 0;
        _nop_();
}
/******************************************************************************/
void Write_Data(uchar dat)
{
        while(Read_Busy());
        RS = 1;
        RW = 0;
        EN = 0;
        _nop_();
        EN = 1;
        P0 = dat;
        Delay_2us(40);
        EN = 0;
        _nop_();
}
/******************************************************************************/
void Lcd_Init(void)
{
        PSB = 1;
        RST = 1;
        Delay_1ms(50);
        Write_Cmd(0x30);
        Delay_2us(100);
        Write_Cmd(0x30);
        Delay_2us(40);
        Write_Cmd(0x0c);
        Delay_2us(100);
        Write_Cmd(0x01);
        Delay_1ms(15);
        Write_Cmd(0x06);
}
/***************************************************************************/
void main()
{
        Lcd_Init();
        Write_Cmd(0x80);            //屏幕第 1 行第 1 列
        Write_Data(0xb7);           //“法”的编码是 B7A8H
        Write_Data(0xa8);
        Write_Cmd(0x87);            //屏幕第 1 行第 7 列
        Write_Data(0x42);           //西文“B”的编码
```

```
        Write_Data(0x43);          //西文“C”的编码
        while(1);
    }
```

4. 实验结果

任务 11-1 的实验结果如图 11-2 所示。

图 11-2　任务 11-1 实验效果图

任务小结

仔细对比任务 11-1 和任务 10-1，可以发现对 LCD12864 与对 LCD1602 的操作很相似。在对 LCD12864 进行操作时也需要先对 LCD12864 进行初始化，而且读/写函数基本相同，读/写前也需要判断液晶屏的状态。

11.1　LCD12864 液晶显示屏基础知识

与 LCD1602 类似，LCD12864 也是广泛应用于各类仪表显示的一款液晶显示器，其典型外形图如图 11-3 所示。

图 11-3　LCD12864 外形图

LCD12864 是一个统称，指的是该类显示界面由 128×64 个像素点构成。不同的 LCD12864 的控制器可能不同，本书介绍的是基于控制器 ST7920 控制的 QC12864B 显示屏。LCD12864 的特性由其控制器决定。ST7920 的硬件特性如下：

（1）数据的传输提供 8 位、4 位并口方式和串行传输方式。

（2）拥有 64×16 bit 的字符显示 RAM（DDRAM），向 DDRAM 写入什么屏幕就显示什么。

（3）拥有 2M bit 的中文字型 ROM（CGROM），可以提供 8192 个中文字模，这些字模为 16×16 点阵。需要注意的是，ST7920-0A 为繁体字库，ST7920-0B 为简体字库，到底 LCD12864 是 A 型还是 B 型在液晶屏的背面有标明，这一点在选型之前务必注意。

（4）拥有 16K bit 半宽字型 ROM（HCGROM），提供 126 个西文字模（16×8 点阵）。

（5）拥有 64×16 bit 字符产生 RAM（CGRAM），用于存储自定义字模。

（6）拥有 6×32 字节的绘图 RAM（GDRAM）用于画图，向里面画什么屏幕就显示什么。

ST7920 的软件功能如下：

（1）文字与图形混合显示。

（2）画面清除。

（3）光标归位。

（4）显示的开/关。

（5）光标显示/隐藏。

（6）显示字体闪烁。

（7）光标移位。

（8）显示移位。

（9）垂直画面旋转。

（10）反白显示。

（11）休眠模式。

QC12864B 有 20 个引脚，各引脚名称及作用如表 11-1 所示。

表 11-1　QC12864B 的引脚信号

引脚号	引脚名称	电平信号	功能描述	
			并口	串口
1	VSS	—	电源地	
2	VDD	—	电源正极	
3	V0	—	对比度调节端	
4	RS（CS）	H/L	寄存器选择端：H——数据，L——指令或状态	片选，低电平有效
5	R/W（SID）	H/L	读/写选择端：H——读，L——写	串行数据线
6	E（CLK）	H/L	使能信号	串行时钟入
7～10	DB0～DB3	H/L	数据总线的低 4 位	空接
11~14	DB4~DB7	H/L	数据总线的高 4 位。工作于 4 位并口方式时空接	空接
15	PSB	H/L	处理器控制方式选择：H——并口，L——串口	
16	NC		空	
17	/RST	H/L	复位信号，低电平有效	
18	NC		空	
19	LED_A	—	背光源正极	
20	LED_K	—	背光源负极	

注：H 代表高电平，L 代表低电平。

由表 11-1 可以获得以下信息：

（1）QC12864B 与微处理器有 3 种数据传输方式：8 位并口方式、4 位并口方式和串行传输方式，在处理器 I/O 资源比较丰富的情况下可以采用并口方式，如果处理器的 I/O 资源比较紧张，则采用串行传输方式。具体的串/并选择由 PSB 引脚信号决定，本项目的讨论基于 8 位并口方式。

（2）QC12864B 的 RS、R/W 引脚与 LCD1602 的 RS、R/W 引脚功能相同。当 RS=1 时，微处理器访问的是 QC12864B 的数据寄存器 DR；当 RS=0 时，微处理器访问的是 QC12864B 的哪个寄存器需要配合 R/W 引脚的信号而定，如果此时写有效，则微处理器访问的是 QC12864B 的指令寄存器 IR，如果读有效，则访问的是 QC12864B 的状态及位址寄存器 AC。RS 和 R/W 引脚信号的组合决定了 QC12864B 具有 4 种工作方式，具体如表 11-2 所示。

表 11-2　QC12864B 的工作模式

RS	R/W	功能说明
L	L	MPU 写指令到 QC12864B 的指令寄存器（IR）
L	H	读出 QC12864B 的忙标志（BF）及其地址计数器（AC）的计数值
H	L	MPU 写入数据到 QC12864B 的数据寄存器（DR）
H	H	MPU 从 QC12864B 的数据寄存器（DR）中读出数据

需要注意的是，每次对 QC12864B 进行读/写操作前都要先检测 QC12864B 的状态，只有其处于空闲状态时才能对 QC12864B 进行读/写操作。

QC12864 的忙标志与 LCD1602 的类似，也由数据线 D7 的信号电平反映，如果 D7=1 说明 QC12864 进行内部操作，处于忙状态，如果 D7=0 则说明其处于空闲状态。

11.2　QC12864B 的指令系统、读写时序及初始化流程

11.2.1　QC12864B 的指令系统

与单片机对 LCD1602 的操作类似，对 QC12864B 的操作要用到其特定的指令，12864 的指令系统有两套，一套为基本指令，另一套为扩展指令，两套指令分别如表 11-3 和表 11-4 所示。对 DDRAM 操作时使用的是基本指令，对 GDRAM 操作时使用的是扩展指令。

表 11-3　基本指令集

指　令	指令码								功　能	执行时间
	D7	D6	D5	D4	D3	D2	D1	D0		
清除显示	0	0	0	0	0	0	0	1	将 DDRAM 填满“20H”，并且设定 DDRAM 的地址计数器为“00H”	1.6ms
地址归位	0	0	0	0	0	0	1	X	设定 DDRAM 的地址计数器为“00H”，并且将游标移到开头原点位置；这个指令不改变 DDRAM 的内容。	72μs
显示状态开/关	0	0	0	0	1	D	C	B	D=1：整体显示打开 C=1：游标打开 B=1：游标位置反白允许	72μs
进入点设定	0	0	0	0	0	1	I/D	S	指定在数据的读取与写入时，设定游标的移动方向及指定显示的移位	72μs

续表

指　令	指令码								功　能	执行时间
	D7	D6	D5	D4	D3	D2	D1	D0		
游标或显示移位控制	0	0	0	1	S/C	R/L	X	X	设定游标的移动与显示的移位控制位；这个指令不改变 DDRAM 的内容	72μs
功能设定	0	0	1	DL	X	RE	X	X	DL=0/1：4/8 并口方式 RE=1：其后的指令为扩展指令 RE=0：其后的指令为基本指令	72μs
设定 CGRAM 地址	0	1	AC5	AC4	AC3	AC2	AC1	AC0	设定 CGRAM 的地址	72μs
设定 DDRAM 地址	1	0	AC5	AC4	AC3	AC2	AC1	AC0	设定 DDRAM 的地址	72μs
读取忙标志和地址计数器的值	BF	AC6	AC5	AC4	AC3	AC2	AC1	AC0	读取忙标志（BF）及读出地址计数器的值	72μs

表 11-4　扩充指令集

指令	指令码								功　能	执行时间
	D7	D6	D5	D4	D3	D2	D1	D0		
待命模式	0	0	0	0	0	0	0	1	进入待命模式	
卷动地址开关	0	0	0	0	0	0	1	SR	SR=1：允许输入垂直卷动地址 SR=0：允许输入 IRAM 和 CGRAM 地址	72μs
反白选择	0	0	0	0	0	1	R1	R0	选择 DDRAM 两行中的哪一行进行反白，并可决定反白与否	72μs
睡眠模式	0	0	0	0	1	SL	X	X	SL=0：进入睡眠模式 SL=1：脱离睡眠模式	72μs
扩充功能设定	0	0	1	CL	X	RE	G	0	CL=0/1：4/8 位数据 RE=1/0：扩充/基本指令操作 G=1/0：绘图开/关	72μs
设定绘图 RAM	1	0	0	0	A3	A2	A1	A0	先设定垂直地址：A6A5…A0 再设定水平地址：A3A2…A0	72μs
		A6	A5	A4	A3	A2	A1	A0		

11.2.2　QC12864B 的读/写时序

QC12864B 采用 8 位并口方式时的时序如图 11-4 所示。

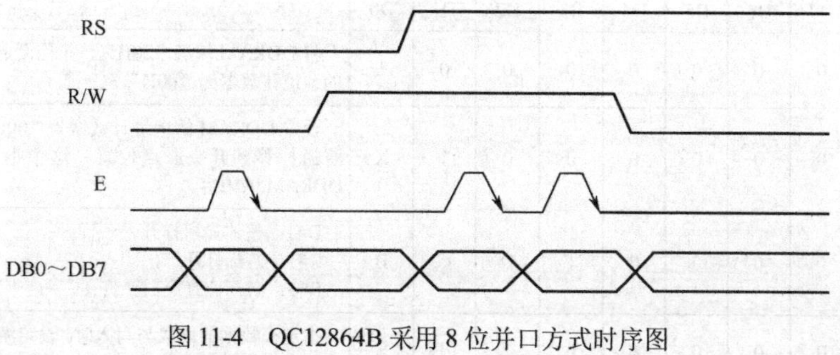

图 11-4　QC12864B 采用 8 位并口方式时序图

在图 11-4 中，各种信号的时间相对关系此处不再写出，读者可自行查阅 QC12864B 的说明文档。对于图 11-4，大家需要注意的是微处理器与 QC12864B 进行数据或命令的交换都在 E 由高电平到低电平变化时完成。

11.2.3　对 QC12864B 的初始化

在应用 QC12864B 之前都要先对其进行初始化，初始化流程如图 11-5 所示。

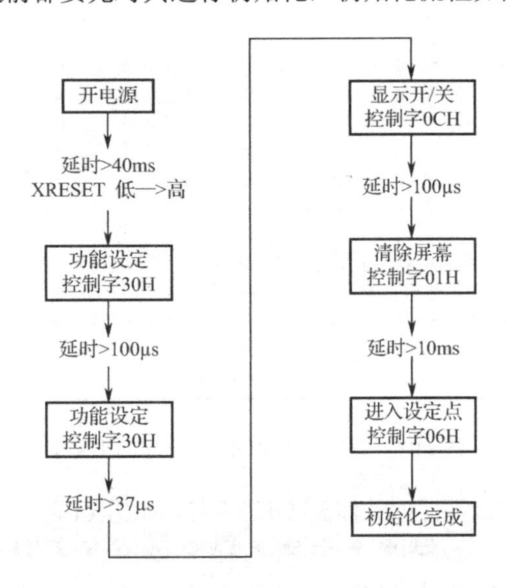

图 11-5　QC12864B 的初始化流程图

具体的初始化程序段可参见任务 11-1 的函数 Lcd_Init()。

11.3　QC12864B 的存储器结构

QC12864B 的控制器包含两种类型的存储器，分别为 ROM 和 RAM。ROM 中的数据掉电后不丢失，RAM 中的数据掉电后丢失。这些存储器单元具体如下：

（1）字符产生 ROM（CGROM，Character Generation ROM）。字符产生 ROM 中存储有 8192 个 16×16 点阵的中文字的字模，每个字都拥有一个唯一的编码，这个编码占两个字节。QC12864B 里面的汉字编码为 GB 码，编码范围为 A1A0H~F7FFH，图 11-6 给出了部分汉字及其对应的编码表。例如，“丁”的编码为 B6A1H，“耳”字的编码为 B6FAH，更多、更具体的汉字字模及其编码可参考 ST7920 的说明文档。

（2）半宽字型 ROM（HCGROM，Half Character Generation ROM）。HCGROM 存储 128 个西文字体（ASCII 码），其编码为一个字节，编码范围为 02H~7FH，例如，字符“P”的编码为 50H，字符“T”的编码为 54H，具体可参见图 11-7。

（3）字型产生 RAM（CGRAM，Character Generation RAM）。CGRAM 提供 4 组 16×16 的点阵空间，可供用户存储自定义字符的字模或者 LOGO 的图形信息。CGRAM 的编码有 2 个字节，分别为 0000H、0002H、0004H 及 0006H。

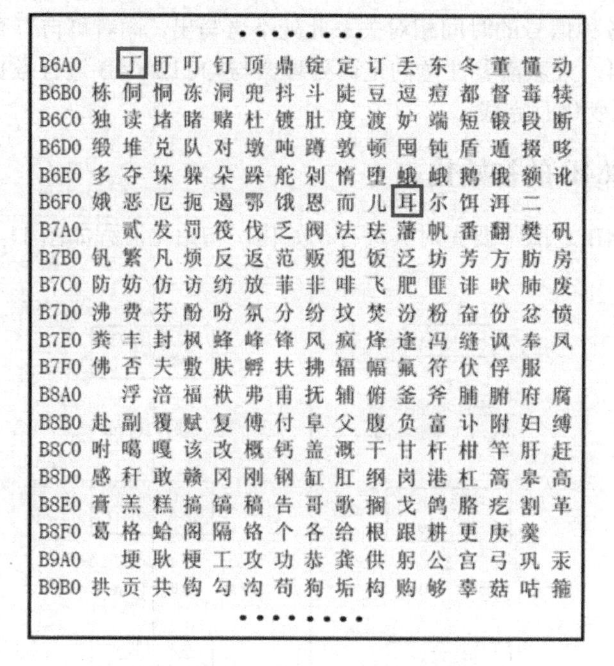

……

B6A0		丁	盯	叮	钉	顶	鼎	锭	定	订	丢	东	冬	董	懂	动
B6B0	栋	侗	恫	冻	洞	兜	抖	斗	陡	豆	逗	痘	都	督	毒	犊
B6C0	独	读	堵	睹	赌	杜	镀	肚	度	渡	妒	端	短	锻	段	断
B6D0	缎	堆	兑	队	对	墩	吨	蹲	敦	顿	囤	钝	盾	遁	掇	哆
B6E0	多	夺	垛	躲	朵	跺	舵	剁	惰	堕	蛾	峨	鹅	俄	额	讹
B6F0	娥	恶	厄	扼	遏	鄂	饿	恩	而	儿	耳	尔	饵	洱	二	
B7A0		贰	发	罚	筏	伐	乏	阀	法	珐	藩	帆	番	翻	樊	矾
B7B0	钒	繁	凡	烦	反	返	范	贩	犯	饭	泛	坊	芳	方	肪	房
B7C0	防	妨	仿	访	纺	放	菲	非	啡	飞	肥	匪	诽	吠	肺	废
B7D0	沸	费	芬	酚	吩	氛	分	纷	坟	焚	汾	粉	奋	份	忿	愤
B7E0	粪	丰	封	枫	蜂	峰	锋	风	疯	烽	逢	冯	缝	讽	奉	凤
B7F0	佛	否	夫	敷	肤	孵	扶	拂	辐	幅	氟	符	伏	俘	服	
B8A0		浮	涪	福	袱	弗	甫	抚	辅	俯	釜	斧	脯	腑	府	腐
B8B0	赴	副	覆	赋	复	傅	付	阜	父	腹	负	富	讣	附	妇	缚
B8C0	咐	噶	嘎	该	改	概	钙	盖	溉	干	甘	杆	柑	竿	肝	赶
B8D0	感	秆	敢	赣	冈	刚	钢	缸	肛	纲	岗	港	杠	篙	皋	高
B8E0	膏	羔	糕	搞	镐	稿	告	哥	歌	搁	戈	鸽	胳	疙	割	革
B8F0	葛	格	蛤	阁	隔	铬	个	各	给	根	跟	耕	更	庚	羹	
B9A0		埂	耿	梗	工	攻	功	恭	龚	供	躬	公	宫	弓	巩	汞
B9B0	拱	贡	共	钩	勾	沟	苟	狗	垢	构	购	够	辜	菇	咕	箍

……

图 11-6　字符产生 ROM 中存储的中文字

图 11-7　半宽字型 ROM 中存储的 ASCII 码

（4）数据显示 RAM（DDRAM，Data Display RAM）。12864 的 DDRAM 有 128 字节的显示单元，显示汉字、ASCII 码或 CGRAM 中的自定义字符时，只需将待显示的字符的编码写入 DDRAM，即可在显示屏的对应位置显示对应字符。写入时需要注意，汉字编码和 CGRAM 中的字符编码都是两个字节，而 12864 的数据线只有 8 根，所以编码需要分两次写入，先写高字节，再写低字节。

（5）绘图 RAM（GDRAM，Graphic Display RAM）。12864 有 64×32 字节的空间专门用于绘图，与 DDRAM 类似，向绘图区写入什么屏幕就显示什么。它与 DDRAM 的区别有两方面，一是向 DDRAM 中写入的是数据的编码，控制器先根据编码找到字模，然后再映射到屏幕上，而向 GDRAM 中写入的是数据的点阵信息，逐个点进行显示控制；二是操作 DDRAM 使用的是基本指令，而操作 GDRAM 用的是扩展指令，屏幕显示的是 DDRAM 和 GDRAM 中对应存储单元异或的结果。

11.4　DDRAM、GDRAM 与屏幕的映射关系

11.4.1　DDRAM 与屏幕的映射关系

图 11-8 所示为 DDRAM 的结构。

80H	81H	82H	83H	84H	85H	86H	87H	88H	89H	8AH	8BH	8CH	8DH	8EH	8FH
90H	91H	92H	93H	94H	95H	96H	97H	98H	99H	9AH	9BH	9CH	9DH	9EH	9FH
A0H	A1H	A2H	A3H	A4H	A5H	A6H	A7H	A8H	A9H	AAH	ABH	ACH	ADH	AEH	AFH
B0H	B1H	B2H	B3H	B4H	B5H	B6H	B7H	B8H	B9H	BAH	BBH	BCH	BDH	BEH	BFH

图 11-8　DDRAM 的结构

在图 11-8 中，80H、81H 等为 DDRAM 中对应存储单元的地址。由图 11-8 可见，DDRAM 有 4 行，每行有 16 个地址空间，每个地址空间可以存储 1 个汉字编码，所以 QC12864B 每行可以显示 16 个汉字。又由于一个汉字占用两个字节的编码，所以 DDRAM 有 4×16×2 字节的存储空间。DDRAM 与屏幕具有映射关系，只需将待显示的数据编码写入 DDRAM 的某个位置，即可在屏幕的对应位置显示出该数据。

ST7920 的自带汉字字库的编码为 GB 码，每个汉字的 GB 码都有两个字节，由于 ST7920 的数据引脚只有 8 根，所以处理器一次只能送一个字节的数据（假设采用 8 位并口连接方式），这意味着这两个字节的编码需要分批送，送的时候先送高字节，再送低字节。例如，“法”字的 GB 码为 B7A8H，如果要在屏幕的第 1 行第 1 列显示该字，则应向地址 80H 先送 B7H，再送 A8H。

不过，正如 QC12864B 本身描述的那样，它的屏幕 x 方向（横向）只能显示 128 个像素，y 方向（纵向）只能显示 64 个像素，而其自带的字库的汉字为 16×16 点阵，也即一个汉字横向占用 16 个像素，纵向亦占用 16 个像素，所以屏幕一行只能显示 8 个汉字，而 DDRAM 的结构却显示可以显示 16 个汉字，这是怎么回事呢？原来，QC12864B 的 DDRAM 与屏幕并不是严格的一一对应的映射关系，具体的映射关系如图 11-9 所示。

屏幕的行数	DDRAM 中的地址
第 1 行	80H　81H　82H　83H　84H　85H　86H　87H
第 2 行	90H　91H　92H　93H　94H　95H　96H　97H
第 3 行	88H　89H　8AH　8BH　8CH　8DH　8EH　8FH
第 4 行	98H　99H　9AH　9BH　9CH　9DH　9EH　9FH

图 11-9　QC12864B 的屏幕与 DDRAM 的映射关系

由图 11-9 可见，DDRAM 的第 1 行写入的数据显示在屏幕的第 1 行和第 3 行，DDRAM 的第 2 行显示在屏幕的第 2 行和第 4 行。以显示一首诗“回乡偶书”为例， DDRAM 中的第 1 行应该写入的数据为“少小离家老大回儿童相见不相识”，第 2 行应该写入“乡音无改鬓毛衰笑问客从何处来”，只有这样显示才符合阅读习惯。如果直接按 DDRAM 中的地址顺序写入“少小离家老大回乡音无改鬓毛衰”“儿童相见不相识笑问客从何处来”则显示的效果将会出现排序错误。

另外，在图 11-6 中可以看到 DDRAM 有 4 行的空间，但屏幕却只使用了 2 行，那么剩下了的 2 行做什么用呢？这要从 QC12864B 提供的另一个功能——屏幕卷动讲起，当使用屏幕卷动效果时，QC12864B 剩下来的 2 行用于缓存，正常情况下其内容是不可见的，只有在实现卷屏效果时才会显示出来。

上述举例是以汉字显示为例，ASCII 的显示类似，此处不再赘述。

任务 11-1 中采用的是向 DDRAM 中写入数据的编码来实现数据的显示，这种数据写入方式比较麻烦，每显示一个数据都要去查相应的编码，大大增加了工作量。实际工作中多采用要显示什么就直接往里面写入什么，而数据和编码的转换及字模的映射由控制器自己完成，具体可参见任务 11-2。

任务 11-2　应用 DDRAM 在屏幕上显示汉字

1. 任务目标

通过直接向 DDRAM 中写入汉字，实现屏幕上显示唐诗《回乡偶书》。

2. 电路连接

电路连接参见图 11-1。

3. 源程序设计

```
#include <reg52.h>
#include <intrins.h>              //使用_nop_()需要添加此头文件
#include <string.h>               //使用 strlen()需要添加此头文件
#include <math.h>
#define uchar unsigned char
#define uint unsigned int
//P0 数据口，P1 控制口
sbit RS = P1^0;                   //RS=1，数据线上为显示数据；RS=0，数据线上为指令或状态。
                                  //为状态时是 DB7 位，1 忙 0 闲
sbit RW = P1^1;                   //RW=1，EN=1，数据被读到数据线；RW=0，EN=1-->0，
                                  //数据线上的数据被写到 IR 或 DR
sbit EN = P2^5;
sbit PSB = P1^2;                  //RSB=1，8 位或 4 位并口方式，RSB=0，串口方式
sbit RST = P1^4;                  //复位，低电平有效

void Delay_1ms(uint ms);
void Delay_2us(uchar us);
bit Read_Busy();
void Write_Cmd(uchar cmd);
void Write_Data(uchar dat);
void Lcd_Init(void);
void Position(uchar row,    uchar column);
```

```
void Show_Poem();
uchar code *String[4]={ "少小离家老大回",        //定义 String，包含 4 个元素，都是指针
                        "乡音无改鬓毛衰",        //分别指向 4 个字符串
                        "儿童相见不相识",
                        "笑问客从何处来"};
/**************************************************************************
```

（1）延迟函数 Delay_1ms()和 Delay_2us()参见任务 11-1。

（2）函数 Read_Busy()、Write_Cmd()、Write_Data()和 Lcd_Init()参见任务 11-1。

```
**************************************************************************/
void Position(uchar row， uchar column)
{
    uchar rowstartaddr， pos;
    switch(row)
    {
        case 1: rowstartaddr = 0x80; break; /*第 1 行行首地址，系统字库是 16×16 点阵，每个字
在行方向上占两个字节*/
        case 2: rowstartaddr = 0x90; break; //第 2 行行首地址
        case 3: rowstartaddr = 0x88; break; //第 3 行行首地址
        case 4: rowstartaddr = 0x98; break; //第 4 行行首地址
    }
    pos = rowstartaddr + column;
    Write_Cmd(pos);
}
/**************************************************************************/
void Show_Poem()
{
    uchar i， j;
    for(i=0; i<4; i++)
    {
        Position(i+1，0); //每行位置
        for(j=0;  *(String[i]+j)!= '\0';  j++)
            Write_Data(*(String[i]+j));
    }
}
/**************************************************************************/
void main()
{
    Lcd_Init();
    Show_Poem();
    while(1) ;
}
```

4. 实验结果

任务 11-2 实验结果如图 11-10 所示。

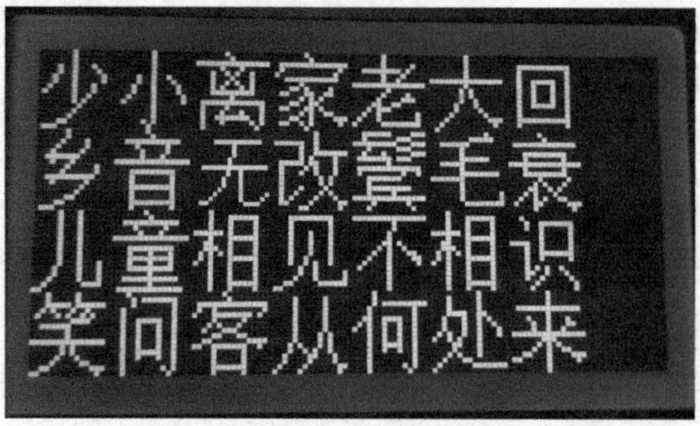

少小离家老大回
乡音无改鬓毛衰
儿童相见不相识
笑问客从何处来

图 11-10　任务 11-2 实验效果图

11.4.2　GDRAM 与屏幕的映射关系

GDRAM 与屏幕的映射关系如图 11-11 所示。

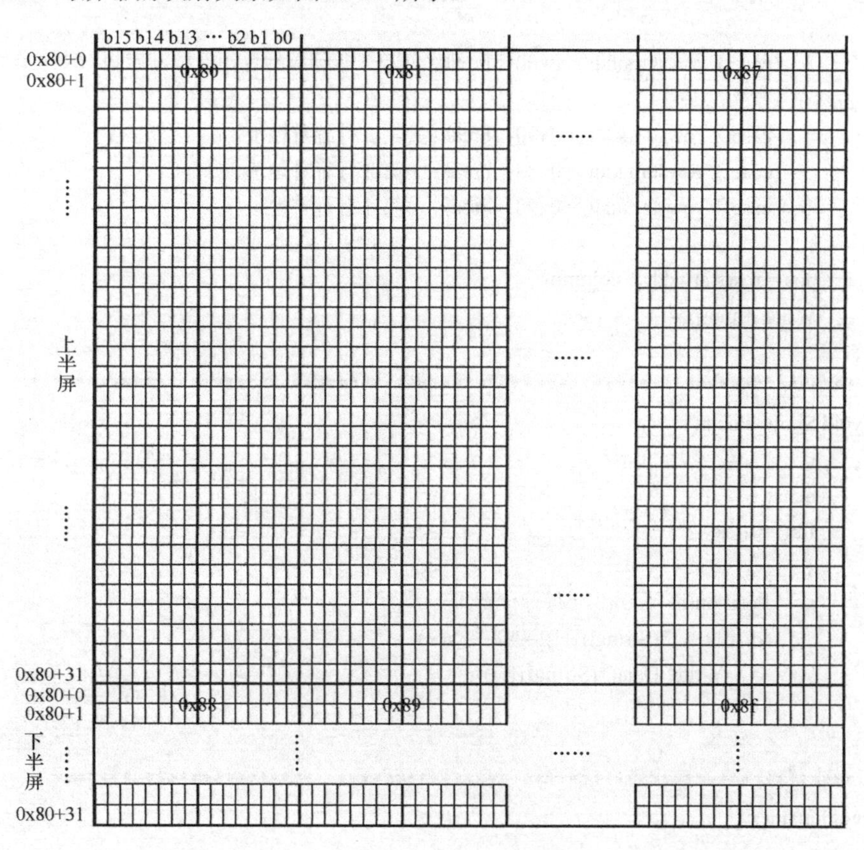

图 11-11　GDRAM 与屏幕的映射关系

GDRAM 与屏幕的映射与 DDRAM 不同，GDRAM 的地址有两个，一个是行地址（又称垂直地址），另一个为列地址（水平地址）。行地址以像素为单位，列地址则以一个字（16 个像素）为单位。并且 GDRAM 映射的屏幕分为上下半屏，上半屏列地址为 80H~87H，下半屏列地址为 88H~8FH，上半屏的行地址为 0x80+0~0x80+31 共 32 行，下半屏的行地址也为 0x80+0~0x80+31 共 32 行。在对 GDRAM 的某个像素进行操作时，要先送行地址再送列地址。例如，如果要点亮第 1 行第 16 列(注意，这里的行列是从用户的角度来观察的，不是从 GDRAM

的角度来观察的）的像素，应该先对 QC12864B 的控制器写入地址 0x80（行地址），再写入地址 0x81（列地址），然后再往该位送数据“1”；同样，如果要点亮第 18 行第 3 列的像素，要先写入地址 0x80+17，再写入地址 0x80，然后送数据。对下半屏的操作也一样，例如，要点亮第 56 行第 20 列的像素，应该先送地址 0x80+23，再送地址 0x89。

需要注意的是，送行地址和列地址后，控制器定位到的是一个拥有 16 个像素的单元，这个单元的一个像素由一个位控制，位序为 b15b14…b1b0，左边高右边低。如果要点亮某个像素，还需要采用移位运算配合来进行。

任务 11-3 熟悉 GDRAM 与屏幕的映射关系

1. 任务目标

任意点亮 QC12864B 的某一个像素。

2. 电路连接

电路连接参见图 11-1。

3. 源程序设计

```
#include <reg52.h>
#include <intrins.h>                //使用_nop_()需要添加此头文件
#define uchar unsigned char
#define uint unsigned int
//P0 数据口，P1 控制口
sbit RS = P1^0;                     //RS=1，数据线上为显示数据；RS=0，数据线上为指令或状态。
                                    //为状态时是 DB7 位，1 忙 0 闲
sbit RW = P1^1;                     //RW=1，EN=1，数据被读到数据线；RW=0，EN=1-->0，
                                    //数据线上的数据被写到 IR 或 DR
sbit EN = P2^5;
sbit PSB = P1^2;                    //PSB=1，8 位或 4 位并口方式；PSB=0，串口方式
sbit RST = P1^4;                    //复位，低电平有效。
void Delay_1ms(uint ms);            //约 1ms
void Delay_2us(uchar μs);
bit Read_Busy();
Void Write_Cmd(uchar cmd);
Void Write_Data(uchar dat);
Uchar Read_Data();
Void Lcd_Init(void);
Void Clear_Screen();
Void Show_Pixel(uchar x， uchar y);
/*************************************************************************
```

（1）延迟函数 Delay_1ms()和 Delay_2us()参见任务 11-1。

（2）函数 Read_Busy()、Write_Cmd()、Write_Data()参见任务 11-1。

```
*************************************************************************/
```

```
uchar Read_Data()                    //RW=1，EN=1，数据被读到DB7～DB0
{
    uchar temp;
    while(Read_Busy());
    P0 = 0xff;                       //读数据之前要先置I/O口为高电平，否则可能出现乱码
    RS = 1;
    RW = 1;
    EN = 0;
    _nop_();
    EN = 1;
    _nop_();
    temp = P0;
    Delay_2us(40);
    EN = 0;
    return temp;
}
/***************************************************************************/
//为了节省篇幅，此处不再给出任务11-1中的函数Lcd_Init(void)，读者可自行添加。
/***************************************************************************/
void Clear_Screen()
{
    uchar i,j;
    Write_Cmd(0x34);
    for(i=0;i<32; i++)
    {
        Write_Cmd(0x80+i);           //纵坐标y，不能自动加1
        Write_Cmd(0x80);             //横坐标x
        for(j=0; j<32;j++)           //横坐标有16位，每位写入两个字节的数据
            Write_Data(0x00);
    }
    Write_Cmd(0x36);
    Write_Cmd(0x30);
}
/*************************************************************************/
/*                  x
        0，0    ----------------->    0，127
          |y                            |
          |                             |
          |                             |
          .                             .
          .                             .
          .                             .
          |                             |
```

```
        63,0                              63,127
*/
void Show_Pixel(uchar x, uchar y)
{ //注意，x 范围为（0，127），y 范围为（0，63），本函数并不提供限制功能，读者可以自行添加
    uchar temph, templ;          //GDRAM 中的寻址以 16 个像素为单位，temph 代表高 8 位，templ
                                 //代表低 8 位
    uchar x_word, x_bit;    //水平坐标以字（2 个字节）为单位，x_word 代表第几个字，x_bit
                                 //代表字中的第几位
    uchar y_half, y_bit;         //垂直坐标以屏为基本单位，分上下两屏，y_half=0 代表上半屏，
                                 //y_screen=1 代表下半屏
    Write_Cmd(0x34);             //先置扩展指令集
    Write_Cmd(0x36);             //开画图功能
    x_word= x>>4;                //等效于 x_word=x/16，计算出需要点亮的点的水平地址（每个地
                                 //址含 16 位）
    x_bit = x&0x0f;              //等效于 x_bit = x%16，计算出需要点亮的点在水平地址中的哪一位
    y_half = y>>5;               //确定需点亮的点垂直方向是哪一屏，0 为上半屏，1 为下半屏
    y_bit = y&0x1f;              //确定是屏中的哪一行

    //将（x，y）所在水平方向的地址的 16 个位的数据读出来
    Write_Cmd(0x80+y_bit);      //先写垂直地址
    Write_Cmd(0x80+8*y_half+x_word);               //如果 y_half=1，说明是下半屏，下半屏水平起始
                                                   //地址是 0x88
    Read_Data();                                   //读 GDRAM 的数据时要先假读一次
    temph = Read_Data();                           //读高字节
    templ = Read_Data();                           //读低字节

    //将（x，y）所在的水平地址的 16 个位读出后再按位或需要写入的点
    Write_Cmd(0x80+y_bit);                         //先写垂直地址
    Write_Cmd(0x80+8*y_half+x_word);//0x80+8*y_screen 得到（x，y）点水平方向起始地址
    if(x_bit<8)//判断待点亮的点位于 16bit 的高字节还是低字节，小于 8 说明在高字节
    {
        Write_Data(temph|(0x01<<(7-x_bit)));     //写高字节，因为坐标从左向右
        Write_Data(templ);                         //写低字节
    }else                                          //x_bit>8 说明待点亮的像素位于字的低 8 位，这一点千万注意
    {
        Write_Data(temph);
        Write_Data(templ|(0x01<<(15-x_bit)));
    }
    Write_Cmd(0x30);                               //恢复基本指令集

}
/*******************************************************************/
void main()
{
```

```
        Lcd_Init();
        Clear_Screen();
        Show_Pixel(3,5); //x=3，为第4列；y=5，为第6行
        Show_Pixel(50,50); //x=50，为第51列；y=50，为第51行，下半屏
        while(1);
    }
```

4. 实验结果

任务11-3实验结果如图11-12所示。

图11-12　任务11-3实验效果图

11.5　QC12864B的其他应用

11.5.1　CGRAM及其应用

QC12864B内部提供128bit的字符产生RAM，用于为用户提供自定义的4个16×16的字符，这4个字符的字模在CGRAM中的地址用6个位来描述。这6个位的高2位用于标明字符在CGRAM中的位置，如为00表示第1个字符，01表示第2个字符；低4位用于标明列地址，由于一个字符有16行像素，每行像素都对应一个列地址，所以每个字符的列地址范围为0000b～1111b，如图11-13所示。

通常，显示QC12864B自带字库中没有的汉字，需要先用一个字模提取软件将字的字模提取出来，然后再存入CGRAM中。存入的时候要注意地址对齐，即汉字字模点阵只能存入以000000b、010000b、100000b或者110000b为首地址的CGRAM中。需要注意的是，对CGRAM操作的指令为0x40+字符首地址，并且其地址指针具有自动加1功能。例如第一个字符的操作指令为0x40+0x00，如果操作为写入数据，则在操作指令后面连续写入2个字节的数据，之后地址指针会自动加1，跳到下一行像素的列地址，然后再写入2个字节的数据。在编程的实现上就是先写CGRAM指令，然后连续写入32字节的字模数据。

要显示CGRAM中的汉字，需要往DDRAM中的指定位置写入CGRAM中的汉字编码。同CGROM一样，CGRAM中的每个汉字都有两个字节的编码，并且编码并不唯一，但一般只用以下4个：0000H、0002H、0004H和0006H。这4个编码分别为CGRAM中的第1~4个字符的编码。如果要在屏幕的83H处显示CGRAM中的第3个字符，则只需往0x83地址处写入0004H即可。写编码的时候要注意，先写高字节再写低地节。例如，CGRAM中存有

“振兴中华”这 4 个汉字字体为“微软雅黑”的字模，如果我们要在 0x83 地址处显示“中”字，则往 0x83 地址处先写 04H，再写 02H。

DDRAM资料（字元代码）					CGRAM位址						CGRAM资料（高位元组）								CGRAM资料（低位元组）							
B15～B4	B3	B2	B1	B0	B5	B4	B3	B2	B1	B0	D15	D14	D13	D12	D11	D10	D9	D8	D7	D6	D5	D4	D3	D2	D1	D0
0	x	00		x	00		0	0	0	0	0	0	0	0	0	1	0	0	0	1	1	0	0	0	0	0
							0	0	0	1	1	1	1	1	1	1	1	0	0	1	0	0	0	0	0	0
							0	0	1	0	0	0	0	1	0	0	0	0	0	1	0	0	0	1	0	0
							0	0	1	1	0	0	0	1	0	0	0	0	0	1	1	1	1	1	1	0
							0	1	0	0	0	0	1	0	0	1	0	0	1	0	0	0	0	1	0	0
							0	1	0	1	0	0	1	1	1	1	0	0	1	0	0	0	0	1	0	0
							0	1	1	0	0	1	1	0	0	1	0	1	0	1	0	0	1	0	0	0
							0	1	1	1	1	0	1	0	0	1	1	0	0	1	0	0	1	0	0	0
							1	0	0	0	0	0	1	0	0	1	0	0	0	1	0	1	0	0	0	0
							1	0	0	1	0	0	1	0	0	1	0	0	0	0	0	1	0	0	0	0
							1	0	1	0	0	0	1	0	0	1	0	0	0	0	1	0	0	0	0	0
							1	0	1	1	0	0	1	1	1	1	0	0	0	0	1	0	0	0	0	0
							1	1	0	0	0	0	1	0	0	1	0	0	0	1	0	0	0	0	0	0
							1	1	0	1	0	0	0	0	0	0	0	0	1	0	0	0	0	0	0	0
							1	1	1	0	0	0	0	0	0	0	0	1	0	0	0	0	0	0	0	0
							1	1	1	1	0	0	0	0	0	0	0	0	0	0	0	0	0	0	0	0
0	x	01		x	01		0	0	0	0	0	0	0	0	1	1	0	0	0	0	0	0	0	1	1	0
							0	0	0	1	0	0	0	1	1	0	1	0	0	0	0	0	0	1	0	0
							0	0	1	0	0	0	1	0	0	0	0	1	0	0	1	1	0	1	0	0
							0	0	1	1	0	1	0	1	1	1	0	1	1	0	1	0	0	1	0	0
							0	1	0	0	1	0	0	0	0	0	0	0	1	0	1	0	0	1	0	0
							0	1	0	1	0	1	1	1	1	1	1	1	0	0	1	0	0	1	0	0
							0	1	1	0	0	1	0	0	0	0	0	1	0	0	1	0	0	1	0	0
							0	1	1	1	0	1	1	1	1	1	1	1	0	0	1	0	0	1	0	0
							1	0	0	0	0	1	0	0	0	0	0	1	0	0	1	0	0	1	0	0
							1	0	0	1	0	1	1	1	1	1	1	1	0	0	1	0	0	1	0	0
							1	0	1	0	0	1	0	0	0	0	0	0	0	0	1	0	0	1	0	0
							1	0	1	1	0	1	1	1	1	1	1	1	1	0		0	0	1	0	0
							1	1	0	0	1	0	1	0	0	0	0	0	1	0	1	0	0	1	0	0
							1	1	0	1	1	0	1	1	1	1	1	1	1	0	0	1	1	1	0	0
							1	1	1	0	1	0	1	0	0	0	0	0	1	0	0	0	1	0	0	0
							1	1	1	1	0	0	0	0	0	0	0	0	0	0	0	0	0	0	0	0

图 11-13　QC12864B 的 CGRAM

任务 11-4　使用 QC12864B 的 CGRAM 显示汉字

1. 任务目标

使用 QC12864B 显示“振兴中华”这四个汉字，要求字体为“微软雅黑”。

2. 电路连接

电路连接参见图 11-1。

3. 源程序设计

由于 QC12864B 中没有“微软雅黑”字体的字模，所以“振兴中华”这 4 个字需要使用专门的软件生成“微软雅黑”字体字模，此处使用的是PCtoLCD2002。

应用PCtoLCD2002生成题目要求字体类型的汉字的步骤如下：

步骤一：打开PCtoLCD2002，根据需要配置字体、点阵大小等，具体如图11-14所示。

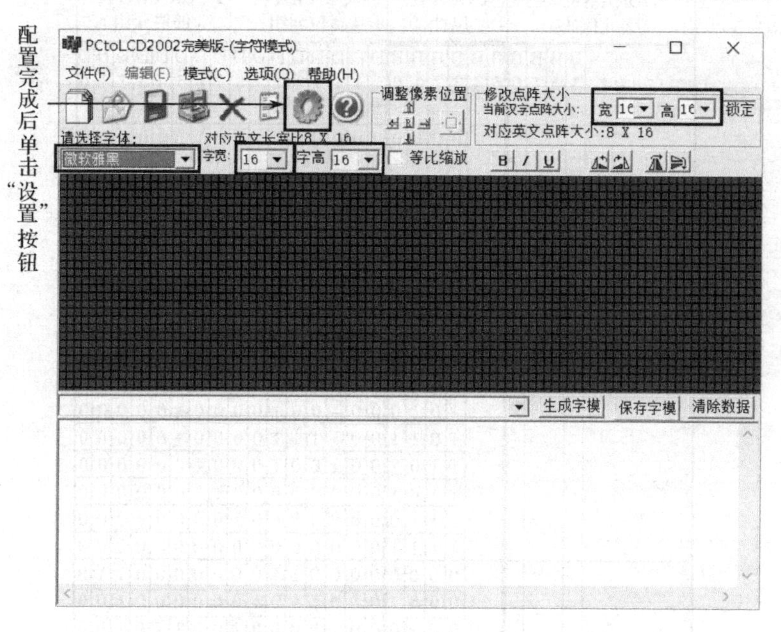

图11-14　PCtoLCD2002界面

步骤二：配置完成后，单击“设置”按钮，进入设置选项，设置完成后单击“确定”按钮，完成配置，具体如图11-15所示。

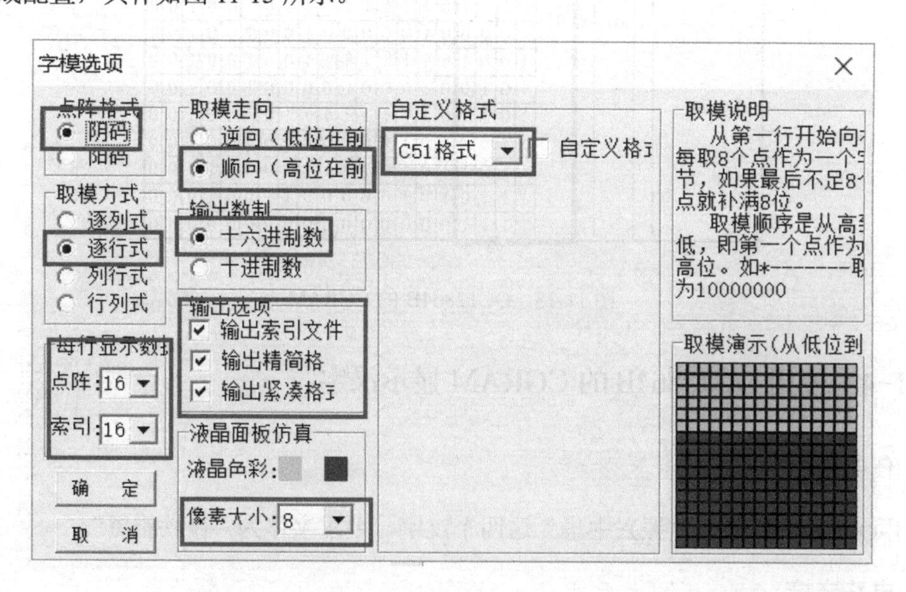

图11-15　PCtoLCD2002的配置

步骤三：向PCtoLCD2002的文字输入框中输入“振兴中华”4个汉字，单击“生成字模”按钮，即可在下方字模方框中生成这4个汉字的字模，具体如图11-16所示。

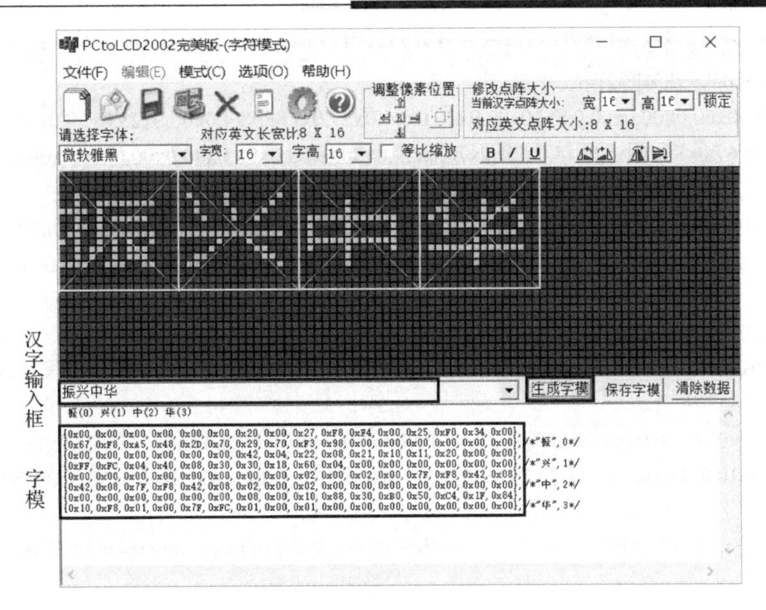

图 11-16　PCtoLCD2002 生成字模图

获得汉字字模后，可用一个二维数组保存该字模，然后将之存入 CGRAM 中，最后在需要的地方写入对应的编码即可显示 CGRAM 中的字符。

具体的源码如下所示。

```
#include <reg52.h>
#include <intrins.h>                //使用_nop_()需要添加此头文件
#define uchar unsigned char
#define uint unsigned int
//P0 数据口，P1 控制口
sbit RS = P1^0;                     //RS=1，数据线上为显示数据；RS=0，数据线上为指令或状态。
                                    //为状态时是 DB7 位，1 忙，0 闲
sbit RW = P1^1;                     //RW=1，EN=1，数据被读到数据线；RW=0，EN=1-->0,
                                    //数据线上的数据被写到 IR 或 DR

sbit EN = P2^5;
sbit PSB = P1^2;                    //PSB=1，8 位或 4 位并口方式；PSB=0，串口方式
sbit RST = P1^4;                    //复位，低电平有效

void Delay_1ms(uint ms);
void Delay_2us(uchar us);
bit Read_Busy();
void Write_Cmd(uchar cmd);
void Write_Data(uchar dat);
void Lcd_Init(void);
void Show_CGRAM();
/*************************************************************************
```

（1）延迟函数 Delay_1ms()和 Delay_2us()参见任务 11-1。

（2）函数 Read_Busy()、Write_Cmd()、Write_Data()参见任务 11-1。

```
*************************************************************************/
uchar code zxzh[4][32]=
{{0x00,0x00,0x00,0x00,0x00,0x00,0x20,0x00,0x27,0xF8,0xF4,0x00,0x25,0xF0,0x34,
0x00,0x67,0xF8,0xA5,0x48,0x2D,0x70,0x29,0x70,0xF3,0x98,0x00,0x00,0x00,0x00,0x00,0x00},/*
                                        振，                              0*/
{0x00,0x00,0x00,0x00,0x00, 0x00,0x42, 0x04,0x22,0x08,0x21,0x10,0x11,0x20,0x00,
0x00,0xFF,0xFC,0x04,0x40,0x08,0x30,0x30,0x18,0x60,0x04,0x00,0x00,0x00,0x00,0x00,0x00},/*
                                        兴，                              1*/
{0x00,0x00,0x00,0x00,0x00,0x00,0x00,0x00,0x02,0x00,0x02,0x00,0x7F,0xF8,0x42,
0x08,0x42,0x08,0x7F,0xF8,0x42,0x08,0x02,0x00,0x02,0x00,0x00,0x00,0x00,0x00,0x00,0x00},/*
                                        中，                              2*/
{0x00,0x00,0x00,0x00,0x00,0x00,0x08,0x00,0x10,0x88,0x30,0xB0,0x50,0xC4,0x1F,
0x84,0x10,0xF8,0x01,0x00,0x7F,0xFC,0x01,0x00,0x01,0x00,0x00,0x00,0x00,0x00,0x00,0x00}};/*
                                        华，                              3*/
void Show_CGRAM()                  //测试时在主函数的 Lcd_Init()后直接调用即可演示
{
    uchar *addr,i,j;
    for(i=0; i<4; i++)
    {
        addr = zxzh[i];
        Write_Cmd(0x40+(i<<4));
        for(j=0; j<32; j++)
        {
            Write_Data(*addr); addr++;
        }
    }
    Write_Cmd(0x80);               //在第 1 行第 1 个字符处显示自定义字符
    for(i=0; i<4; i++)
    {
        Write_Data(0x00);          //写高字节
        Write_Data(i*2);           //写低字节
    }
}
/*********************************************************************/
void main()
{
    Lcd_Init();
    Show_CGRAM() ;
    while(1) ;
}
```

4. 实验结果

任务 11-4 实验结果如图 11-17 所示。

图 11-17　任务 11-4 实验效果图

11.5.2　全屏卷动（卷屏）的实现

QC12864B 的卷屏物理本质是指 ST7920 控制器的 DDRAM 像席子一样卷起来，首尾相连，并轮流滚过屏幕。从显示效果上看，就是屏幕垂直滚动。实现卷动需要设置卷动地址，ST7920 控制器实现卷动的地址是 0x40+行地址，行地址就是垂直地址，其范围为 0～63。要开启卷动功能，首先开启扩展指令集，然后进行允许卷动设置，最后进行卷动地址设置，再回到基本指令集，也就是按下列步骤来进行：

```
Write_Cmd(0x34);            //开启扩展指令集
Write_Cmd(0x03);            //允许设置卷动地址
Write_Cmd(0x40+垂直地址);   //设置卷动地址
Write_Cmd(0x30);            //回到基本指令集
```

需要注意的是，每个卷动地址只卷动一行（包含上下半屏）的像素，所以如果需要实现大范围的卷动，例如全屏卷动，就需要不断修改卷动地址，让垂直地址从 0~63 不停循环。

任务 11-5　使用 QC12864B 实现字幕滚动

1. 任务目标

实现李白的诗《月下独酌》卷屏显示。

2. 电路连接

电路连接参见任务 11-1.

3. 源程序设计

具体设计思路如下：

（1）确定滚动内容，一共为 16 行，具体如下：

```
" --月下独酌--   ",  " 花间一壶酒，   ",
" 独酌无相亲，   ",  " 举杯邀明月，   ",
" 对影成三人，   ",  " 月既不解饮，   ",
" 影徒随我身，   ",  " 暂伴月将影，   ",
" 行乐须及春，   ",  " 我歌月徘徊，   ",
" 我舞影零乱，   ",  " 醒时同交欢，   ",
" 醉后各分散，   ",  " 永结无情游，   ",
```

" 相期邈云汉. ",   " ----完---- "

（2）初始化。考虑到屏幕和DDRAM的映射关系，在DDRAM中装入前6行诗句，具体如图11-18所示。

DDRAM的地址	DDRAM地址中的内容	DDRAM的地址	DDRAM地址中的内容
0x80~0x87	--月下独酌--	0x88~0x8f	独酌无相亲，
0x90~0x97	花间一壶酒，	0x98~0x9f	举杯邀明月，
0xa0~0xa7	独酌无相亲，	0xa8~0xa8	对影成三人，
0Xb0~0xb7	预留，滚动时填充	0xb8~0xbf	预留，滚动时填充

图11-18　DDRAM中装入前6行诗句图

由DDRAM和屏幕的映射关系，屏幕上显示内容如图11-19所示。

屏幕的位置	屏幕显示内容	对应的DDRAM中的地址
第1行	--月下独酌--	0x80～0x87
第2行	花间一壶酒，	0x90～0x97
第3行	独酌无相亲，	0x88～0x8f
第4行	举杯邀明月，	0x98～0x9f

图11-19　屏幕上显示内容

由于滚动本质上是DDRAM中整行字体的滚动（DDRAM中滚动完一行字，屏幕的垂直地址滚动完16行像素单元），所以屏幕上显示出来的效果是第1行和第3行（或第2行和第4行）字符一起滚动。故为了不影响滚动效果，此时DDRAM的第3行应该填充屏幕上显示的第3行汉字（第3行字符串）及第5行字符串，而DDRAM的第4行预留在滚动时填充。

（3）卷动过程。

① 卷屏时屏幕的卷动过程。一开始屏幕的垂直地址排列是0、1、……、63，当设定卷动地址为第0行后，第0行卷出屏幕界面到屏幕底端，使得此时屏幕的垂直地址排列为1、2、……、63、0；再设定第1行作为卷动地址，在第1行卷到屏幕的底端后屏幕的垂直地址排列为2、3、4、……、63、0、1。由于每设定一次卷动地址只滚动一行像素，所以要实现卷屏效果，就需要用循环不断去修改卷动地址，让卷动地址从0~63反复变化。

② DDRAM的滚动过程。一开始，屏幕上显示的是DDRAM的行首地址分别为0x80、0x90的行，首地址为0xa0和0xb0的行作为缓存。当屏幕的垂直地址卷动16次后，DDRAM中的行完成一次卷动，其第1～4行的首地址顺序变为：0x90→0xa0→0xb0→0x80，屏幕显示的是0x90、0xa0的行的内容。如垂直地址再卷动16次，则DDRAM中的行地址顺序又变为：xa0→0xb0→0x80→0x90，屏幕显示的是0xa0、0xb0的内容，以此类推。需要注意的是，屏幕始终显示的是DDRAM的前两行的存储内容，后面两行作为缓存。

仔细研究屏幕、DDRAM的卷动情况和双方的映射关系可以发现，DDRAM缓存区中的第1行始终用于缓存屏幕显示的第3行及其后的第5行字符。而DDRAM缓存区的第2行始终用于缓存屏幕显示的第4行及其后的第6行字符。例如，某个瞬间，屏幕上显示的是第0～3行字符串，则DDRAM缓存区的第1行应该用于缓存第2、第4行字符串，缓存区的第2行应该用于缓存第3、第5行字符串。

由以上的分析可得卷动函数，其实现如下所示。

```
void Roll()
{
    unsigned char *poemstring[] ={        "  --月下独酌--   ",
                                "  花间一壶酒，    ","  独酌无相亲，    ",
                                "  举杯邀明月，    ","  对影成三人，    ",
                                "  月既不解饮，    ","  影徒随我身，    ",
                                "  暂伴月将影，    ","  行乐须及春，    ",
                                "  我歌月徘徊，    ","  我舞影零乱，    ",
                                "  醒时同交欢，    ","  醉后各分散，    ",
                                "  永结无情游，    ","  相期邈云汉.  ",
                                        "----完----   "};
    uchar i, j, row, rollflag=0; //rollflag 用于标志滚动了多少像素行
    uchar rowaddr=0x80, pageflag =0;          //pageflag 用于标志写到了哪一页，一共 16 页
    uchar low_8word=0,high_8word=0;
    /*将诗的第 0～5 句装入 DDRAM 的第 1～3 行，其中 DDRAM 的前两行为可视区，后两行滚
动后方可显示*/
    WRITESTRING(0x80,0);   WRITESTRING(0x88,2);
    WRITESTRING(0x90,1);   WRITESTRING(0x98,3);
    WRITESTRING(0xa0,2);   WRITESTRING(0xa8,4);
    row = 4; //接下来装第 4 行，装的时候是每滚出一行像素，写入一个字到指定地址
    while(1)
    {
        //下面的 switch 用于选择下一个填充的 DDRAM 的行的首地址以及填完后的下一行
        switch(row)
        {
            case 1: rowaddr = 0x80; row = 2; break;
            case 2: rowaddr = 0x90; row = 3; break;
            case 3: rowaddr = 0xa0;  row = 4; break;
            case 4: rowaddr = 0xb0;  row = 1; break;
        }
        /*下面的 16 次循环一共移出 16 行，刚好够 16×16 的一个字的大小。每移出一行，就写
入一个字到缓冲区的一个字单元中*/
        for(i = 0; i < 8; i++)//DDRAM 的一行有 16 个字，分两次写入
        {  //写一行中的前 8 个字
            Write_Cmd(0x34);                  //打开扩展指令
            Write_Cmd(0x03);                  //打开滚动，输入卷动地址
            Write_Cmd(0x40 + rollflag++);     //设置卷动地址
            Write_Cmd(0x30);                  //回到基本指令
            Write_Cmd(rowaddr + i);
            if((pageflag+3)>=16) //low_8word 代表待写入的 DDRAM 行的低 8 字所在的诗的行
                low_8word=(pageflag+3)%16;
            else
                low_8word=pageflag+3;
            if(*(poemstring[low_8word]+2*i) != '\0')
```

```
                Write_Data(*(poemstring[low_8word]+2*i));           //写入高字节
            else Write_Data(0x20); //填空格
            if(*(poemstring[low_8word]+2*i+1) != '\0')
                Write_Data(*(poemstring[low_8word]+2*i+1));         //写入高字节
            else Write_Data(0x20);
            Delay_1ms(400);
        }
        for(i = 0; i < 8; i++)
        {   //写一行中的后 8 个字符
            Write_Cmd(0x34);                                        //打开扩展指令
            Write_Cmd(0x03);                                        //允许输入卷动地址
            Write_Cmd(0x40 + rollflag++);                           //设置卷动地址
            Write_Cmd(0x30);                                        //回到基本指令
            Write_Cmd(rowaddr + i+8);
            if((pageflag+5)>=16)//high_8word 代表待写入的 DDRAM 行的高 8 字所在的诗的行
                high_8word=(pageflag+5)%16;
            else
                high_8word=pageflag+5;
            if(*(poemstring[high_8word]+2*i) != '\0')
                Write_Data(*(poemstring[high_8word]+2*i));          //写入高字节
            else Write_Data(0x20);
            if(*(poemstring[high_8word]+2*i+1) != '\0')
                Write_Data(*(poemstring[high_8word]+2*i+1));        //写入高字节
            else Write_Data(0x20);
            Delay_1ms(400);
        }
        pageflag++;
        if(pageflag==16) pageflag = 0;             //到了诗的末尾从头来，滚动显示
        if(rollflag>=64) rollflag = 0;             //滚动完了 63 行即全屏，然后重新来
    }
}
```

卷动函数中的宏 WRITESTRING(rowaddr,flag)的定义如下：

```
#define WRITESTRING(rowaddr,flag) {Write_Cmd(rowaddr); for(j=0; *(poemstring[flag]+j) != '\0'; j++) Write_Data(*(poemstring[flag]+j));}
```

将其他相关函数添加到同一工程中，并用以下的主函数对卷动函数进行调用。

```
void main()
{
    Lcd_Init();
    Roll();
    while(1) ;
}
```

可以看到卷动的效果如图 11-20 所示。

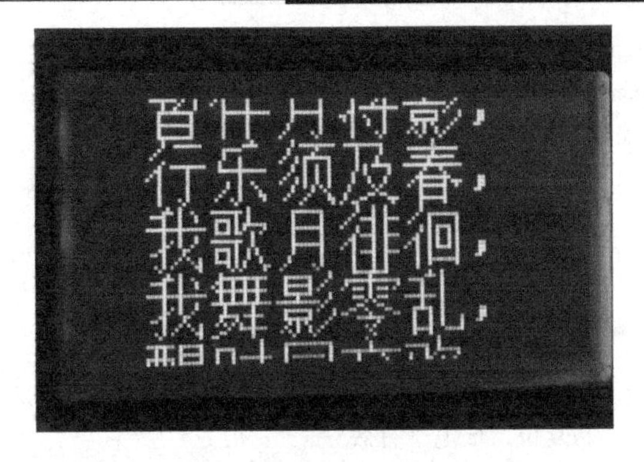

图 11-20 任务 11-5 实验效果图

11.5.3 反白效果的实现

QC12864B 自带反白效果，使用扩展指令 0x30+DDRAM 的行号即可实现此效果。但这种反白映射到屏幕上却是屏幕的 2 行反白，所以实用意义不大，毕竟一般用户只希望屏幕的一行反白。

如果想实现屏幕的某一行反白而不影响另外的行，此时就需要混合图形显示和字符显示。在基于 ST7920 控制器的 QC12864B 中，字符显示的 DDRAM 和图形显示的 GDRAM 是相互独立的，而最后显示到屏幕上的结果，是两个区域中数据的异或。

举个例子，假如某个点上，GDRAM 没有绘图（数据为 0），而 DDRAM 上有点阵（数据为 1），那么异或的结果就是 1，也就是说正常显示字符；当 DDRAM 没有点阵的时候，异或的结果是 0，什么都不显示。反过来，假如该点上 GDRAM 绘图了（数据为 1），当 DDRAM 上有点阵（数据为 1）时，异或的结果为 0，效果就是反白显示；当 DDRAM 没有点阵（数据为 0）时，异或结果为 1，效果就是显示绘图的背景。

所以，如果要在某个地方反白显示，那么就在该点绘图并且写字，如果要取消反白，就重新用全 0 擦掉那个地方的绘图！这样一来可以实现任何地方、任意大小的反白显示。

任务 11-6 QC12864B 反白效果的实现

1. 任务目标

在任务 11-2 的基础上实现第 2 行反白显示。

2. 电路连接

电路连接参见图 11-1。

3. 源程序设计

```
#include <reg52.h>
#include <intrins.h>                 //使用_nop_()需要添加此头文件
#include <string.h>                  //使用 strlen()需要添加此头文件
#include <math.h>
```

```
#define uchar unsigned char
#define uint unsigned int
//P0 数据口，P1 控制口
sbit RS = P1^0;          //RS=1，数据线上为显示数据；RS=0，数据线上为指令或状态。
                         //为状态时是 DB7 位，1 忙，0 闲
sbit RW = P1^1;          //RW=1，EN=1，数据被读到数据线；RW=0，EN=1-->0，
                         //数据线上的数据被写到 IR 或 DR
sbit EN = P2^5;
sbit PSB = P1^2;         //PSB=1，8 位或 4 位并口方式；PSB=0，串口方式
sbit RST = P1^4;         //复位，低电平有效

void Delay_1ms(uint ms);
void Delay_2us(uchar us);
bit Read_Busy();
void Write_Cmd(uchar cmd);
void Write_Data(uchar dat);
void Lcd_Init(void);
void Position(uchar row, uchar column);
void Show_Poem();
void Clear_Screen();
void Inv_White(uchar x, uchar y, uchar width);
uchar code *String[4]={ "少小离家老大回",              //定义 String，有 4 个元素，都是指针
                        "乡音无改鬓毛衰",              //分别指向 4 个字符串
                        "儿童相见不相识",
                        "笑问客从何处来"};
/**************************************************************************
```

（1）延迟函数 Delay_1ms()和 Delay_2us()参见任务 11-1。

（2）函数 Read_Busy()、Write_Cmd()、Write_Data()、Lcd_Init()参见任务 11-1。

```
**************************************************************************/
void Position(uchar row, uchar column)
{
    uchar rowstartaddr, pos;
    switch(row)
    {
        case 1: rowstartaddr = 0x80;break;      //第 1 行行首地址，系统字库是 16×16 点阵
                                                //每个字在行方向上占两个字节
        case 2: rowstartaddr = 0x90;break;      //第 2 行行首地址
        case 3: rowstartaddr = 0x88;break;      //第 3 行行首地址
        case 4: rowstartaddr = 0x98;break;      //第 4 行行首地址
    }
    pos = rowstartaddr + column;
    Write_Cmd(pos);
}
/**************************************************************************/
void Show_Poem()
{
```

```
    uchar i, j;
    for(i=0;i<4;i++)
    {
        Position(i+1,0);                    //每行位置
        for(j=0; *(String[i]+j)!= '\0'; j++)
            Write_Data(*(String[i]+j));
    }
}
/*******************************************************************/
void Clear_Screen()
{
    uchar i, j;
    Write_Cmd(0x34);
    for(i=0; i<32; i++)
    {
        Write_Cmd(0x80+i);                  //纵坐标 y，不能自动加 1
        Write_Cmd(0x80);                    //横坐标 x
        for(j=0; j<16; j++)                 //横坐标有 16 位，每位写入 2 个字节的数据
            Write_Data(0x00);
    }
    for(i=0; i<32; i++)
    {
        Write_Cmd(0x80+i);                  //纵坐标 y，不能自动加 1
        Write_Cmd(0x88);                    //横坐标 x
        for(j=0;   j<16; j++)               //横坐标有 16 位，每位写入 2 个字节的数据
            Write_Data(0x00);
    }
    Write_Cmd(0x36);
    Write_Cmd(0x30);
}
/*******************************************************************/
void Inv_White(uchar x, uchar y, uchar width)
{//x 为第几格，+0x80 就是横向字坐标，y 为屏幕上第几行字，width 为横向反白宽度
    uchar i, j,wordstartaddr=0x80;
    //Clear_Screen();
    if(y>1)//y>1 是下半屏
    {
        y = y-2;
        wordstartaddr = 0x88;
    }
    Write_Cmd(0x34);
    for(i=0; i<16; i++)                     //每个字 16 列
    {
```

```
            Write_Cmd(0x80+(y<<4)+i);           //y 左移 4 位相当于乘 16
            Write_Cmd(wordstartaddr+x);
            for(j=0; j<width; j++)
            {
                Write_Data(0xff);               //写高字节
                Write_Data(0xff);               //写低字节
            }
        }
        Write_Cmd(0x36);
        Write_Cmd(0x30);
}
/*****************************************************************/
void main()
{
    Lcd_Init();
    Clear_Screen();
    Show_Poem();
    Inv_White(0, 1, 7);                  //从地址 0x80 开始（第 2 行）连续反白 6 个汉字
    while(1) ;
}
```

4. **实验结果**

任务 11-6 实验结果如图 11-21 所示。

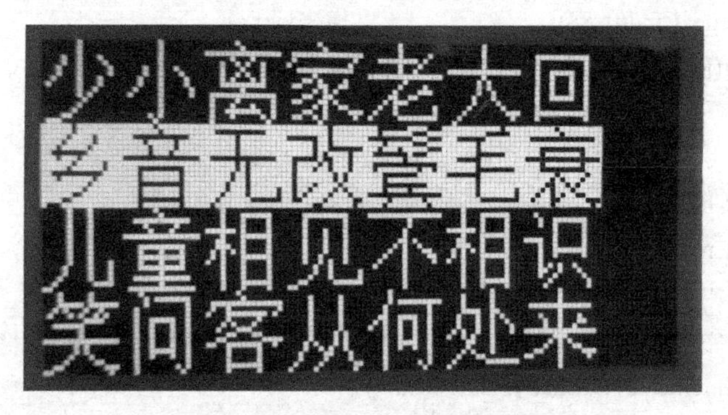

图 11-21　任务 11-6 实验效果图

习　题　11

1. **填空题**

（1）QC12864B 的 RS 端的作用是____________________________________。

（2）QC12864B 的 PSB 端的作用是____________________________________。

（3）在采用并口方式连接时，QC12864B 的 E 端的作用是______________；而采用串口方式连接时，该引脚的作用是__________________。

（4）QC12864B 的各指令的执行时间除了清屏指令约为 1.6ms 外，其余指令都约为__________。

（5）QC12864B 的功能设定指令中的 RE 位为 1 时，其使用的指令集是_____________。

2. 简答题

（1）简述 QC12864B 控制器的存储器结构。

（2）简述应用 QC12864B 的 CGRAM 显示自定义图形的步骤。

项目 12　A/D 和 D/A 转换技术的实现

项目介绍		
实现任务		初步认识数据采集中的 A/D 和 D/A 转换技术
知识要点	软件方面	无
	硬件方面	1．熟悉 ADC0809； 2．熟悉 DAC0832； 3．了解 74HC4017 的工作原理； 4．了解 74HC573 的工作原理
使用的工具或软件		Keil C51、Proteus
建议学时		8

任务 12-1　使用 ADC0809 将模拟信号转换为数字信号

1．任务目标

利用电位器的滑动获得模拟信号，将该信号从 IN0 引脚引入 ADC0809，经 A/D 转换后数字信号从 OUT1～OUT8（OUT1 输出高位，OUT8 输出低位）引脚输出，观察二者的对应关系。

2．电路连接

单片机与 ADC0809（由于 Proteus 没有 ADC0809，此处用功能相似的 ADC0808 代替，后面实验同）的电路连接如图 12-1 所示。

任务需要的元件清单如表 12-1 所示。

另外，在用 Proteus 调试任务 12-1 时还需要对 AT89C52 单片机进行设置，否则 ALE 不能输出脉冲信号，具体设置步骤为：双击 AT89C52 单片机，对 Advanced Properties 项进行设置，如图 12-2 所示。

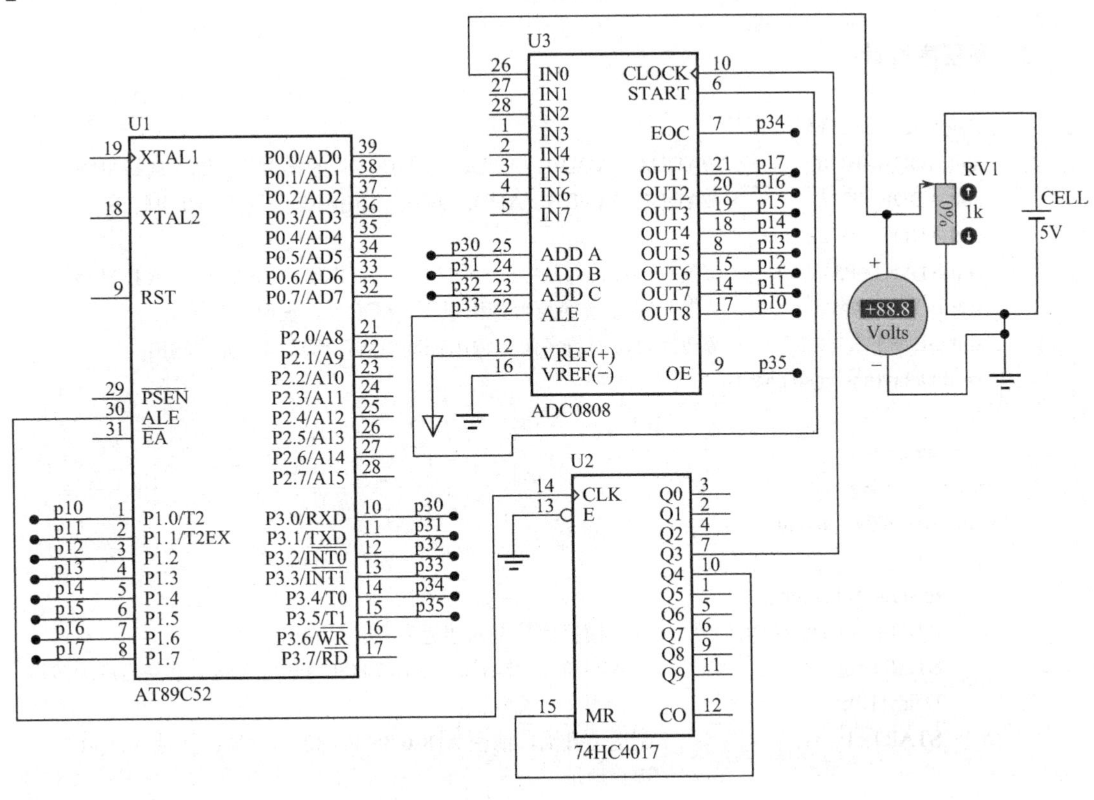

图 12-1　单片机与 ADC0809 电路连接图

表 12-1　任务 12-1 的元件清单

序号	元件标号	元件属性	元件列表框	备注
1	U1	12MHz	AT89C52	微处理器
2	U2		74HC4017	十进制计数器
3	U3		ADC0808	A/D 转换器
4	CELL	5V	CELL	电源
5	RV1	1kΩ	POT-HG	电位器

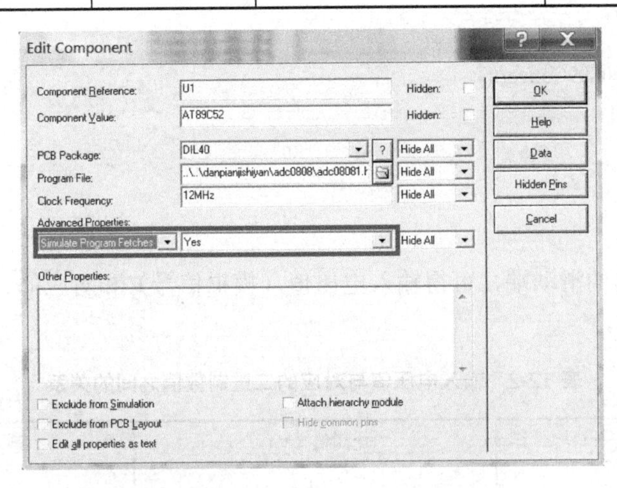

图 12-2　设置 Advanced Properties 选项

3. 源程序设计

```
#include <reg52.h>
sbit ADDA=P3^0;             //ADDA、ADDB、ADDC 为 A/D 芯片的模拟信号输入选择引脚
sbit ADDB=P3^1;             //ADDC、ADDB、ADDA=000，说明模拟信号从 IN0 引脚进入
sbit ADDC=P3^2;
sbit START=P3^3;            //模拟信号转为数字信号的启动控制引脚，下降沿启动 A/D 转换
sbit EOC=P3^4;              //指明模/数转换是否结束引脚，EOC=1，说明转换结束
sbit OE=P3^5;               //转换而得的数字信号输出控制引脚，EOC=1，允许输出
void Delay(unsigned char t)
{
    while(t--);
}
void Adc0809Convert()
{
    unsigned char temp;
    ADDA=ADDB=ADDC=0;   //选择模拟信号进入通道为 IN0
    START=0;            //START 的上升沿清空 ADC0809 内部寄存器，下降沿启动转换
    Delay(10);
    START=1;            //制造上升沿，清空 ADC0809 内部的寄存器；同时 ALE=1，
                        //锁存地址
    Delay(10);
    START=0;            //制造下降沿，启动 A/D 转换
    while(EOC==0);      //等待转换结束，当 EOC=1 时转换结束
    OE=1;               //转换结束，打开输出端锁存器，将转换所得数据送上数据总线
    P1=0xFF;
    temp=P1;            //将数据读取到临时变量 temp 中
}
void main()
{
    while(1)
    {
        Adc0809Convert();
    }
}
```

4. 实验结果

随机移动电位器的滑动端，可得输入电压值（模拟信号）和对应的二进制数值（数字信号），如表 12-2 所示。

表 12-2　输入电压值与对应的二进制数值之间的关系

采样序号	电压值（V）	二进制数值
1	0	0000 0000
2	1	0011 0011

续表

采样序号	电压值（V）	二进制数值
3	2.5	0111 1111
4	4	1100 1100
5	5	1111 1111

注：Proteus 中的小蓝色方块代表低电平“0”，红色方块代表高电平“1”。

小提示

单片机的 ALE 端始终输出频率为外接晶振频率 1/6 的脉冲信号。当晶振为 12MHz 时，ALE 端输出频率为 2MHz 的脉冲信号。由于 ADC0809 在 CLOCK 为 500kHz 时转换效果最佳，所以需要对单片机 ALE 端的脉冲信号 4 分频（用十进制计数器 74HC4017 实现），再将该脉冲信号送到 ADC0809 的 CLOCK 端作为 ADC0809 的时钟信号。

任务小结

由任务 12-1 中可以看到每输入一个电压值，ADC0809 就输出一个数字信号，而且输出的数字信号与输入的电压值具有线性关系，输入的电压值越大，转换而成的数字信号也越大。

任务 12-1 涉及了 ADC0809 应用中的所有细节，下面就来详细介绍一下这款 A/D 转换芯片，并通过认识这款芯片来了解模/数转换的知识从而达到应用该类芯片进行模/数转换的目的。

12.1　A/D 转换

12.1.1　A/D 转换概述

工作学习之余，播放聆听自己爱好的音乐是很多人放松自我的一种方式。每首乐曲的旋律都随时间连续变化，将这种信息参数在给定的范围内连续的信号称为模拟信号（analog signal）。模拟信号广泛分布于自然界的各个角落，除了音乐，每天温度的变化、连绵的山脉等也都是模拟信号，可以说人们生活在一个模拟信号充斥的世界。人们通过计算机播放的音乐在计算机中是以 10100101 等离散的数字存储的，这种离散的数字对应的信号称为数字信号（digital signal）。

模拟信号保密性差、抗干扰能力弱、不易存储，数字信号则相反，它的保密性和抗干扰能力都比较强，也比较容易存储。人们听到的歌曲都是录音设备捕获歌手的声音（模拟信号），并将这些声音转换为一系列离散的数字信号存储在计算机中的。播放时计算机再将这些离散的数字信号还原成模拟信号去驱动喇叭发声。完成这种由模拟信号到数字信号或数字信号到模拟信号转换的器件分别称为模/数（A/D）转换器和数/模（D/A）转换器，它们是计算机系统同外部世界进行信息传输必不可少的器件。

12.1.2 A/D 转换芯片 ADC0809

ADC0809 是典型的 8 位模数转换芯片，它具有 8 个模拟量输入通道，每个输入模拟量被转换成 8 位的数字量。ADC0809 主要应用于对精度和采样速率要求不高的场合或一般的工业控制领域，可以和单片机直接相连，并在程序的控制下对各通道的模拟信号进行 A/D 转换得到 8 位的二进制数字量。

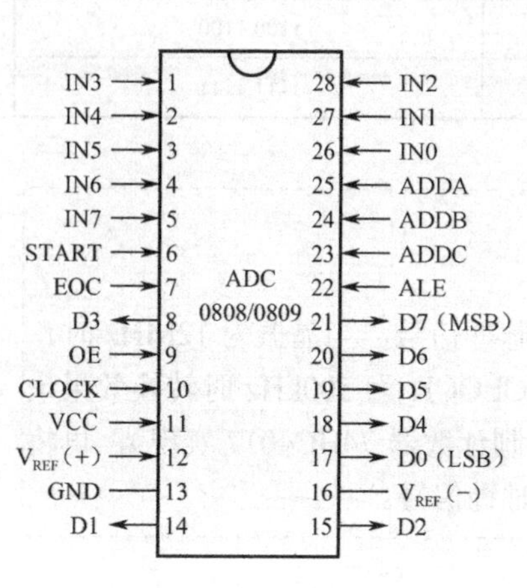

图 12-3　ADC0809 引脚图

1. ADC0809 的引脚图

ADC0809 的引脚排列如图 12-3 所示。

各引脚功能如下：

（1）IN0～IN7：8 路模拟通道输入端，待转换的模拟信号通过这些引脚进入芯片内部，具体由哪个引脚进入由引脚 ADDA、ADDB、ADDC 来选择。

（2）ADDA、ADDB、ADDC：模拟通道选择地址信号，ADDA 为低位，ADDC 为高位。地址信号与选择通道对应关系如表 12-3 所示。

表 12-3　ADC0809 通道选择表

地址码			选择通道
ADDC	ADDB	ADDA	
0	0	0	IN0
0	0	1	IN1
0	1	0	IN2
0	1	1	IN3
1	0	0	IN4
1	0	1	IN5
1	1	0	IN6
1	1	1	IN7

对于任务 12-1，由于程序中定义了 ADDC、ADDB 和 ADDA 都为 0，故选中 IN0 模拟通道。

（3）ALE：地址锁存允许信号，高电平有效。当此信号有效时，ADDA、ADDB、ADDC 三位地址信号被锁存，译码选通对应模拟通道。在使用时，该信号常和 START 信号连在一起，以便同时锁存通道地址和启动 A/D 转换。

（4）START：A/D 转换启动信号。在该引脚信号的上升沿，ADC0809 所有内部寄存器清零，下降沿开始 A/D 转换。如正在进行转换时又接到新的启动脉冲，则原来的转换进程被中止，重新转换。所以在 A/D 转换期间，START 应该为低电平。

（5）EOC：转换结束信号，高电平有效。该信号在 A/D 转换过程中为低电平，其余时间

为高电平。可通过查询该引脚的状态判断转换是否结束。

（6）D0～D7（分别对应于 ADC0808 的 OUT8~OUT1）：A/D 转换后的数据输出端，为三态可控输出，可直接和微处理器数据线连接。8 位排列顺序中 D7 为最高位，D0 为最低位。

（7）OE：输出允许信号，用于控制三态输出锁存器向单片机输出转换得到的数据。当 OE=0 时，输出数据线呈高组态；当 OE=1 时，输出转换得到的数据。

（8）V_{REF}（+）、V_{REF}（−）：正、负参考电压输入端。在单极性输入时，V_{REF}（+）接 5V，V_{RFE}（−）接 0V；双极性输入时，V_{REF}（+）、V_{REF}（−）分别接正、负极性的参考电压。两个参考电压的选择必须满足以下条件：

$$0 \leqslant V_{REF(-)} \leqslant V_{REF(+)} \leqslant VCC$$

$$\frac{V_{REF(-)} + V_{REF(+)}}{2} = \frac{1}{2}VCC$$

输入的模拟信号的电压 U_{IN} 与转换成的数字量、参考电压之间的关系为

$$N = \frac{U_{IN} - V_{REF(-)}}{V_{REF(+)} - V_{REF(-)}} \times (2^8 - 1)$$

假设 $V_{REF(+)}$接5V，$V_{REF(-)}$接0V，从模拟通道输入的电压为 2.5V，则转换而成的数字量为

$$N = \frac{V_{IN}}{V_{REF(+)}} \times (2^8 - 1) = 127 = 7FH$$

（9）CLOCK：时钟信号引脚，用于为 ADC0809 提供逐次比较所需的时钟信号，一般为 500kHz 时钟脉冲。

（10）VCC 为电源输入线，典型的输入电压为+5V。GND 为地线。

2. ADC0809 的内部逻辑结构

ADC0809 的内部逻辑结构如图 12-4 所示。

由图 12-4 可见，ADC0809 的内部逻辑结构主要由以下三部分组成。

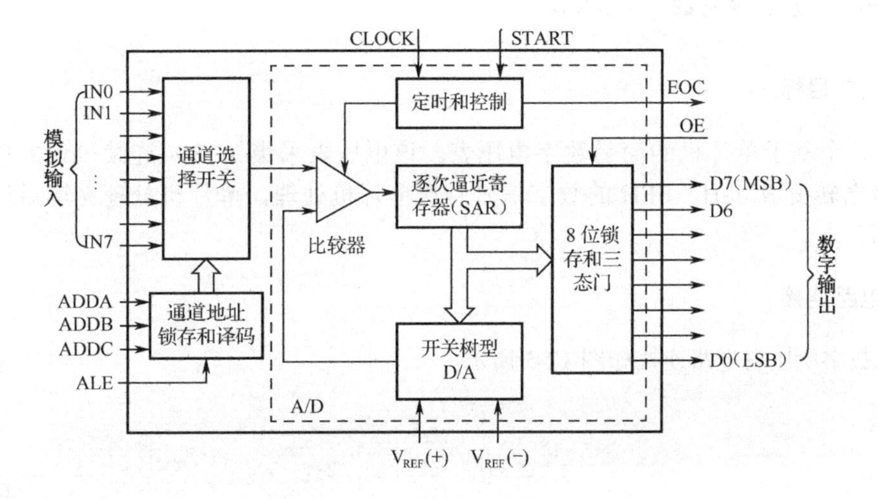

图 12-4　ADC0809 的内部逻辑结构

（1）模拟信号输入选择部分，这部分结构包括一个 8 路模拟开关、一个地址锁存译码电路。输入的 3 位通道地址信号由锁存器锁存，经译码电路译码后控制模拟开关，选择相应的模拟输入。

（2）A/D 转换器部分，主要包括比较器、8 位 A/D 转换器、逐次逼近寄存器 SAR、电阻网络以及控制逻辑电路等。同一时刻只能选择其中的一路通道进行转换。

（3）输出部分，包括一个 8 位三态输出缓冲器，可直接与 CPU 数据总线接口相连。转换后的数字量锁存到三态输出锁存器中，在输出允许的情况下，可以从 8 条数据线 D7～D0 读出。

3. ADC0809 的工作过程

当通道选择地址有效时，ALE 信号一出现（ALE=1），芯片内部系统马上将地址存入地址锁存器中。此地址经译码选通 8 路模拟信号输入端中的某一路信号并送到比较器。START 的上升沿将逐次逼近寄存器 SAR 复位，下降沿启动 A/D 转换，之后 EOC 信号变低电平，以指示转换操作正在进行中。直到 A/D 转换完成，EOC 变为高电平，指示 A/D 转换结束，转换结果已经存入输出锁存器。当 OE 输入高电平时，输出三态门打开，转换而得的数字量输出到数据总线上。任务 12-1 中的转换函数 Adc0809Convert()，就是按这个流程来组织语句顺序的。

4. ADC0809 的主要技术指标

（1）分辨率：8 位。

分辨率（Resolution）是指数字量变化一个最小量时模拟信号的变化量，一般定义为满刻度与 2*n*−1 的比值。分辨率又称精度，通常也用数字信号的位数来表示。

（2）总的不可调误差：±1LSB（一个最小数字量的模拟变化量）。

（3）转换时间：A/D 转换器完成一次模拟量变换为数字量所需的时间即为转换时间。ADC0809 的转换时间取决于芯片时钟频率，当 CLK=500kHz 时，转换时间为 128μs。

任务 12-2　设计简易数字电压表

1. 任务目标

设计一个基于单片机的简易数字电压表。该电压表采集 0~5V 连续可调的模拟电压信号并将之转变成 00H～FFH 的数字信号且送单片机处理，单片机处理完毕后送 4 位数码管显示。

2. 电路连接

简易数字电压表电路连接如图 12-5 所示。

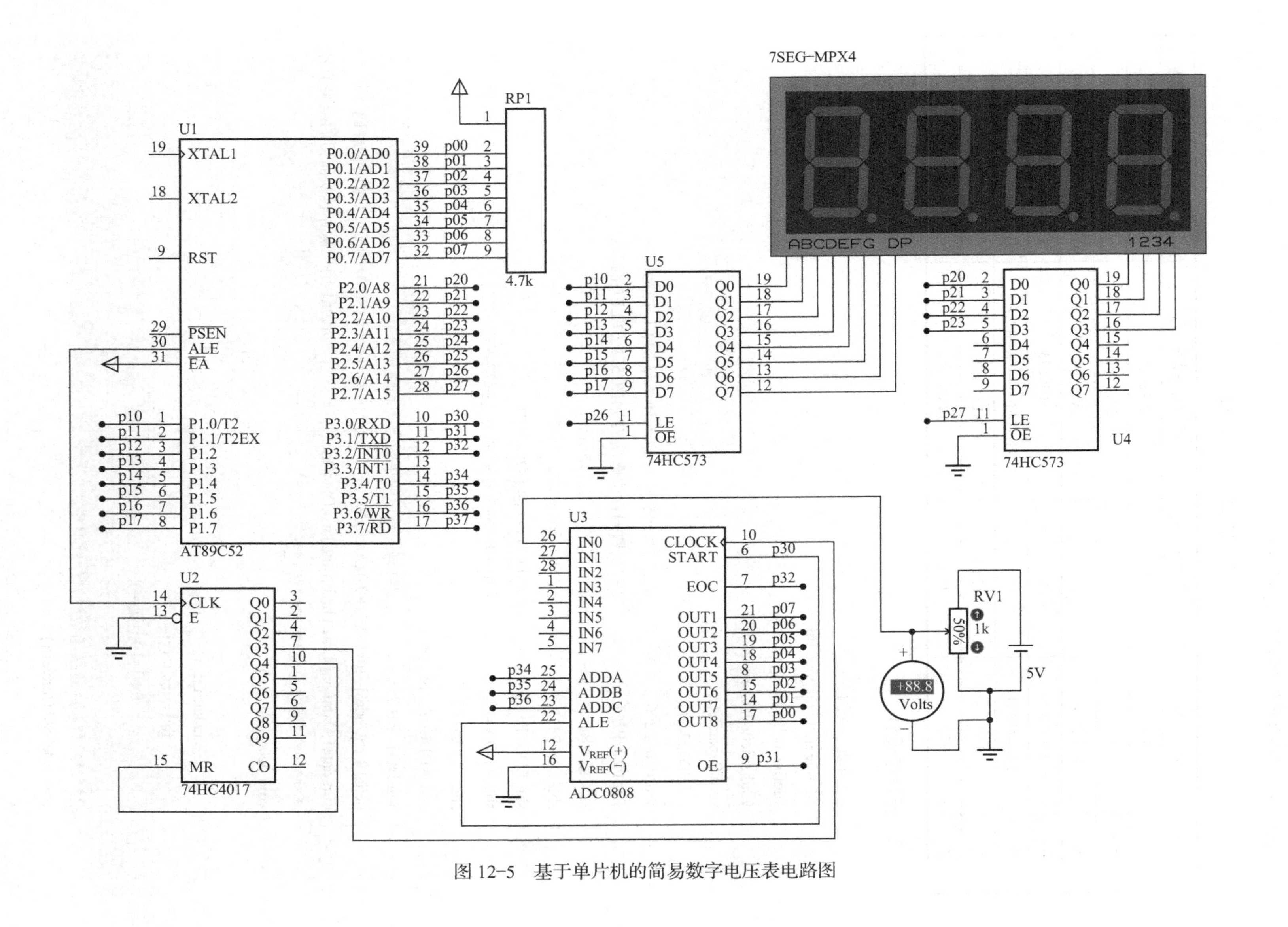

图 12-5　基于单片机的简易数字电压表电路图

图中所用到的元件列表如表 12-4 所示。

表 12-4 元件列表

序号	元件标号	元件属性	元件列表框	备注
1	U1	12MHz	AT89C52	微处理器
2	U2		74HC4017	十进制计数器
3	U3		ADC0808	A/D 转换器
4	U4~U5		74HC573	锁存器
5	7SEG-MPX4		7SEG-MPX4-CA-BLUE	4 位共阳数码管
6	RP1	4.7kΩ	RESPACK-8	排阻
7	RV1	1kΩ	POT-HG	电位器

3. 源程序设计

```
#include<reg52.h>
#define uint unsigned int
#define uchar unsigned char
void Adc0808Convert();
void Separate();
void Display();
sbit P26=P2^6;              //控制数码管段端的 74HC573 的 LE 控制端
sbit P27=P2^7;              //控制数码管位选端的 74HC573 的 LE 控制端
sbit START=P3^0;            //ADC0809 的启动引脚
sbit OE=P3^1;               //ADC0809 的 OE 引脚
sbit EOC=P3^2;              //ADC0809 的 EOC 引脚
sbit ADDA=P3^4;             //ADC0809 的模拟通道选择端
sbit ADDB=P3^5;
sbit ADDC=P3^6;
sbit DOT=P1^7;              //数码管显示的小数点控制引脚
uchar LedCode[]={0xC0,0xF9,0xA4,0xB0,0x99,0x92,0x82,0xF8,0x80,0x90};   //数码管编码
uint data1,DataFour,DataThree,DataTwo,DataOne;          //data1 用于保存转换而得的数字信号
/*********延时函数************/
void delay(uint ms)
{
        uchar i,j;
        for(i=ms;i>0;i--)
            for(j=10;j>0;j--);
}
/*********A/D 转换函数************/
void Adc0808Convert()
{
```

```
        OE=0;
        START=0;
        ADDA=ADDB=ADDC=0;                    //选择通道 0
        delay(3);
        START=1;
        delay(3);
        START=0;
        delay(3);
        while(EOC==0);                       //等待转换完毕
        OE=1;                                //打开传送数据
        P0=0xFF;
        data1=P0;                            //将 P0 口的数据送入中间变量 data1 中
    }
    //------------------------------------------------------------------
    void Separate()
    {
    /*data1 为测得的数据，假设为 1100 0000B=192，则对应的模拟电压应该为 192×5/255=3V。5/255 中的 5
为 ADC 的参考电压，255 为满刻度值，5/255 得到一个刻度表示的电压值。在下面的处理中为了处理方便，
将获得的电压乘以 1000 再处理。*/
        data1=data1*5/255.0*1000;            //假设 data1=2.45V，则放大 1000 倍为 2450V
        DataFour=data1/1000;                 //最高位 2
        DataThree=data1%1000/100;            //次高位 4
        DataTwo=data1%1000%100/10;           //低位 5
        DataOne=data1%1000%100%10;           //最低位为 0
    }
    /*********显示函数************/
    void Display()
    {//以下可以循环代替，为了直观特分开表述
        P26=1;                               //段控制 HC573 打开
        P1=LedCode[DataFour]&0X7F;           //将 data1 的最高位送到数码管的段端
        P26=0;              //关段控制 HC573，data1 的数据被锁存在 HC573 的输出端
        P1=0xFF;            //清 P1，方便下次向 P1 写入数据

        P2=0x81;            //1000 0001 位控制 HC573 打开，数码管 1 被选中，显示数据‘2’
        P27=0;              //关位控制 HC573
        delay(10);          // 不要延时太久，超过人眼的视觉暂留时间将观察不到连续效果
    //------------------------------------------------------------------
        /*重复上述步骤，送数据 data1 的次高位，此时锁存器 HC573 中原有数据将会被覆盖，但由
于人眼的视觉暂留效应，数码管的原有显示亦可正常观察得到。*/
        P26=1;
        P1=LedCode[DataThree];
        P26=0;
```

```
        P1=0xFF;

        P2=0x82;
        P27=0;
        delay(10);
//-------------------------------------------------------------------
        P26=1;
        P1=LedCode[DataTwo];//小数部分
        P26=0;
        SP1=0xFF;

        P2=0x84;
        P27=0;
        delay(10);
        //-------------------------------------------------------------------
        P26=1;
        P1=LedCode[DataOne];//小数部分
        P26=0;
        P1=0xFF;

        P2=0x88;
        P27=0;
        delay(10);
}
//-------------------------------------------------------------------
void main(void)
{
        P2=0xFF;
        P1=0xFF;
        while(1)
        {
              Adc0808Convert();              //A/D 转换
              Separate();                    //将数据分离
              Display();                     //将分离的数据送数码管显示
        }
}
```

4. 实验结果

旋转电位器的中间抽头并使之置于中间后所得结果如图 12-6 所示。

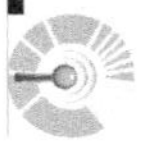

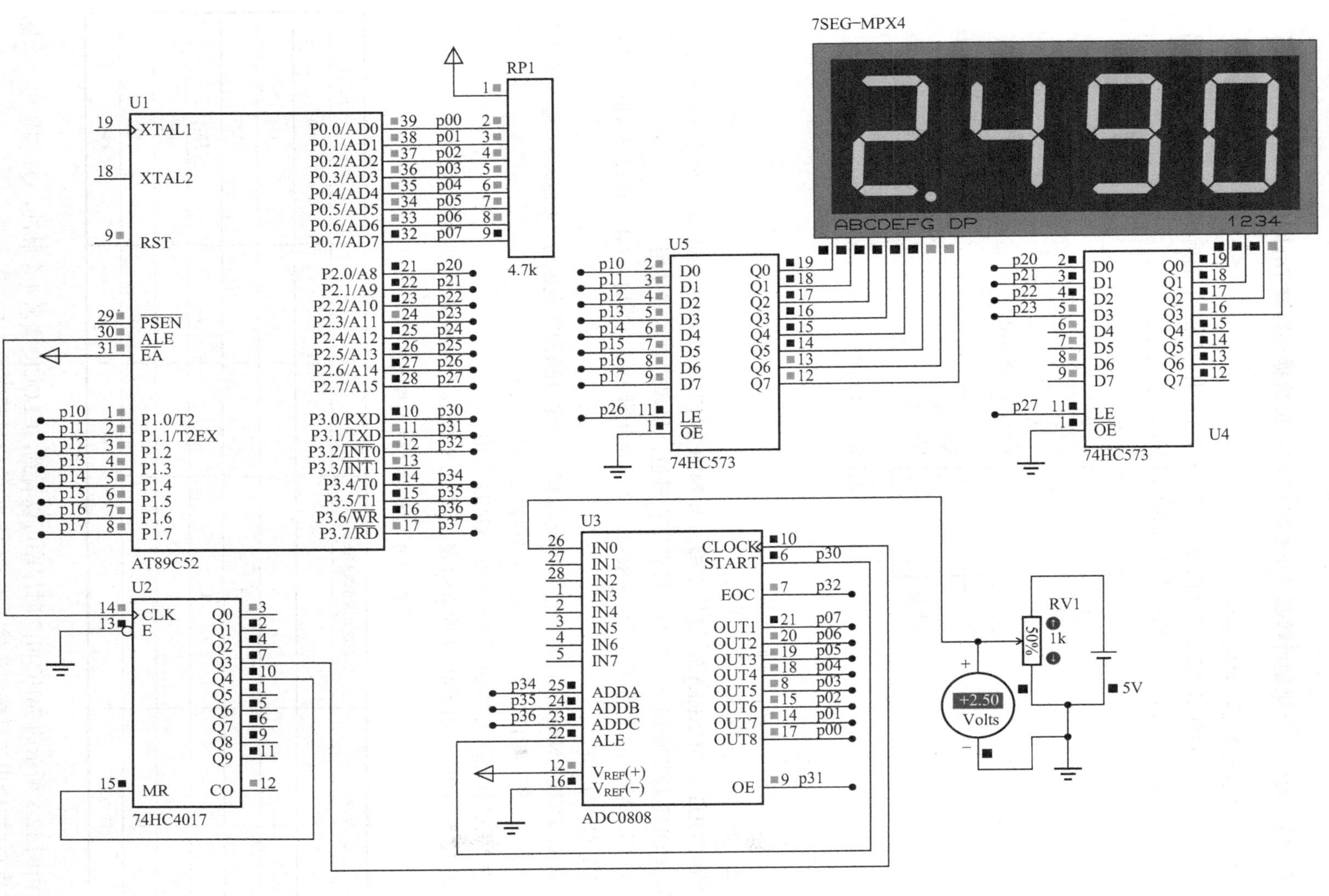

图12-6　任务12-2效果图

5. 核心元件：十进制计数器 74HC4017 和 8 位数据锁存器 74HC573

（1）十进制计数器 74HC4017

在任务 12-1 和任务 12-2 中都用到了 74HC4017 来分频，下面就来介绍一下这款芯片。74HC4017 是十进制计数器，其引脚排列如图 12-7 所示。

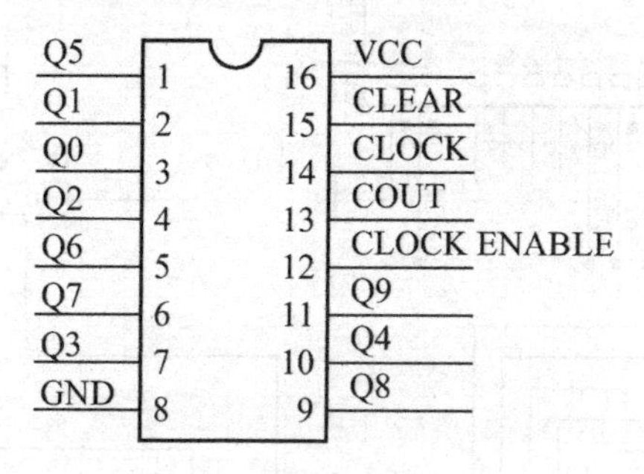

图 12-7　74HC4017 引脚图

各引脚功能如下:

① CLOCK：时钟信号输入脚。

② Q0~Q9：计数脉冲输出引脚。

③ COUT（C-CARRY）：进位引脚。当 74HC4017 对 CLOCK 端的输入脉冲计数满 10 个之后，COUT 端将输出一个脉冲，代表产生进位，供串联计数器使用。

④ CLEAR：清除脚或称复位（Reset）脚。当此脚为高电平时，74HC4017 的 Q0 为“1”，其余 Q1~Q9 为“0”。

⑤ CLOCK ENABLE：时钟信号使能引脚。当此引脚为低电位时，CLOCK 输入脉波在正跳沿会使 74HC4017 计数，并改变 Q1~Q9 的输出状态。

⑥ VCC 和 GND：VCC 为正电源，GND 为地。

表 12-5 给出了 74HC4017 的真值表。图 12-8 给出了 74HC4017 的时序图。

表 12-5　74HC4017 的真值表

CLOCK	CLOCK ENABLE	CLEAR	DECODEO OUTPUT(H)
×	×	H	Q0
L	×	L	Qn
×	H	L	Qn
	L	L	Qn+1
	L	L	Qn
H		L	Qn
H		L	Qn+1

由图 12-8 所示的 74HC4017 时序图可以看到，CLOCK 端来 4 个脉冲，Q3 端输出一个脉冲，故 Q3 端输出信号频率为输入端 CLOCK 的信号频率的 1/4。

（2）8 位数据锁存器 74HC573

在进行任务 12-2 的实验时还用到了 74HC573。74HC573 是一个 8 位数据锁存器，其引脚

排列图如图 12-9 所示，真值表如表 12-6 所示。

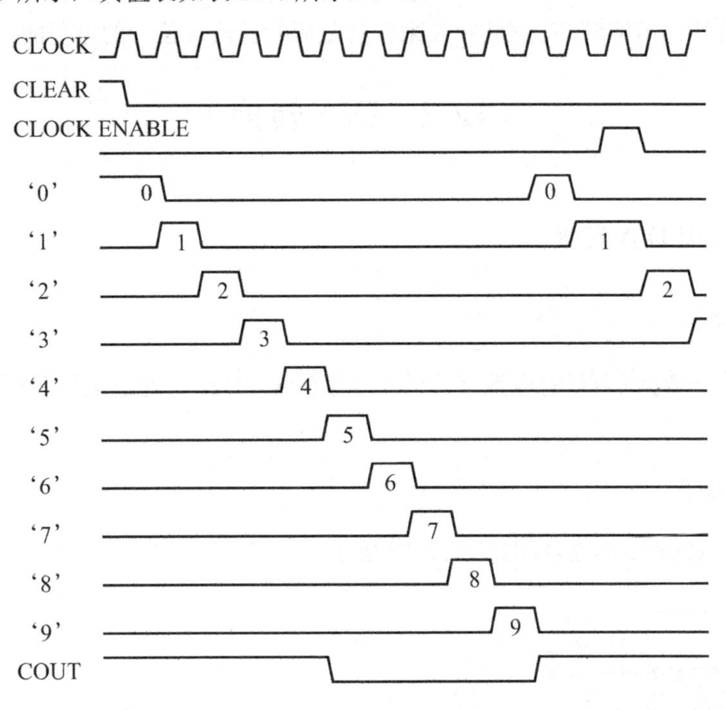

图 12-8　74HC4017 时序图

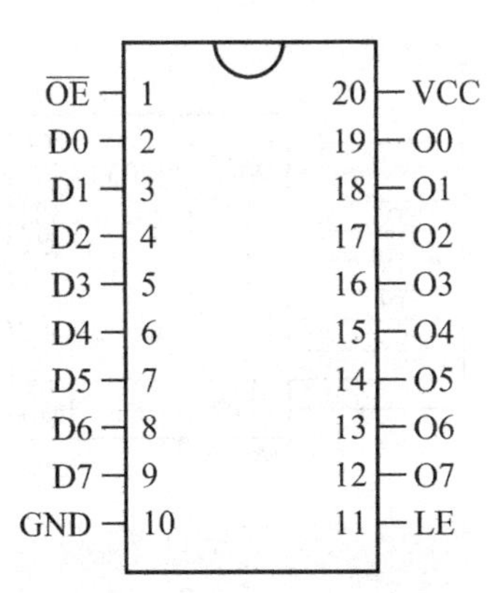

图 12-9　74HC573 引脚图

表 12-6　74HC573 真值表

INPUTS 输入			OUTPUTS 输出
OE	LE	D	Q
H	×	×	Z
L	L	×	NO CHANGE*
L	H	L	L
L	H	H	H

由 74HC573 的真值表可以看到，当 74HC573 的输出使能端 $\overline{OE}$ 有效（$\overline{OE}$ 端低电平有效）且锁存端 LE 有效（LE 端高电平有效）时，从输入端（D 端）输入的数据将被锁存到输出端（Q 端）。

而当 $\overline{OE}$ 有效，LE 无效时，数据被锁存在输出端，输入端的变化不影响输出端的结果。任务 12-2 就是利用 74HC573 的这些特性来保持数码管各段（位）的电平的。

12.2 D/A 转换

任务 12-3 认识 D/A 转换

1. 任务目标

编程实现将一数据（可以看做数字信号）送给 DAC0832，并通过电压表观察输出结果（模拟信号）。

2. 电路连接

单片机与 DAC0832 的连接图如图 12-10 所示。

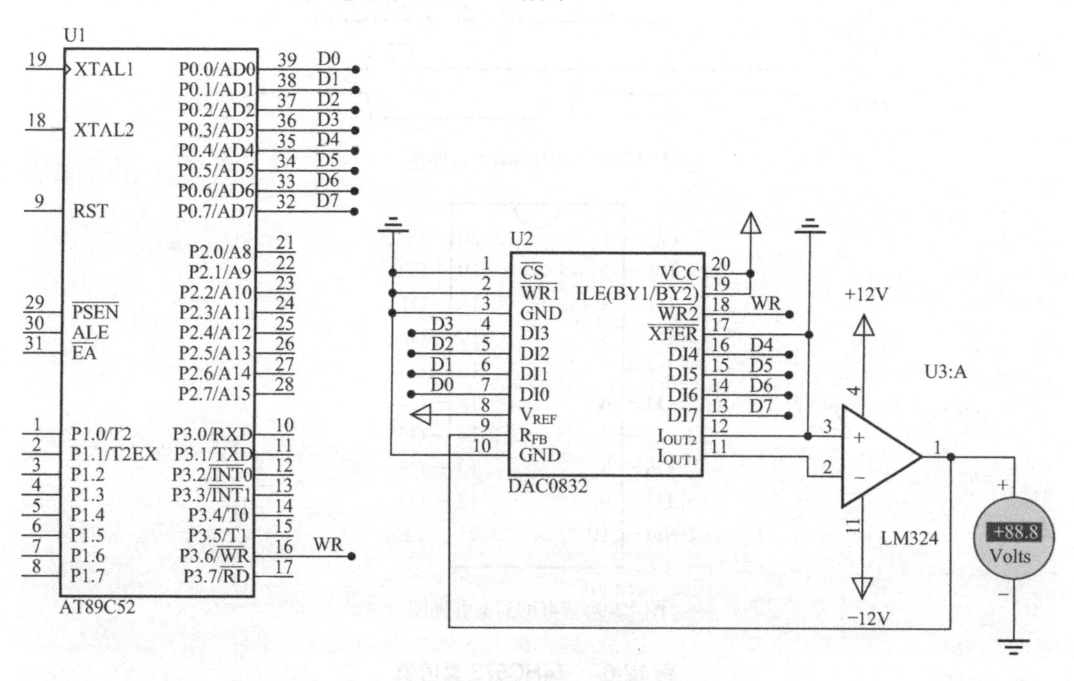

图 12-10　单片机与 DAC0832 的连接图

3. 源程序设计

```
#include <reg52.h>
#include <absacc.h>                    //包含 absacc.h 后可使用定义的宏来访问单片机的绝对地址
#define DAC0832 XBYTE[0x7FFF]         //具体作用可参考任务 12-4 后面的说明
void main()
{
    while(1)
```

```
        {
            DAC0832=128;//1000 0000
        }
    }
```

4. 实验结果

将程序下载到单片机并运行，输出结果如图 12-11 所示。

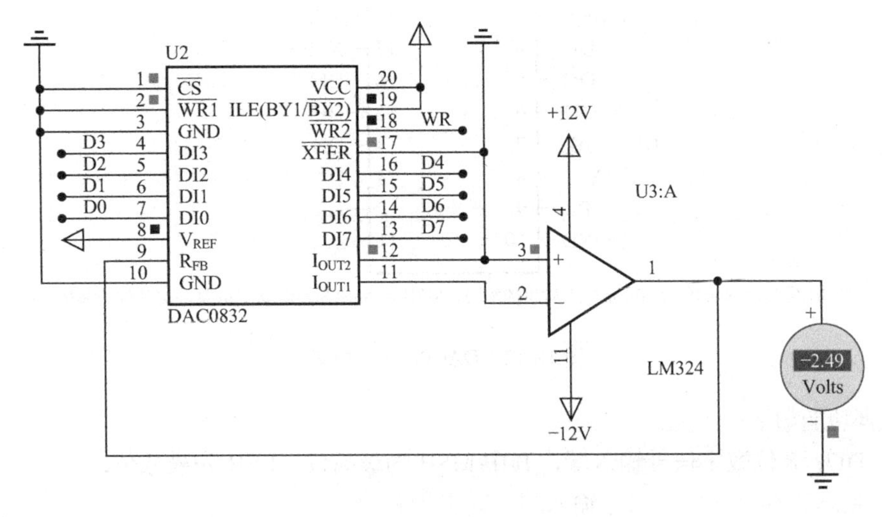

图 12-11　任务 12-3 实验效果图

随机改变输入数据，输入/输出的关系如表 12-7 所示。

表 12-7　DAC0832 的输入/输出关系

采样序号	输入数字量（二进制表示）	输出电压
1	51（0011 0011）	-0.99
2	100（0110 0100）	-1.95
3	128（1000 0000）	-2.49
4	201（1100 1001）	-3.91
5	255（1111 1111）	-4.97

12.2.1　D/A 转换概述

与 A/D 转换芯片的作用相反，D/A 转换芯片的作用是将离散的数字信号转换为连续的模拟信号。D/A 转换器被广泛应用于计算机函数发生器、计算器图形显示及与 A/D 转换器相配合的控制系统中。

D/A 转换芯片很多，DAC0832 是比较典型的一种。它的输入是 8 位的数字信号，输出是电流信号（模拟信号），输出的电流信号与输入的数字量成正比。这款 D/A 芯片以其价格低廉、接口简单、转换控制容易等优点，在单片机应用系统中得到广泛的应用。

12.2.2 DAC0832的引脚结构及内部组成

1. DAC0832引脚结构

DAC0832芯片为20引脚、双列直插式封装，其引脚排列如图12-12所示。

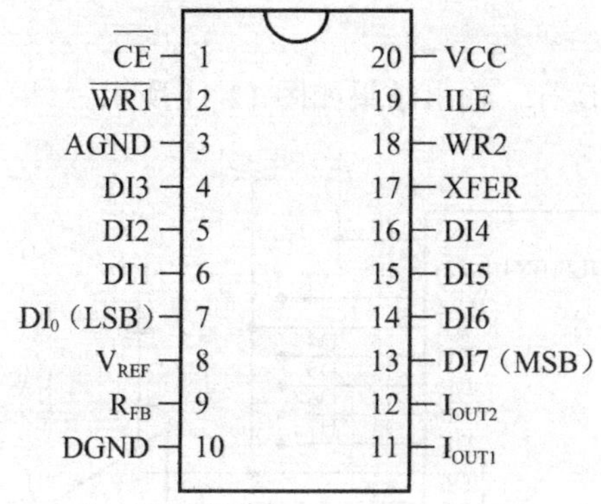

*LSB是Least Significant Bit最低有效位的缩写，MSB是Most Significant Bit最高有效位的缩写。

图12-12 DAC0832引脚图

各引脚功能如下：

DI0～DI7：8位数字信号输入端，其中MSB为最高位，LSB为最低位；

ILE：数据锁存允许控制信号输入端，高电平有效；

$\overline{\text{CS}}$：片选信号输入端，低电平有效，该引脚信号有效时；

$\overline{\text{WR1}}$：输入寄存器写选通输入端，低电平有效；

$\overline{\text{WR2}}$：DAC寄存器写选通输入端，低电平有效；

$\overline{\text{XFER}}$：数据传输控制信号输入端，低电平有效；

I_{OUT1}：电流输出端1，其值随输入数字信号线性变化，当输入全为1时I_{OUT1}最大；

I_{OUT2}：电流输出端2，其值与I_{OUT1}值之和为一个常数，当输入全为0时I_{OUT2}最大；

R_{FB}：反馈信号输入端，反馈电阻集成在芯片内部，改变R_{FB}端外接电阻值可调整转换满量程（输入各位全为1）精度；

VCC：电源输入端，VCC的范围为+5V～+15V；

V_{REF}：基准电压输入端，用于给片内DAC电阻网络提供基准电压，所以这个地方必须外接精密电压源，V_{REF}的范围为-10V～+10V；

AGND：模拟信号地；

DGND：数字信号地。

2. DAC0832内部逻辑图

图12-13给出了DAC0832的内部逻辑图。

由图12-13可见，DAC0832有两级锁存器，第一级锁存器称为输入寄存器（Input Register），它的锁存信号为ILE；第二级锁存器为DAC寄存器，它的锁存信号为传输控制信号$\overline{\text{XFER}}$。因为有两级锁存器，所以DAC0832可以工作在双缓冲器方式，即在输出模拟信号的同时采集下一个数字量，这样能有效地提高转换速度。

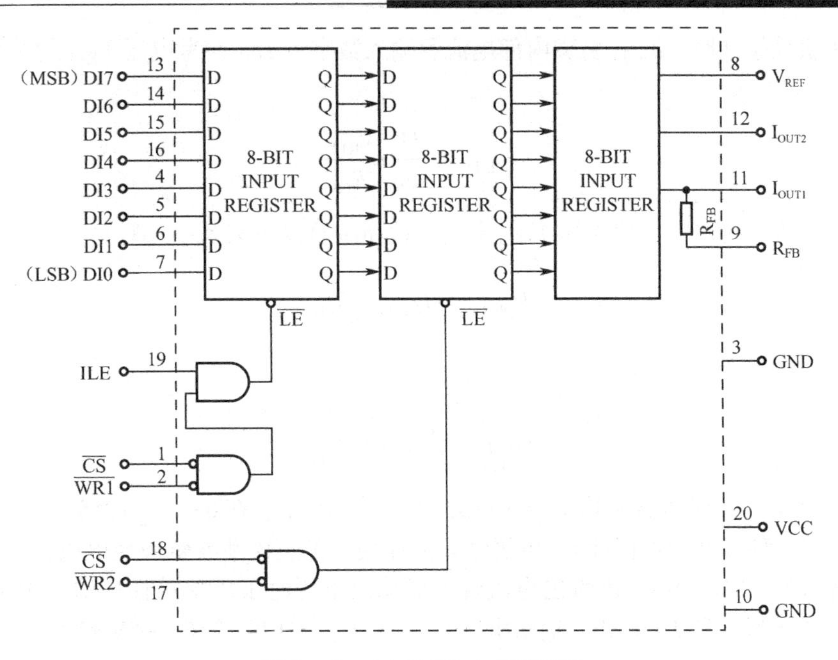

图 12-13　DAC0832 内部逻辑图

当片选信号$\overline{CS}$有效时，如果 ILE 为高电平、$\overline{WR1}$为低电平，则输入寄存器的$\overline{LE}$为高电平，此时输入寄存器的输出跟随输入而变化，DAC0832 的这种工作方式为输入寄存器直通方式；如果 ILE 为高电平、$\overline{WR1}$也为高电平，则输入寄存器的$\overline{LE}$为低电平，信息被锁存在输入寄存器中，这时的输入寄存器的输出端不再跟随输入信号的变化而变化，DAC0832 的这种工作方式称为输入寄存器锁存方式。对第二级锁存器来说，如果$\overline{WR2}$和$\overline{XFER}$同时为低电平时，则 DAC 寄存器的$\overline{LE}$为高电平，DAC 寄存器的输出跟随其输入而变化，DAC0832 工作于 DAC 寄存器直通方式；而如果$\overline{WR2}$为高电平，则 DAC 寄存器的$\overline{LE}$为低电平，此时输入寄存器的信息将被锁存到 DAC 寄存器中，DAC0832 的这种工作方式称为 DAC 寄存器锁存方式。

12.2.3　DAC0832 的输入数字量与输出电流的关系

DAC0832 输出的是电流信号，两个电流输出端 I_{OUT1} 和 I_{OUT2} 的电流之和为常数。通常需要在电流输出端接一个运算放大器，将电流转化为电压。连接方式通常有两种，一种是单极性接法，另一种是双极性接法。典型的单极性接法如图 12-14（a）所示，双极性接法如图 12-14（b）所示。

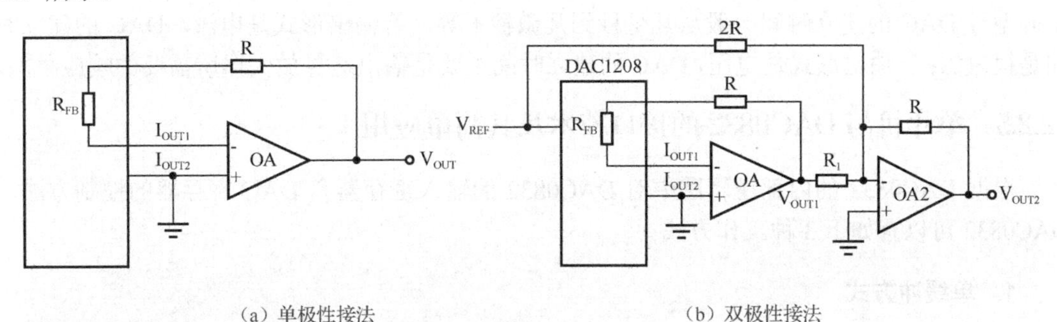

（a）单极性接法　　（b）双极性接法

图 12-14　DAC0832 输出连接图

采用单极性接法时，I_{OUT1}引脚内部电流和输入数字量D、参考电压V_{REF}的关系为（假设R=0）

$$I_{OUT1} = \frac{D}{256} \cdot \frac{V_{REF}}{R_{FB}} \tag{12-1}$$

考虑到单极性电路的输出电压V_{OUT}和I_{OUT1}、R_{FB}有以下关系：

$$V_{OUT} = -I_{OUT1} \times R_{FB} \tag{12-2}$$

所以

$$V_{OUT} = -V_{OUT1} \times \frac{D}{256} \tag{12-3}$$

由式（12-3），当输入数字量D = 0～255时，输出V_{OUT}在$0 \sim V_{REF} \cdot 255/256$之间变化，输出电压只有一种极性（单极性）。单极性只能提供一种正极性或负极性电压。

在任务 12-3 中，DAC 将输出电流转换成输出电压时采用单极性接法。由于参考电压$V_{REF} = 5\text{V}$，输入数字量D=0x80，输出电压$V_{OUT} = -V_{REF} \times 128/256 = -5\text{V} \times 1/2 = -2.50\text{V}$。

对于双极性输出，一般输出电压V_{OUT}与输入的数字量D之间有如下关系：

$$V_{OUT} = 2 \times V_{REF} \times D/256 - V_{REF} = (2D/256-1)V_{REF} \tag{12-4}$$

式（12-4）中，当D = 0时，V_{OUT}= $-V_{REF}$；当D = 128时，V_{OUT}= 0；当D = 255时，V_{OUT}=（2×255/256−1）×V_{REF}=（254/256）V_{REF}。由此可见，输入数字为0～255时，输出电压在$-V_{REF}$～$+V_{REF}$之间变化，即输出电压有两种极性（双极性）。

12.2.4 DAC0832的主要技术参数

（1）分辨率。定义为输出满刻度电压（输入全为1时的输出电压）与2^n的比值，其中n为DAC的位数。对于5V的满量程，DAC0832的分辨率为5V/256=19.5mV，也就是说，输入的数字量每增加1，输出的电压值增加19.5mV；如果采用的是10位的DAC，则分辨率为5V/1024=4.88mV。显然，D/A转换芯片的位数越多分辨率就越高。

（2）转换速率/建立时间。转换速率实际是由建立时间来反映的。建立时间是指数字量为满刻度值（各位全为1）时，DAC的模拟输出电压达到某个规定值（例如，90%满量程或±1/2LSB满量程）时所需要的时间。DAC0832的建立时间为1μs。

建立时间是D/A转换速率快慢的一个重要参数。很显然，建立时间越大，转换速率越低。不同型号DAC的建立时间一般从几毫秒到几微秒不等。若输出形式是电流，DAC的建立时间是很短的；若输出形式是电压，DAC的建立时间主要是输出运算放大器所需要的响应时间。

12.2.5 单片机与DAC0832的接口技术及其简单应用

根据DAC0832的内部逻辑图中对DAC0832的输入寄存器和DAC寄存器的控制方法，DAC0832可以有如下3种工作方式。

1. 单缓冲方式

所谓单缓冲方式，就是使DAC0832中的两个寄存器中的一个处于直通方式，另一个处于受控的锁存方式，或者使两个寄存器同时处于受控的方式。此方式适用于只有一路模拟量输

出或几路模拟量异步输出的情形。

图 12-10 和图 12-15 都为典型的单缓冲连接方式。在图 12-10 中，DAC0832 的 $\overline{CS}$、$\overline{WR1}$ 直接接地，ILE 直接接高电平，使得 DAC0832 的输入寄存器处于直通状态，而 $\overline{WR2}$ 与单片机的写信号相连，使得 DAC 寄存器受单片机写信号控制。在图 12-15 中，$\overline{WR2}$ 和 $\overline{XFER}$ 直接接地，使得 DAC 寄存器处于直通状态，$\overline{WR1}$ 与单片机的写控制信号连接，使得 DAC0832 的输入寄存器受单片机的写信号控制。

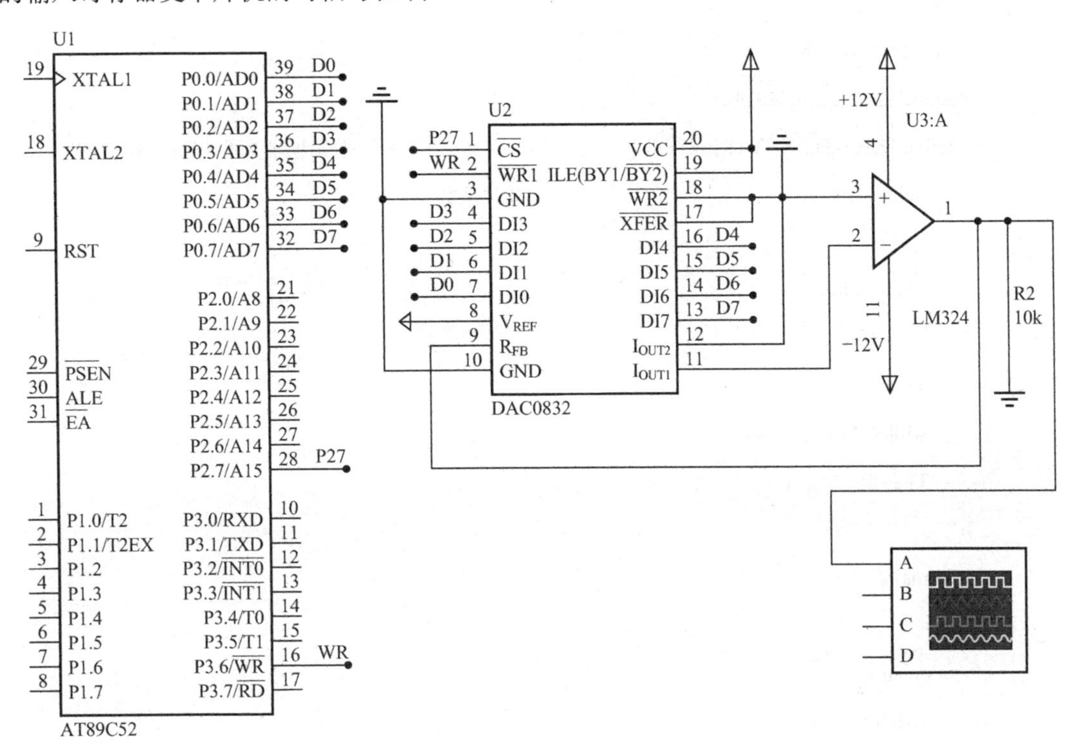

图 12-15　DAC0832 工作于单缓冲方式

2. 双缓冲方式

所谓双缓冲方式，就是把 DAC0832 的两个寄存器都连接成受控锁存方式。此方式适用于多个 D/A 转换同步输出的情节。

3. 直通方式

直通方式是指信号不经两级锁存器锁存而直接进入 D/A 转换器进行转换的方式。该方式下 $\overline{CS}$、$\overline{XFER}$、$\overline{WR1}$、$\overline{WR2}$ 均接地，ILE 接高电平。此方式适用于连续反馈控制线路和不带微机的控制系统。不过在使用时，必须另加 I/O 口与 CPU 连接，以匹配 CPU 与 D/A 转换。

任务 12-4　设计锯齿波信号发生器

1. 任务目标

利用 DAC0832 工作于单缓冲方式产生锯齿波输出。

2. 电路连接

单片机与 DAC0832 的连接图如图 12-15 所示。

3. 源程序设计

```
#include<reg52.h>
#include<absacc.h>
#define uchar unsigned char
#define DAC0832 XBYTE[0x7FFF]            //DAC0832 在系统中的地址为 0x0000～0x7FFF
void delay_1ms(void)                     //延时函数
{
    TH1=0xFC;
    TL1=0x18;
    TR1=1;
    while(!TF1);
    TF1=0;
}
void main()
{
    uchar i;
    TMOD=0x10;
    while(1)
    {
        for(i=255;i>=0;i--)              //产生锯齿波
        {
            DAC0832=i;
            delay_1ms();
        }
    }
}
```

4. 实验结果

输出锯齿波如图 12-16 所示。

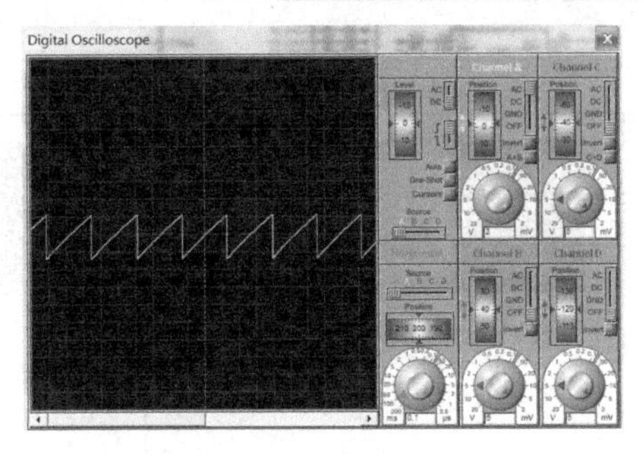

图 12-16　任务 12-4 实验效果图

在任务 12-3 和任务 12-4 中应注意以下 3 个问题：

（1）“#include<absacc.h>”中 absacc.h 是访问绝对地址头文件，之所以在这里用到，原因在于在接下来的宏定义“#define DAC0832 XBYTE[0x7FFF]”中用到了地址指针 XBYTE，而 51 单片机中对地址指针 XBYTE 的定义置于头文件 absacc.h 中(在 absacc.h 中，XBYTE 的定义为：#define XBYTE ((unsigned char volatile xdata *) 0))。

（2）XBYTE 是一个地址指针（可当成一个数组名或数组的首地址），它指向外部 RAM（包括 I/O 口）的 0000H 单元。使用 XBYTE 时，其后的中括号[ ]中的 0x7FFF 指的是相对于首地址 0000H 的偏移量。XBYTE 主要用在 51 单片机的 P0、P2 口做外部扩展时使用，XBYTE 后面中括号中的内容中的高 8 位地址对应于 P2 口，低 8 位地址对应于 P0 口。

用了宏定义“#define DAC0832 XBYTE[0x7FFF]”对 DAC0832 进行定义后，语句“DAC0832=i;”的意思是将变量 i 的值送到单片机外部存储单元中偏移地址为 0x7FFF 的存储单元中。实际上单片机的外部没有什么存储单元，但站在单片机的角度它是不知道的。在执行这条语句时，它只会将数据 i 从 P0 口送到外部地址为 0x7FFF 的存储单元，同时将 $\overline{WR}$ 引脚信号置有效（低电平）。其中，地址由 P2（高位）口和 P0（低位）口送出，迫使 DAC0832 的片选有效（P2.7 低电平有效）。其次，由于 DAC0832 的数据引脚恰好与单片机的 P0 口相连，且 DAC0832 的 $\overline{WR1}$ 与单片机的 $\overline{WR}$ 相连，故此时 DAC0832 的输入寄存器打通，i 的值进入 D/A 转换器中进行转换。

（3）因为 DAC0832 的片选信号是低电平有效的，而单片机通过 P2 口和 P0 口送地址，故从 CPU 的角度看 DAC0832 的地址为 0000H～7FFFH 都可以（只要保证 P2.7 为低电平即可）。在这些可选地址中，7FFFH 为最高地址，习惯上都使用这个最高地址。

任务 12-5　采用 DAC0832 实现两路信号的输出

1. 任务目标

采用 DAC0832 的双缓冲方式，实现 DAC0832_1 所在支路输出锯齿波，DAC0832_2 所在支路输出正弦波。

2. 电路连接

单片机与两 DAC0832 的连接电路如图 12-17 所示。

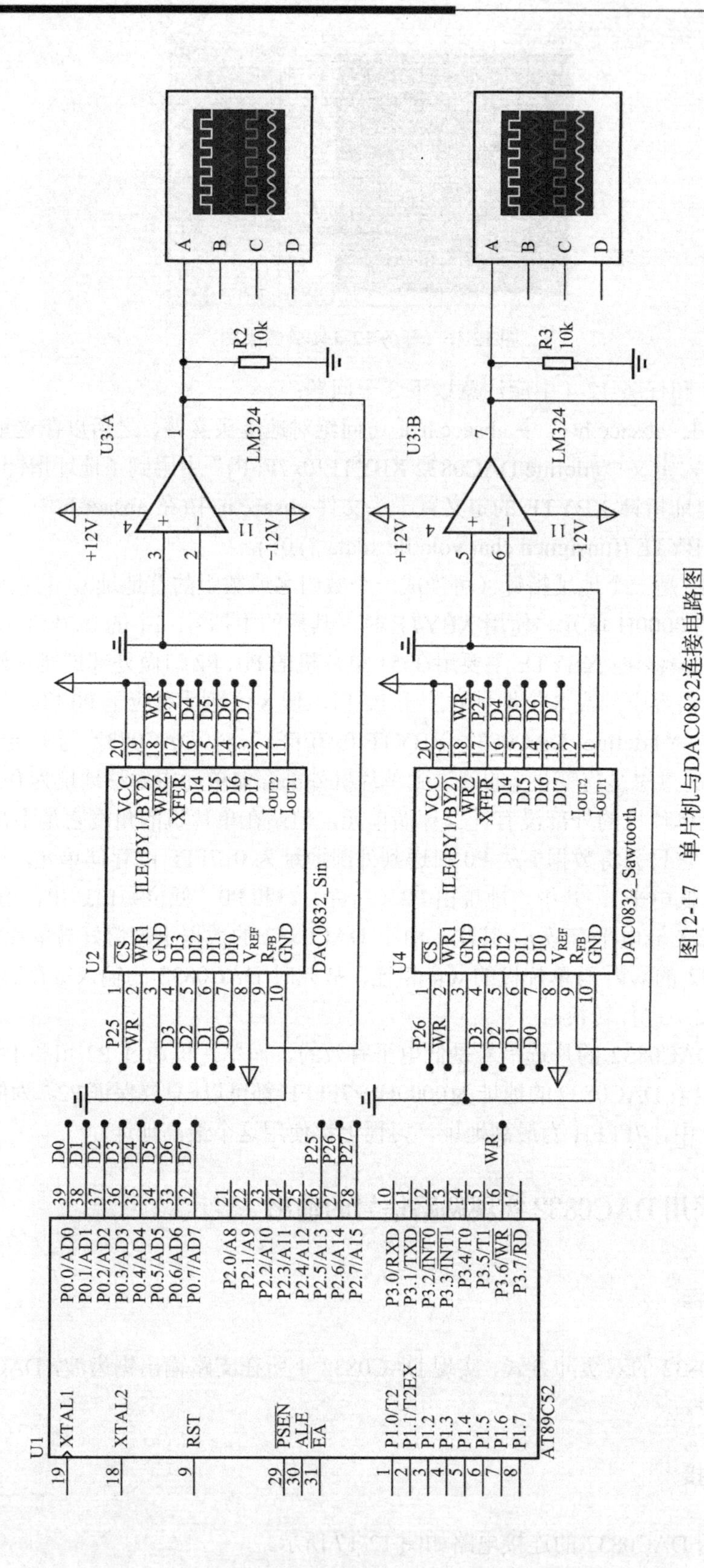

图12-17 单片机与DAC0832连接电路图

3. 源程序设计

```
#include<reg52.h>
#include<absacc.h>
#define uchar unsigned char
#define DAC0832_Sin XBYTE[0xDFFF]             //DAC0832_Sin 在系统中的地址 CS=P25=0
#define DAC0832_Sawtooth XBYTE[0xBFFF]        //DAC0832_Sawtooth 在系统中的地址 CS=P26=0
#define DacRegister XBYTE[0x7FFF]//两颗 DAC0832 的 DAC 寄存器在系统中的地址
uchar code sin[]=
{0x7F,0x82,0x85,0x88,0x8B,0x8F,0x92,0x95,0x98,0x9B,0x9E,0xA1,0xA4,0xA7,0xAA,0xAD,0xB0,0x
B3,0xB6,0xB8,0xBB,0xBE,0xC1,0xC3,0xC6,0xC8,0xCB,0xCD,0xD0,0xD2,0xD5,0xD7,0xD9,0xDB,0xDD,0xE0,0
xE2,0xE4,0xE5,0xE7,0xE9,0xEB,0xEC,0xEE,0xEF,0xF1,0xF2,0xF4  ,0xF5,0xF6,0xF7,0xF8,0xF9,0xFA,0xFB,0xF
B,0xFC,0xFD,0xFD,0xFE,0xFE,0xFE,0xFE,0xFE ,0xFE,0xFE,0xFE,0xFE,0xFE,0xFE,0xFD,0xFD,0xFC,0xFB,0xF
B,0xFA,0xF9,0xF8,0xF7,0xF6 ,0xF5,0xF4,0xF2,0xF1,0xEF,0xEE,0xEC,0xEB,0xE9,0xE7,0xE5,0xE4,0xE2,0xE0,0
xDD,0xDB ,0xD9,0xD7,0xD5,0xD2,0xD0,0xCD,0xCB,0xC8,0xC6,0xC3,0xC1,0xBE,0xBB,0xB8,0xB6,0xB3 ,0xB
0,0xAD,0xAA,0xA7,0xA4,0xA1,0x9E,0x9B,0x98,0x95,0x92,0x8F,0x8B,0x88,0x85,0x82  ,0x7F,0x7C,0x79,0x76,0
x73,0x6F,0x6C,0x69,0x66,0x63,0x60,0x5D,0x5A,0x57,0x54,0x51  ,0x4E,0x4B,0x48,0x46,0x43,0x40,0x3D,0x3B,0
x38,0x36,0x33,0x31,0x2E,0x2C,0x29,0x27  ,0x25,0x23,0x21,0x1E,0x1C,0x1A,0x19,0x17,0x15,0x13,0x12,0x10,0x
0F,0x0D,0x0C,0x0A ,0x09,0x08,0x07,0x06,0x05,0x04,0x03,0x03,0x02,0x01,0x01,0x00,0x00,0x00,0x00,0x00,0x00
,0x00,0x00,0x00,0x00,0x00,0x01,0x01,0x02,0x03,0x03,0x04,0x05,0x06,0x07,0x08  ,0x09,0x0A,0x0C,0x0D,0x0F,0
x10,0x12,0x13,0x15,0x17,0x19,0x1A,0x1C,0x1E,0x21,0x23  ,0x25,0x27,0x29,0x2C,0x2E,0x31,0x33,0x36,0x38,0x
3B,0x3D,0x40,0x43,0x46,0x48,0x4B  ,0x4E,0x51,0x54,0x57,0x5A,0x5D,0x60,0x63,0x66,0x69,0x6C,0x6F,0x73,0x
76,0x79,0x7C};
void delay_1ms(void)                             //延时函数
{
    TH1=0xFC;
    TL1=0x18;
    TR1=1;
    while(!TF1);
    TF1=0;
}
void main()
{
    uchar i;
    TMOD=0x10;
    while(1)
    {
        for(i=0;i<=255;i++)
        {
            DAC0832_Sin=sin[i];      //正弦信号的数据送入 DAC0832_1
            DAC0832_Sawtooth=i;  //锯齿波信号的数据送入 DAC0832_2
            DacRegister=i;           //打开 2 颗 DAC0832 的 DAC 寄存器，使其处于直通状态
            delay_1ms();
        }
    }
}
```

4. 实验结果

两路输出结果如图 12-18 所示。

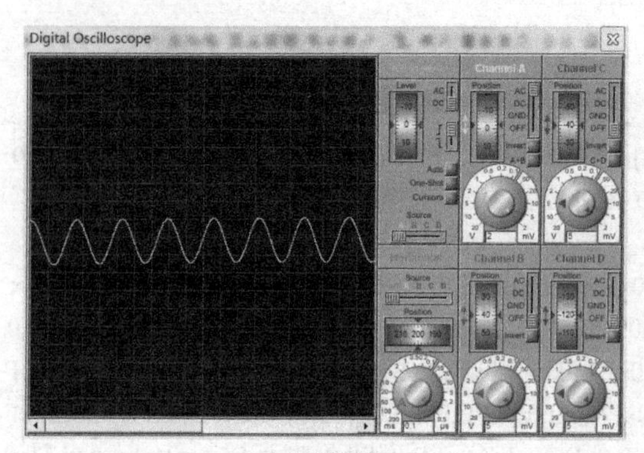

（a）正弦波

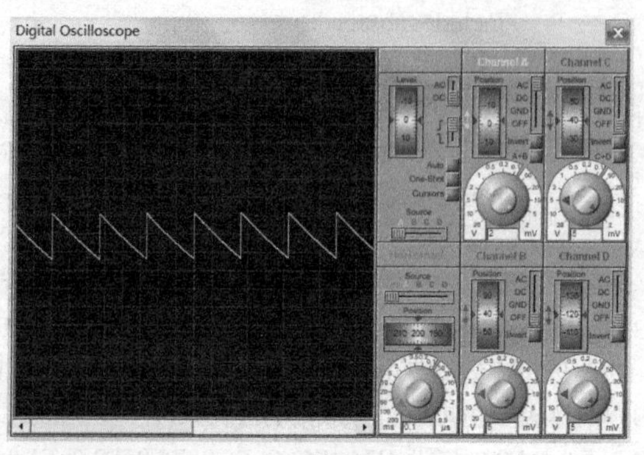

（b）锯齿波

图 12-18　任务 12-5 实验效果图

习　题　12

1. 填空题

（1）ADC0809 具有________路模拟信号输入端，其分辨率为________。

（2）ADC0809 在 START 引脚上的信号为________时开始进行模/数转换，转换结束后引脚 EOC 上的电平信号为________。

（3）DAC0832 是分辨率为________位的数/模转换芯片，其输出为________信号。

（4）DAC0832 的输入寄存器由________、________和________三个引脚信号控制，DAC 寄存器由________和________两个引脚信号控制。

（5）DAC0832 的输入数字量 D、输出电流 I_{OUT1} 和参考电压 V_{REF} 三者之间的关系是________________________。

2. 编程题

（1）采用中断方式，应用 ADC0809 对 8 路模拟信号进行轮流采样，并依此将转换结果送到 LED 显示器进行显示，试搭建电路并编程实现。

（2）DAC0832 与单片机的连接电路图如图 12-10 所示，编程实现以下波形：

①周期为 25ms 的三角波；②周期为 50ms 的方波。

项目 13　温度传感器 DS18B20

项目介绍		
实现任务		熟练应用温度传感器 DS18B20 进行温度测量
知识要点	软件方面	1．熟悉单总线协议及其应用编程； 2．模块化编程思想的初步应用
	硬件方面	了解温度传感器 DS18B20 的存储器结构、操作命令及与单片机的接口技术
使用的工具或软件		Keil C51、Proteus
建议学时		6

任务 13　使用温度传感器 DS18B20 进行温度的测量

1．任务目标

应用 DS18B20 进行温度测量，并将测量结果送 LCD1602 显示。

2．电路连接

单片机系统与 DS18B20 的连接图如图 13-1 所示。

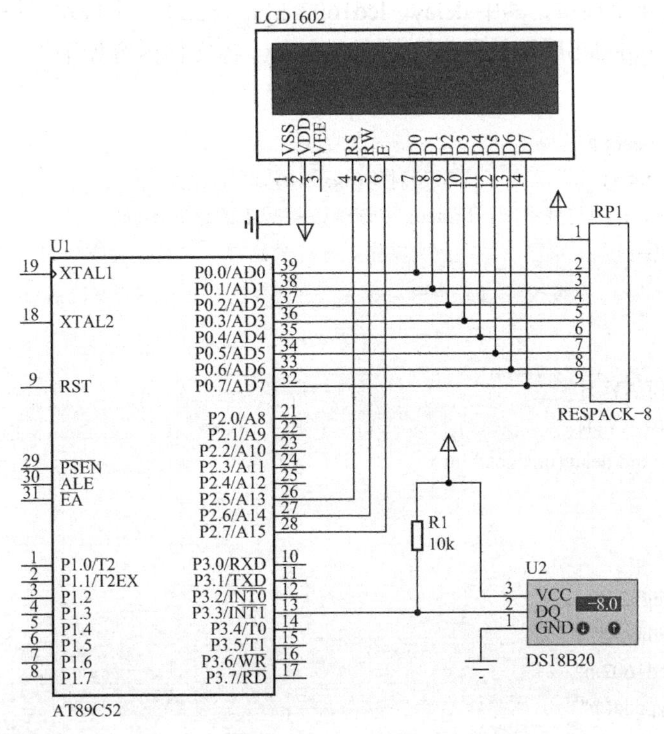

图 13-1　单片机系统与 DS18B20 连接图

3. 源程序设计

本项目中由于涉及LCD1602和DS18B20等多个部件的应用，故采用模块化来组织程序，组织后的工程如图13-2所示。

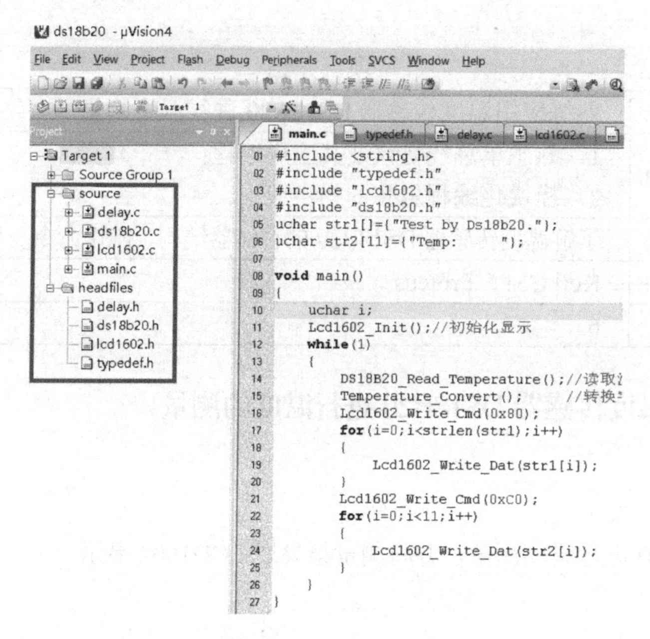

图13-2　工程组织

整个工程分为4个模块，其中delay、lcd1602和ds18b20三个模块，每个模块都有.c和.h两个文件，头文件typedef用于放置类型的别名定义。各文件内容如下：

（1）delay.c

```
#include "typedef.h"
void delay(uint x)                  //延时约(8×x+10)μs
{    //注意，x的类型不同，Proteus中该函数每减1的延时不同
     while(--x);                    //所以先调好这个延时，这是实验成功的关键
}
```

（2）delay.h

```
#ifndef _DELAY_H_
#define _DELAY_H_
     extern void delay(unsigned int x);
#endif
```

（3）lcd1602.c

```
#include <reg52.h>
#include "delay.h"
#include "lcd1602.h"
#include "typedef.h"
sbit RS=P2^5;          //LCD1602信号引脚，RS=1，数据；RS=0，命令或状态
sbit RW=P2^6;          //LCD1602的读写引脚，RW=1，读；RW=0，写
```

```
sbit EN=P2^7;           //下降沿执行指令
sbit P07=P0^7;          //单片机读 LCD1602 的状态位，为 0，闲；为 1，忙
/*--------------------------------------------------------------------
此处将项目 10 的任务 10-1 中的函数 Lcd1602_Read_Status()、Lcd1602_Write_Cmd()、Lcd1602_Write_Dat()、Lcd1602_Init()添加进来。
--------------------------------------------------------------------------*/
```

（4）lcd1602.h

```
#ifndef _LCD1602_H_
#define _LCD1602_H_
    extern void Lcd1602_Write_Cmd(unsigned char cmd);
    extern void Lcd1602_Write_Dat(unsigned char dat);
    extern bit Lcd1602_Read_Status();
    extern void Lcd1602_Init();
#endif
```

（5）ds18b20.c

```
#include <reg52.h>
#include <INTRINS.H>                //包含_nop_()定义
#include "typedef.h"
#include "delay.h"
#include "ds18b20.h"
sbit DQ=P3^3;                       //DS18B20 的数据线与单片机连接线
uint tvalue;                        //tvalue 用于保存测得的温度值，t 代表温度
uchar tflag;                        //温度正负标志，0 正，1 负，tvalue 只用于保存值，不关心符号
extern uchar str1[];
extern uchar str2[11];
//------------------------------------------------
void DS18B20_Reset()
{
    DQ=1;
    _nop_();
    DQ=0;                           //拉低总线，持续时间为 480~960μs
    delay(90);                      //此处持续时间约为 700μs
    DQ=1;                           //释放总线
    while(DQ);                      //检测总线电平，等待应答（电平拉低）
    while(!DQ);                     //应答电平大约持续 60～240μs，然后释放总线
}
//------------------------------------------------
void DS18B20_Write_Byte(uchar dat)
{
    uchar i;
    for(i=0;i<8;i++)
    {
        DQ=0;                       //直接拉到低电平，产生写时间隙
        delay(1);
        DQ=(bit)(dat&0x01) ;        //将数据的最低位送上总线
```

```
            delay(6);                    //延时>45μs，等待 DS18B20 将数据读走
            DQ=1;                        //释放总线
            delay(1);
            dat =dat>>1;                 //右移 1bit，然后准备与 0x01 按位与运算确定是 0 或是 1
        }
    }
    //--------------------------------------------------
    uchar DS18B20_Read_Byte()
    {
        uchar i,temp=0;
        for(i=0;i<8;i++)
        {
            temp=temp>>1;
            DQ=0;                        //主机将总线拉至低电平，只需保持 1.7μs
            _nop_();
            _nop_();                     //保持一个时钟周期，即 1μs
            DQ=1;
            delay(2);                    //延时 7μs+15μs
            if(DQ)                       //读数，如果是 1，则置位 temp 的最高位为 1，为 0 则保持
                temp=temp|0x80;
            delay(6);                    //这里延时 45μs+前面 7μs+1μs=53μs，接近 60μs
            DQ=1;                        //释放总线
            delay(1);
        }
        return temp;
    }
    /*----------------------------------------------------------------
    读温度流程：
```

（1）启动温度测量，具体步骤为：复位 DS18B20→发送 ROM 命令匹配总线上的 DS18B20（如果总线上只有 1 颗 DS18B20，则为 0xcc，跳过读序列号）→发送启动温度转换命令（0x44）→等待转换完成（完成总线会跳回高电平）；

（2）读取温度值到单片机，具体步骤为：复位→发送 ROM 编码命令 0xcc→发送读 RAM 命令 0xbe→读低字节→读高字节→如果不继续读则复位，结束读操作；

（3）对读到的温度进行合并处理并转换成字符送 LCD1602 显示，具体步骤为：合并高低字节温度值→判断正负→将温度转换为十进制数值→将各位数值转换为对应的字符→送 LCD1602 显示。

```
    ----------------------------------------------------------------*/
    int DS18B20_Read_Temperature()
    {
        uchar temp_low,temp_high;
        DS18B20_Reset();                     //复位 DS18B20
        DS18B20_Write_Byte(0xcc);            //由于总线上只有 1 个 DS18B20，直接跳过
        DS18B20_Write_Byte(0x44);            //给 DS18B20 发送启动温度转换命令
        while(!DQ);                          //DS18B20 开始测温并转换
        DS18B20_Reset();                     //复位，一次测量结束
        DS18B20_Write_Byte(0xcc);            //跳过，不需要匹配 DS18B20
        DS18B20_Write_Byte(0xbe);            //发送读 DS18B20 的 RAM 命令
        temp_low=DS18B20_Read_Byte();        //读 RAM 第 0 字节数据
```

```
    temp_high=DS18B20_Read_Byte();          //读 RAM 第 1 字节数据
    DS18B20_Reset();                        //不再读的话就复位，终止读 RAM 操作
    tvalue=temp_high;
    tvalue=(tvalue<<8)|temp_low;            //将字节 0 和字节 1 中的温度数据进行合并
    if(tvalue<=0x07ff)              //判断温度正负，tvalue 为 uint 型，小于或等于 0x07ff 则为正
      tflag=0;
    else
    {
      tvalue=~tvalue+1;             //温度为负值，测量结果为补码，取反加 1 得原码
      tflag=1;                      //温度为负值
    }
    tvalue=tvalue*0.625;            //温度值扩大 10 倍，精确到 1 位小数
    return(tvalue);
}
//--------------------------------------------------------------------
void Temperature_Convert()
{    //将数值转为对应的字符，LCD1602 显示的是字符
     str2[6]=(uchar)(tvalue/1000+'0');              //百位数
     str2[7]=(uchar)(tvalue%1000/100+'0');          //十位数
     str2[8]=(uchar)(tvalue%100/10+'0');            //个位数
     str2[9]= '. ';                                 //小数点
     str2[10]=(uchar)(tvalue%10+'0');               //小数位
     if(tflag==0)                                   //置温度的正负
       str2[5]= '\0';                               //温度为正则不显示符号
     else
       str2[5]= '-';                                //温度为负，显示负号：-
     if(str2[6]== '0')
     {
         str2[6]= '\0';                             //如果百位为 0，不显示
         if(str2[7]== '0')
         {
            str2[7]= '\0';                          //如果十位为 0，不显示
         }
     }
}
```

（6）ds18b20.h

```
#ifndef _DS18B20_H_
#define _DS18B20_H_
    extern void DS18B20_Reset();
    extern void DS18B20_Write_Byte(unsigned char dat);
    extern unsigned char DS18B20_Read_Byte();
    extern int DS18B20_Read_Temperature();
    extern void Temperature_Convert();
#endif
```

（7）typedef.h

```
#ifndef _TYPEDEF_H_
#define _TYPEDEF_H_
    #define uchar unsigned char
    #define uint unsigned int
#endif
```

（8）main.c

```
#include <string.h>
#include "typedef.h"
#include "lcd1602.h"
#include "ds18b20.h"
uchar str1[]={"Test by Ds18b20."};
uchar str2[11]={"Temp:      "};

void main()
{
    uchar i;
    Lcd1602_Init();                          //初始化显示
    while(1)
    {
        DS18B20_Read_Temperature();          //读取温度
        Temperature_Convert();               //转换字符
        Lcd1602_Write_Cmd(0x80);
        for(i=0;i<strlen(str1);i++)
        {
            Lcd1602_Write_Dat(str1[i]);
        }
        Lcd1602_Write_Cmd(0xC0);
        for(i=0;i<11;i++)
        {
            Lcd1602_Write_Dat(str2[i]);
        }
    }
}
```

4．实验结果

实验结果如图 13-3 所示。

需要说明的是，仿真软件的 DS18B20 并不能真正测量温度，其模拟的温度的变化需要人

工调整（单击图 13-3 所示 U2 的上下箭头可分别实现温度的增减）。

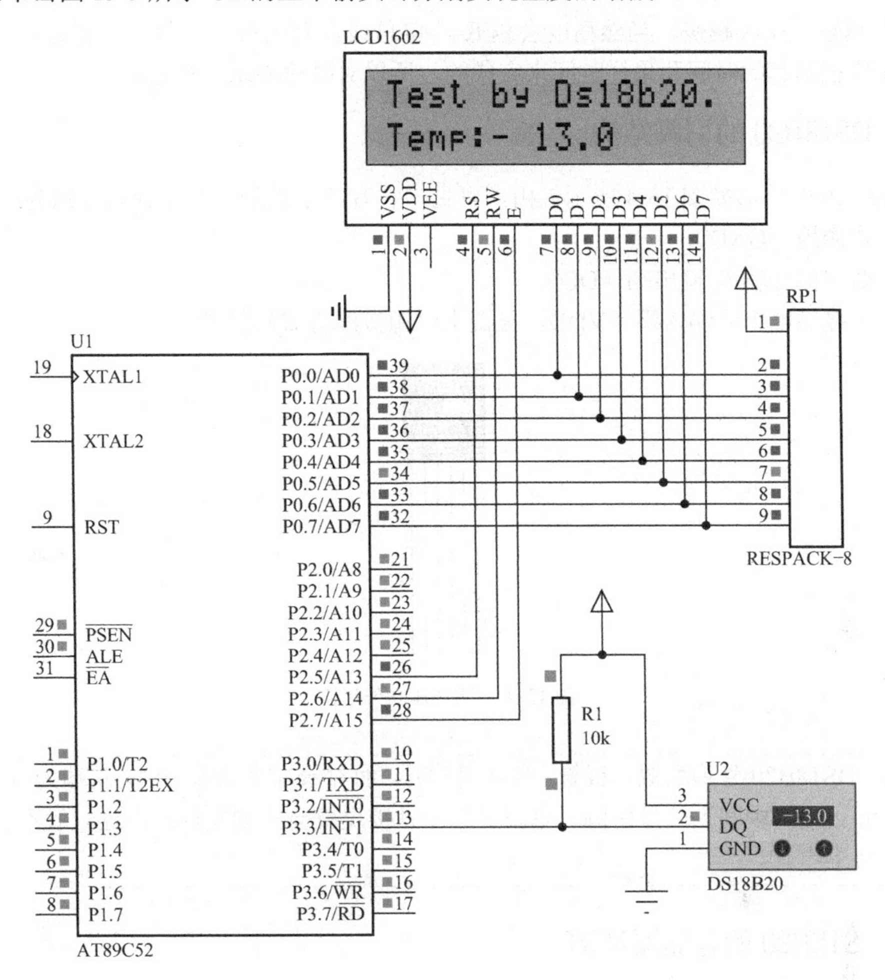

图 13-3　任务 13-1 实验效果图

任务小结

在完成任务 13-1 时，我们接触到了两个新的知识点：

（1）模块化编程。具体实现可参看项目 3 的相关知识点。

（2）总线协议。每一个总线协议都要求有比较严格的时序，在对这些依据某一个具体的总线协议来工作的器件进行操作时，必须严格按照这些协议的时序来进行。

13.1　DS18B20 基础知识

DS18B20 是 DALLAS 公司生产的单总线数字温度传感器，所有的数据交换和控制都通过这根数据线来完成。DS18B20 测量温度范围为-55~125℃，用于存储温度的数据位可配置为 9、10、11、12 位，对应的分辨率分别为 0.5℃、0.25℃、0.125℃、0.0625℃，对应的最长转换时间分别为 93.75ms、187.5ms、375ms、750ms。出厂默认配置的保存温度的数据位为 12 位，分辨率为 0.0625℃，最长转换时间为 750ms。从以上数据可以看出，DS18B20 数据位越少、转换时间越短、反应越快，当然精度会越低。单总线没有时钟线，只有一根通信线，其读/写数据是靠控制起始时间和采样时间来完成的，所以对时序要求很严格。

13.1.1 DS18B20 的引脚结构

DS18B20 的外形如图 13-4 所示。由图可见，它有三个引脚，从左到右分别为：

（1）电源地（GND）；

（2）数字信号输入/输出端（DQ）；

（3）外接供电电源输入端（VDD，在寄生电源接线方式时接地）。

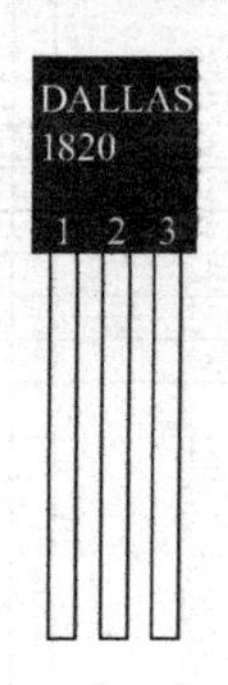

图 13-4　DS18B20 外形图

> **注意**：DS18B20 外形酷似三极管，分辨引脚时，面对着扁平的那一面，左端为电源负极，右端为电源正极，中间为信号引脚。电源引脚一旦接反就会立刻发热，不过一般不会烧坏，但不能正常工作。

13.1.2 DS18B20 的存储器结构

DS18B20 的内部有 20 个字节的存储单元，分为 ROM 和 RAM 两类，其中 ROM 有 11 个字节，具体又分为 8 个字节的 ROM 单元和 3 个字节的 EEPROM。RAM 有 9 个字节，ROM 用于存储芯片的序列号、设置好的报警温度和配置、传感器测到的温度值等。ROM 和 EEPROM 中的内容在掉电后不丢失，RAM 中的内容掉电后会丢失，下面分别进行介绍。

1. 8 字节的只读存储器 ROM

ROM 有 8 字节，64 位，第 0 字节存的是单线系列编码：28h。接下来的第 1~6 字节存储的是每只 DS18B20 的唯一的序列号。最后一个字节存储的是前面 7 字节的循环冗余校验码。ROM 中的这 64 位编码跟人的身份证号一样，是唯一的，是出厂时就被刻录好的，它的作用是使每个 DS18B20 各不相同，这样就可以在一根总线上挂接多个 DS18B20 以实现多点监测。

2. 9 字节的暂存器单元（RAM 单元）

DS18B20 的暂存器单元有 9 个字节，各字节的用途如图 13-5 所示，各部分介绍如下。

（1）字节 Byte0 和字节 Byte1 用于存储测量到的温度，Byte0 字节存放温度的低 8 位（LSB），Byte1 字节存放温度的高 8 位，温度值以二进制数补码形式存储。假设配置记录温度的位数为 12 位，则此时数值位数为 11 位，剩下来的 5 位为符号位，5 位符号位是 Byte1 的高 5 位。当

符号位全为 1 时，读取的温度为负数；当符号位全为 0 时，读取的温度为正数。Byte0 的低 4 位用于表示测量值中小数点后的数值。表 13-1 给出了配置温度位数为 12 位时的数据格式。如果配置温度位数为 11 位，符号位扩展 1 位，数值位相应减少 1 位，即符号位变为 6 位，数值位变为 10 位，此时的数据格式如表 13-2 所示。配置表示温度位数为 9 位和 10 位时的情况类似：符号位相应增加 1 位，而小数点的记录位数相应减少 1 位，其他计算与 12 位时相同。

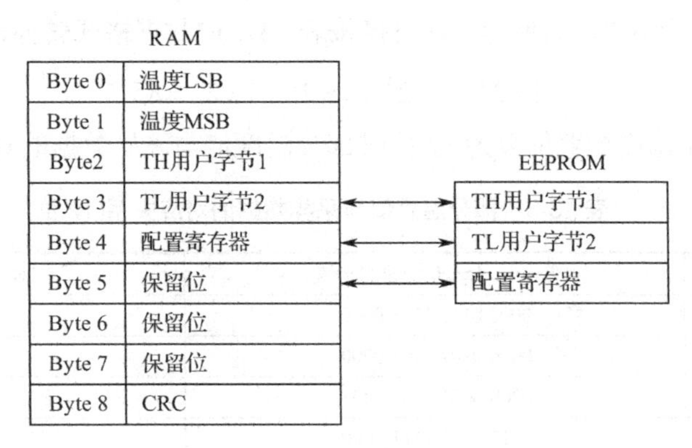

*LSB是Least Significant Bit最低有效位的缩写，MSB是Most Significant Bit最高有效位的缩写。

图 13-5　DS18B20 的暂存器单元

表 13-1　温度表示位数为 12 位时的数据格式

位序	bit7	bit6	bit5	bit4	bit3	bit2	bit1	bit0
Byte0	2^3	2^2	2^1	2^0	2^{-1}	2^{-2}	2^{-3}	2^{-4}
位序	bit15	bit14	bit13	bit12	bit11	bit10	bit9	bit8
Byte1	S	S	S	S	S	2^6	2^5	2^4

表 13-2　温度表示位数为 11 位时的数据格式

位序	bit7	bit6	bit5	bit4	bit3	bit2	bit1	bit0
Byte0	2^4	2^3	2^2	2^1	2^0	2^{-1}	2^{-2}	2^{-3}
位序	bit15	bit14	bit13	bit12	bit11	bit10	bit9	bit8
Byte1	S	S	S	S	S	S	2^6	2^5

说明：在任务 13-1 中，一开始定义保存温度值的变量 tvalue 为无符号整数类型，所以如果测量结果为正，则合并温度的高低字节后的 tvalue 的值如果为正必小于或等于 0b0000 0111 1111 1111，如果为负必定大于 0b0000 0111 1111 1111，所以程序中可采用下面的语句来判断测量结果的正负。

```
tvalue=(tvalue<<8)|temp_low;          //字节 0 和 1 中的温度数据进行合并
if(tvalue<=0x07ff)                    //判断温度正负，tvalue 为 uint 型，小于或等于 0x07ff 则为正
    tflag=0;
else
{
    tvalue=~tvalue+1;                 //温度为负值，测量结果为补码，取反加 1 得原码
    tflag=1;                          ///温度为负值
}
```

由于 Byte0 和 Byet1 中存放的温度值以补码形式存储，所以需要将读到的温度进行转换以符合阅读规范。转换方法：温度为负时将 Byte1 和 Byte0 中的数值合并，然后取反再加 1，再转换成十进制数；温度为正时，由于正数补码与原码相同，故直接转换为十进制数。以表 13-1 中的配置温度表示位数为 12 位时为例，如果启动温度转换后 DS18B20 的 RAM 中的 Byte0 中的内容为 50H，Byte1 中的内容为 05H，合并后的二进制数值为 0000 0101 0101 0000，此时高 5 位全为 0，结果为正，直接按表 13-1 的数据格式转换，结果为

$$1\times 2^6+1\times 2^4+1\times 2^2+1\times 2^0=85^{\circ}C$$

表 13-3 给出了温度配置位数为 12 位时部分温度值与采样数据的对应关系。

表 13-3　部分温度值与采样数据的对应关系(12 位)

采样序号	Byte1、Byte0 中的编码值	对应的温度（℃）
1	0000 0111 1101 0000	+125℃
2	0000 0101 0101 0000	85℃
3	0000 0001 1001 0001	25.0625℃
4	1111 1111 1111 1000	-0.5℃
5	1111 1111 0101 1110	-10.125℃

注意：如果在程序中将 Byte0 和 Byte1 字节中的二进制数转换为十进制的温度值，则应先将其中的数据转换为原码，原码再乘以分辨率，结果即为十进制的温度值。例如，配置的温度位数为 11 位，如果启动温度转换后 Byte1 和 Byte0 中的内容分别为 0xfe 和 0x67，依据前面所述计算这时的温度值应为−51.125℃。在程序中应该这样实现：

① 先求负数的原码：对全部数值取反，有 $\sim(1111\ 1110\ 0110\ 0111)_2=(0000\ 0001\ 1001\ 1000)_2$；将取反后的值加 1，得 $(0000\ 0001\ 1001\ 1001)_2$，再转换为十进制数，为 $(409)_{10}$。

② 将 409 乘以 11 位时的分辨率 0.125℃，即 409×0.125=51.125℃，结果为 51.125℃，再加上符号即为十进制的温度值。

（2）Byte2 和 Byte3 分别为温度报警触发器存储单元的高、低字节。其中 TH 存放温度报警上限，TL 存放温度报警下限。DS18B20 完成温度转换后，把转换而成的温度与 TH 和 TL 进行比较，若高于 TH 或低于 TL，则将该器件的告警标志置位，并对 CPU 发出告警搜索命令。

（3）Byte4 为配置寄存器，用于配置温度表示位数。其各位定义如表 13-4 所示。低 5 位一直都是“1”，TM 为测试模式位，用于设置 DS18B20 是在工作模式还是在测试模式，在 DS18B20 出厂时该位被设置为 0，用户不要去改动。R1 和 R0 用于设置 DS18B20 的分辨率，设置情况如表 13-5 所示。

表 13-4　DS18B20 的第 4 字节的配置寄存器的各位定义

TM	R1	R0	1	1	1	1	1

表 13-5　R1 和 R0 的组合及其对应的分辨率

R1	R0	分辨率/位	分辨率/℃
0	0	9	0.5
0	1	10	0.25
1	0	11	0.125
1	1	12	0.0625

（4）Byte5、Byte6、Byte7 字节为预留的寄存器单元。

（5）Byte8 为 CRC 校验字节存储单元，用于校验前面 8 个字节的 CRC 码，用来保证通信正确。

3. EEPROM 单元

EEPROM 只有 3 个字节，和 RAM 的第 2、3、4 字节的内容相对应，它的作用就是存储第 2、3、4 字节的内容，以防止这些数据在掉电后丢失。

13.2　DS18B20 与单片机系统的接口技术

13.2.1　单个 DS18B20 与单片机系统的连接

单个 DS18B20 与 MCS-51 单片机连接的典型电路如图 13-6 所示，DS18B20 的数据引脚可与单片机的任意 I/O 口相连，不过需外加一个上拉电阻。

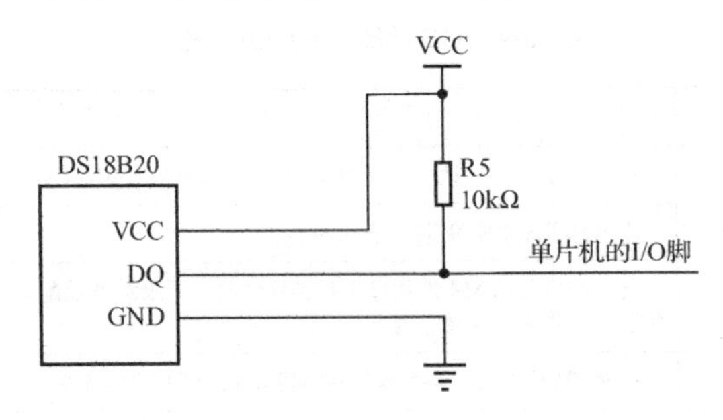

图 13-6　单个 DS18B20 与 MCS-51 单片机的连接电路图

13.2.2　单片机读 DS18B20 所测得的温度

使用单片机读 DS18B20 所测得的温度的流程：单片机先向 DS18B20 发出启动测量命令，DS18B20 收到此命令后启动温度测量，并将测量结果保存在 RAM 的第 0、1 字节；随后单片机向 DS18B20 发出读命令，DS18B20 收到此命令后将 RAM 的数据从 Byte0 字节开始逐字节送出，此时单片机接收到的前两个字节内容即为测量所得温度值。

在此，启动温度测量可以细分为以下步骤。

（1）复位 DS18B20。

（2）单片机向 DS18B20 发送 ROM 指令 0x55，匹配每个 DS18B20 独有的 64 位序列号。不过如果总线上只有一个 DS18B20，则不需匹配序列号，写代码时直接写 ROM 命令 0xcc 跳过。

（3）单片机向 DS18B20 发送 RAM 指令 0x44，启动 DS18B20 进行温度测量。

（4）等待温度测量完成。

读温度步骤可以细分为以下步骤。

（1）复位 DS18B20。

（2）单片机向 DS18B20 发送 ROM 指令 0x55，匹配每个 DS18B20 独有的 64 位序列号。不过如果总线上只有一个 DS18B20，则不需匹配序列号，写代码时直接写 ROM 命令 0xcc 跳过。

（3）单片机向 DS18B20 发送读 RAM 指令 0xBE，收到此命令后 DS18B20 将 RAM 中的数据从字节 0～8，一个一个送出，如果在此过程中要停止读操作，必须对 DS18B20 进行复位。

由以上流程可以看到单片机对 DS18B20 进行操作时需要向 DS18B20 发出一系列的 ROM 和 RAM 指令，这些指令分别如表 13-6 和表 13-7 所示。

表 13-6 DS18B20 的 ROM 指令

指令	指令码	功　能
读 ROM	33H	读 DS18B20 温度传感器 ROM 中的编码
符合 ROM	55H	发出此命令后接着发出 64 位 ROM 编码，则总线上与该编码相对应的器件做出响应，为下一步对该器件读/写做准备
搜索 ROM	0F0H	用于确定挂在同一总线上的器件的个数及其 64 位 ROM 地址，为操作各器件做准备
跳过 ROM	0CCH	忽略 64 位 ROM 地址直接向器件发送温度转换命令，适用于单片机
警告搜索命令	0ECH	执行后只有温度超过设定值上限或下限的器件才做出响应

表 13-7 DS18B20 的 RAM 指令

指令	指令码	功　能
温度转换	44H	器件启动温度转换，并将转换结果存入 RAM 中的 Byte0 和 Byte1 字节中
读暂存器	0BEH	读内部 RAM 中 9 字节单元内容
写暂存器	4EH	发出向内部 RAM 的第 2～4 字节写上、下限温度及配置温度分辨率数据命令，紧跟该命令之后，传送 3 字节的数据
复制暂存器	48H	将 RAM 中第 2～4 字节中的内容复制到 EEPROM 中
重调 EEPROM	0B8H	将 EEPROM 中的内容恢复到 RAM 中的第 2～4 字节
读供电方式	0B4H	读器件的供电模式，结果为“0”为寄生供电；为“1”为外接电源供电

13.2.3 单片机读写 DS18B20 的时序

DS18B20 只有一根数据线，单片机对 DS18B20 的操作都通过这根线来完成，这种系统为典型的单总线系统，其数据的交换都遵循单总线通信协议。

在单总线系统中，无论主机从机，所有的数据和指令的传递都从最低有效位开始。而且单总线需要一个约 5 Ω的外部上拉电阻，所以单总线空闲时为高电平。如果总线停留在低电平超过 480μs，总线上的所有器件都将被复位。

单总线系统的主机和从机之间的通信通过以下三个步骤完成：初始化从器件、识别从器件、交换数据。由于二者为主从结构，只有主机呼叫从机时，从机才能应答，因此主机访问单总线器件都必须严格遵循单总线命令序列。这个序列为：复位从器件、向从器件发送 ROM 命令以匹配器件、向从器件发送功能命令（RAM 命令）使其工作。如果出现序列混乱，从器件将不会响应主机的操作（搜索 ROM 命令，报警搜索命令除外）。

所有的单总线系统的内部通信都要求遵循严格的通信协议。单总线系统的通信协议中定义了 6 种信号类型：复位信号、应答信号、写 0、写 1、读 0 和读 1。所有的读/写信号时序至少需要 60μs，且每两个独立的时序之间至少需要 1μs 的恢复时间。读/写信号时序均起始于主机拉低总线。在单总线所有的信号中，除了应答信号外其他的信号都由

主机先发出同步信号再执行。下面分别结合本项目内容介绍这些信号（主机用单片机代替，从机用 DS18B20 代替）。

1. 复位信号

单片机将总线电平拉低且持续 480～960μs，然后释放总线（由于上拉电阻作用，释放线总后为高电平），复位信号产生。

2. 应答信号

如果 DS18B20 正常，则它在收到单片机的复位“暗示”后等待 15～60μs，然后拉低总线电平向单片机发出存在脉冲，这个电平信号持续 60～240μs，然后释放总线，这个低电平信号即为应答信号。在这段时间里，单片机一直监测总线，如果发现总线电平先低后高，说明 DS18B20 复位成功，可以对其进行读/写操作。

复位信号和应答信号一起构成了对 DS18B20 的初始化。图 13-7 给出了 DS18B20 的初始化时序。

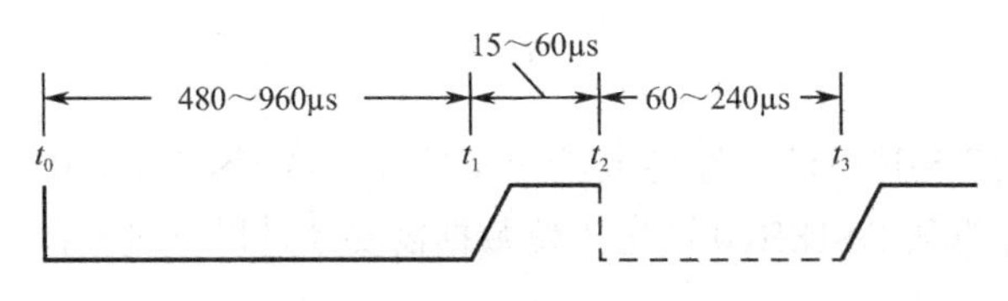

图 13-7　DS18B20 的初始化时序

由图 13-7 可得对 DS18B20 初始化的伪代码如下：

```
void DS18B20_Init()
{
    单片机拉低总线电平，持续时间约为 600μs。
    单片机释放总线
    单片机等待时间约为 30μs
    单片机监测 DS18B20 的存在电平是否变低
    单片机等待 DS18B20 释放总线。
```

3. 写信号

写信号包括写“0”和写“1”。图 13-8 给出了单片机向 DS18B20 中写入 1 位数据的时序。由图 13-8 可见，单片机对 DS18B20 写入 1 位数据需要经过以下过程：

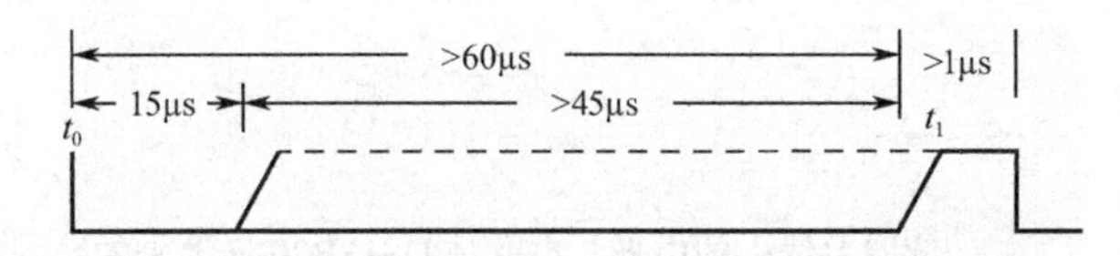

图 13-8　单片机写每 1 位数据到 DS18B20 的时序

（1）单片机拉低电平大约为 10～15μs。

（2）单片机将数据送上总线（如果所送数据为“0”，则拉低总线电平，即将数据送上总线，发送数据“1”同理），DS18B20 在 15～60μs 的一个时间窗口采样总线，如果为高电平，则向 DS18B20 写入“1”，否则为“0”。

（3）释放总线，准备进行下一位数据的发送。

注意，两个写信号的间隔必须大于 1μs。

与写时序对应的写入 1 位二进制数据的伪代码如下：

```
DQ=0;
延时约 15μs
DQ=需要写入 DS18B20 的数据(“0”或“1”)
至少延时 45μs
DQ=1;                   //释放总线
_nop_();
_nop_();                //延时 1 个机器周期以上
```

4. 读信号

读信号包括读“0”和读“1”。图 13-9 给出了单片机从 DS18B20 中读出 1 位数据的时序。由图 13-9 可见，单片机从 DS18B20 读出 1 位数据需要经过以下过程：

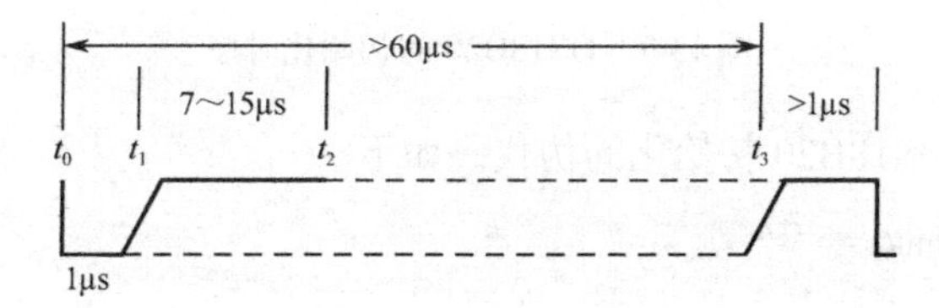

图 13-9　单片机从 DS18B20 读取 1 位数据的时序

（1）单片机拉低电平大约为 1μs，然后释放总线产生读时间隙。在读时间隙发生后 DS18B20 将数据送上总线。

（2）延时大于 7μs 且小于 15μs，然后读取总线电平（这个总线电平即为 DS18B20 送上来的数据）。

（3）读取电平后延时约 45μs 以满足读时间隙，释放总线，进入下一位数据的读出。

注意：两个读时间隙的间隔必须大于 1μs。

与 DS18B20 读时序对应的读出 1 位二进制数据的伪代码如下：

```
DQ=0;
_nop_();
DQ=1;
延时约 12μs
s=DQ;                   //读取总线上的电平，也就是 DS18B20 送上来的数据
延时约 45μs
DQ=1;                   //释放总线，满足读时间隙
_nop_();                //释放时间应大于 1μs
```

```
_nop_();
```

注意：对于 DS18B20，无论是读还是写，数据的传送都从最低位开始。

习 题 13

1. 填空题

（1）DS18B20 的存储器包括__________、__________和__________，其中掉电后数据会丢失的是____________________。

（2）假设 DS18B20 采用出厂时设置，启动测温后 RAM 中的 Byte0=0xa2，Byte1=0x00，则测得的实际温度是________________________℃；如果 Byte0=0xf8,Byte1=0xff，测得的温度是__________℃。

（3）假设 DS18B20 中的 RAM 的 Byte4=0x5f，则配置的分辨率为_____位，能识别的最小温度变化是__________℃。

（4）DS18B20 中的 ROM 指令 0xcc 的作用是_______________。

（5）对 DS18B20 进行数据的读写时，每次都是______（填“高”或“低”）位在前。

2. 设计题

设计电路并编程实现利用 3 个 DS18B20 同时测 3 点的温度，并将测量结果送 LCD1602 显示。

项目 14　时钟芯片 DS1302

<table>
<tr><td colspan="3">项目介绍</td></tr>
<tr><td colspan="2">实现任务</td><td>熟练应用时钟芯片 DS1302Z 记录时间</td></tr>
<tr><td rowspan="2">知识要点</td><td>软件方面</td><td>1. 熟悉 SPI 总线协议及其应用编程；
2. 模块化编程思想</td></tr>
<tr><td>硬件方面</td><td>了解 DS1302 的存储器结构、命令字及与单片机的接口技术</td></tr>
<tr><td colspan="2">使用的工具或软件</td><td>Keil C51、Proteus</td></tr>
<tr><td colspan="2">建议学时</td><td>6</td></tr>
</table>

任务 14-1　使用时钟芯片 DS1302 记录时间

1. 任务目标

往 DS1302 写入时间初值，然后读出时间并送 LCD1602 显示。

2. 电路连接

单片机系统与 LCD1602 和 DS1302 的连接图如图 14-1 所示。

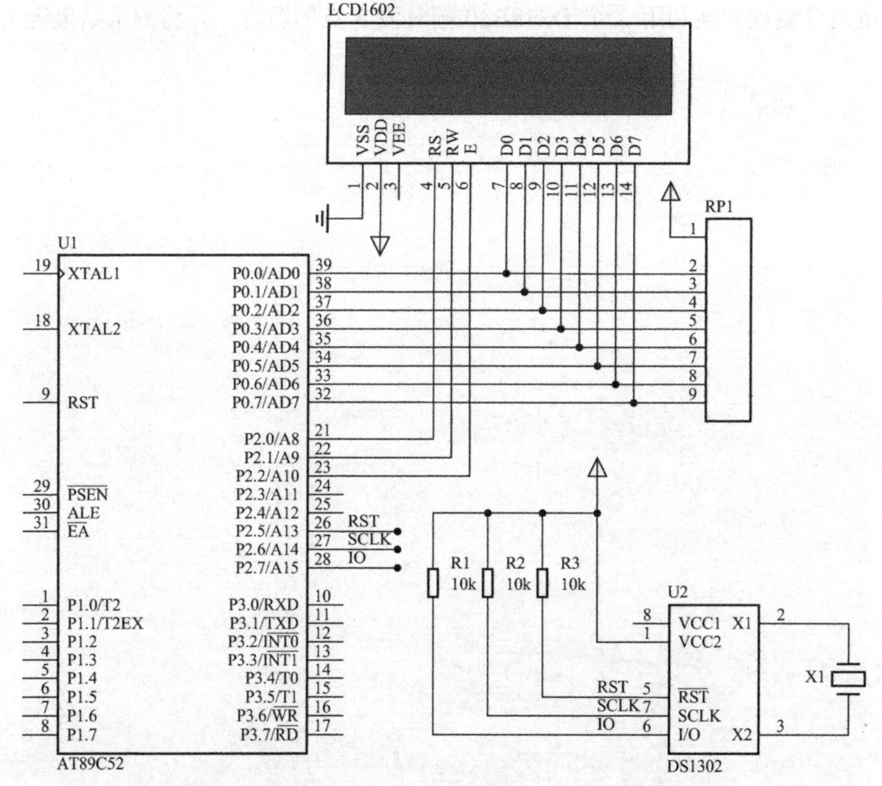

图 14-1　单片机系统与 LCD1602 和 DS1302 的连接图

3. 源程序设计

实现任务 14-1 实验效果的工程结构如图 14-2 所示。

由图 14-2 可见，工程包含 4 个模块。除了 ds1302 模块、main 模块、lcd1602 模块中的控制引脚定义等的内容有所变动外，其他模块中的文件与任务 13-1 相同，这里不再赘述。

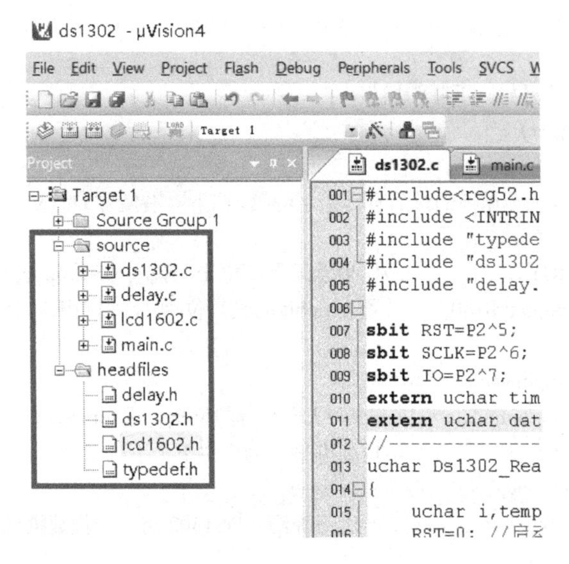

图 14-2　任务 14-1 的工程组织

（1）ds1302.c

```
#include<reg52.h>
#include <INTRINS.H>              //用到_nop_()必须包含的头文件
#include "typedef.h"
#include "ds1302.h"
#include "delay.h"

sbit RST=P2^5;                    //输入信号引脚，读/写数据期间必须为高
sbit SCLK=P2^6;                   //串行时钟，控制数据的输入与输出
sbit IO=P2^7;                     //双向数据线
extern uchar time[];
extern uchar date[];
//----------------------------------------------------------------------------
uchar Ds1302_Read_Data(uchar cmd)   //cmd 为命令字
{
    uchar i,tempbit,tempdata;//tempbit 保存临时位，tempdata 保存临时数据
    RST=0;                        //启动读/写之前低电平
    SCLK=0;                       //启动读/写之前低电平
    RST=1;                        //置高电平，准备读写
    //写入命令字，低位开始。上升沿写入
    for(i=0;i<8;i++)              //注意，该循环开始时 SCLK 为低电平
    {
```

```
            if(cmd&0x01)            //数据的发送从最低位开始，这里是提取最低位
                IO=1;               // 如果cmd&0x01为真，说明最低位为1
            else
                IO=0;               //为假说明最低位为0，送最低位上数据总线
            cmd=cmd>>1;             //右移一位，下一个上升沿送上总线
            SCLK=1;                 //产生一次上升沿，在这个上升沿DS1302采样总线上数据
            _nop_();
            SCLK=0;                 //拉低SCLK，为制造下个上升沿做准备
        }
    //读出数据，低位开始。下降沿读出。
        for(i=0;i<8;i++)
        {
            /*注意，上个循环的最后有一个下降沿，该下降沿使得DS1302已经将1位数据送上总线，
所以一开始就直接读。*/
            if(1==IO)               //如果总线是高电平，说明DS1302送的是1
                tempbit=0x80;       //置tempbit的最高位为1，相当于读取了I/O上的数据
            else
                tempbit=0;
            tempdata=tempdata>>1|tempbit; //将获得的位整合进tempdata
            SCLK=1;                 //拉高电平，为产生下个下降沿做准备
            _nop_();
            SCLK=0;                 //产生下降沿，DS1302将下一位数据送上总线
        }
        RST=0;
        return tempdata;
    }
    //------------------------------------------------------------------------
    void Ds1302_Write_Data(uchar cmd, uchar dat)
    {
        uchar i;
        RST=0;
        SCLK=0;
        RST=1;
        //写入命令
        for(i=0;i<8;i++)
        {
            if(cmd&0x01)
                IO=1;
            else
                IO=0;
            cmd=cmd>>1;
            SCLK=1;
            _nop_();
            SCLK=0;
        }
        for(i=0;i<8;i++)        //写入数据到DS1302，上升沿写入
        {
```

```
        if(dat&0x01)
            IO=1;
        else
            IO=0;
        dat=dat>>1;
        SCLK=1;          //与前一循环中的最后的低电平结合，产生一个上升沿
        _nop_();
        SCLK=0;
    }
    RST=0;
}
//-------------------------------------------------------------------------
void Ds1302_Init()          //对 DS1302 进行初始化，设置开始时间
{
    Ds1302_Write_Data(0x8e,0x00);          //将写保护关掉，允许对 DS1302 进行写入操作
    Ds1302_Write_Data(0x80,0x24);          //设置秒寄存器的初始值是 24 秒
    Ds1302_Write_Data(0x82,0x57);          //设置分寄存器的初始值是 57 分
    Ds1302_Write_Data(0x84,0x18);          //设置小时寄存器的初始值是 18 时

    Ds1302_Write_Data(0x86,0x01);          //设置日寄存器的初始值是 1
    Ds1302_Write_Data(0x88,0x12);          //设置月寄存器的初始值是 12
    Ds1302_Write_Data(0x8A,0x01);          //设置周寄存器的初始值是 1
    Ds1302_Write_Data(0x8c,0x15);          //设置年寄存器的初始值是 15

    Ds1302_Write_Data(0x8e,0x80);          //打开写保护，禁止往 DS1302 写入数据
}
//-----------------------------------------------------------------------
void Ds1302_Read_Time()
{
    uchar Second,Minute,Hour;
    uchar Year,Month,Date,Week;
    Second=Ds1302_Read_Data(0x81);          //将秒寄存器的内容读到 Second
    Minute=Ds1302_Read_Data(0x83);          //将分寄存器的内容读到 Minute
    Hour=Ds1302_Read_Data(0x85);            //将小时寄存器的内容读到 Hour
    Date=Ds1302_Read_Data(0x87);            //将日期寄存器的内容读到 Date
    Month=Ds1302_Read_Data(0x89);           //将月寄存器的内容读到 Month
    Week=Ds1302_Read_Data(0x8b);            //将周寄存器的内容读到 Week
    Year=Ds1302_Read_Data(0x8d);            //将年寄存器的内容读到 Year

    time[11]=(Second>>4)+'0';               //将秒的低 4 位（十位）转为字符
    time[12]=(Second&0x0f)+'0';             //将秒的高 4 位（个位）转为字符
    time[8]=(Minute>>4)+'0';                //将分的低 4 位（十位）转为字符
    time[9]=(Minute&0x0f)+'0';              //将分的高 4 位（个位）转为字符
    time[5]=(Hour>>4)+'0';                  //小时的十位
    time[6]=(Hour&0x0f)+'0';                //小时的个位

    date[11]=(Date>>4)+'0';                 //日期的十位
```

```
        date[12]=(Date&0x0f)+'0';              //日期的个位
        date[8]=(Month>>4)+'0';                //月的十位
        date[9]=(Month&0x0f)+'0';              //月的个位
        date[5]=(Year>>4)+'0';                 //年的十位
        date[6]=(Year&0x0f)+'0';               //年的个位
        date[14]=(Week&0x0f)+'0';
    }
```

（2）ds1302.h

```
    #ifndef _DS1302_H_
    #define _DS1302_H_
        extern unsigned char Ds1302_Read_Data(unsigned char cmd);
        extern void Ds1302_Write_Data(unsigned char cmd, unsigned char dat);
        extern void Ds1302_Init();
        extern void Ds1302_Read_Time();
    #endif
    /*------------------------------------------------------------------------
    这里将项目 13 中任务 13-1 中的 Lcd1602.c、Lcd1602.h 等的内容添加进来，并将 Lcd1602.c 中的
sbit RS=…; sbit RW=….; sbit EN=…等定义改为 sbit RS=P2^0; sbit RW=P2^1; sbit EN=P2^2;
    ------------------------------------------------------------------------*/
```

（3）main.c

```
    #include <string.h>
    #include "typedef.h"
    #include "lcd1602.h"
    #include "ds1302.h"

    uchar time[]="time:--:--:--";              //显示时、分、秒字符串
    uchar date[]="date:--------(-)";           //显示年、月、日（周）字符串
    void main()
    {
        uchar i;
        Lcd1602_Init();                        //初始化显示
        Ds1302_Init();                         //初始化 DS1302，将年、月、日、时、分、秒等数据
                                               //初写入其中
        while(1)
        {
            Ds1302_Read_Time();
            Lcd1602_Write_Cmd(0x80);           //从第 1 行第 1 列开始显示
            for(i=0;i<strlen(time);i++)
            {
                Lcd1602_Write_Dat(time[i]);
            }
            Lcd1602_Write_Cmd(0xc0);           //从第 2 行第 1 列开始显示
            for(i=0;i<strlen(date);i++)
            {
                Lcd1602_Write_Dat(date[i]);
```

```
            }
        }
    }
```

4. 实验结果

任务 14-1 实验结果如图 14-3 所示。

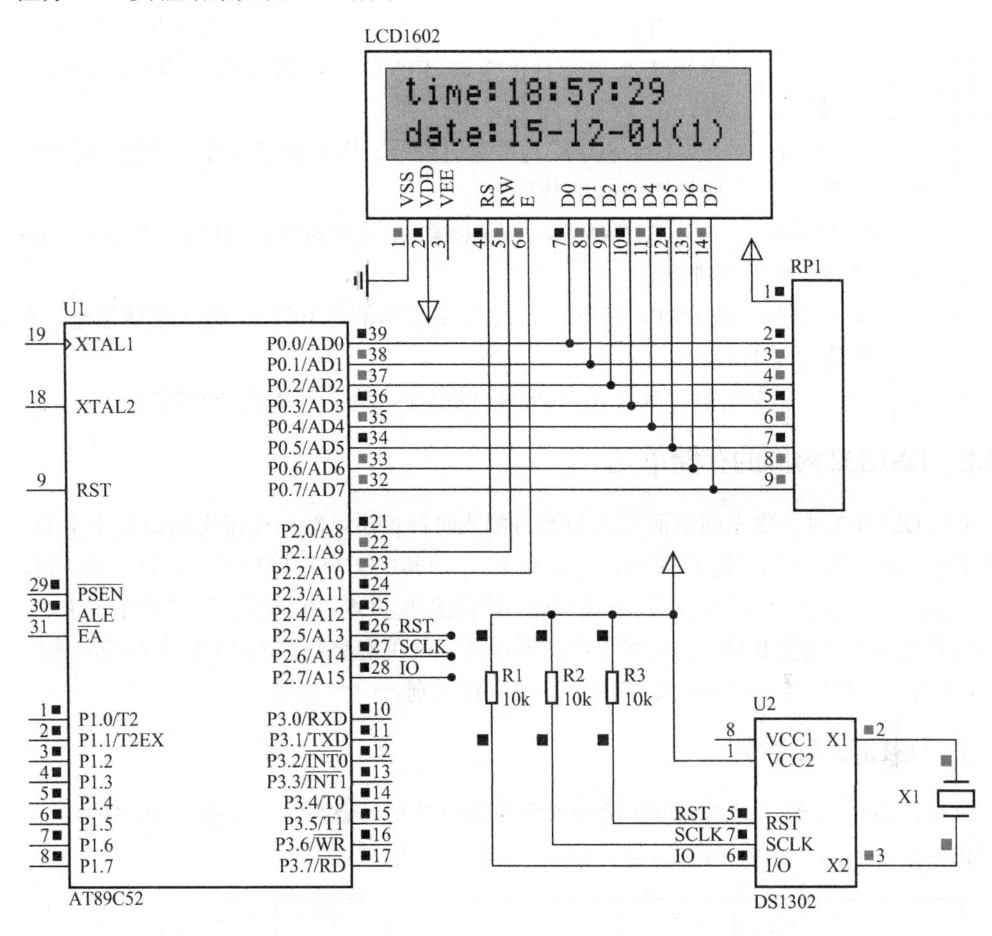

图 14-3　任务 14-1 实验效果图

任务小结

与 DS18B20 不同，对 DS1302 的读/写操作都是通过上升沿或下降沿进的，且不需要对 DS1302 进行复位。这是因为 DS1302 采用另一种总线协议——SPI 协议访问的缘故。

14.1　DS1302 的基础知识

DS1302 是 DALLAS 公司提供的涓流时钟芯片，内部含有一个实时时钟/日历数据存储块和 31 字节静态 RAM，可通过简单的串行接口与单片机进行通信。实时时钟/日历存储块可提供秒、分、时、日、月、周、年的信息，并且每月的天数和闰年的天数可自动调整。另外DS1302拥有极低功耗，保持数据和时钟信息时功率小于1mW。与DS18B20不同，DS1302有一根时钟线来提供主从双方通信的同步时钟信号。

14.1.1 DS1302引脚结构

图14-4所示为DS1302的引脚图。DS1302共有8个引脚，各引脚功能如下：

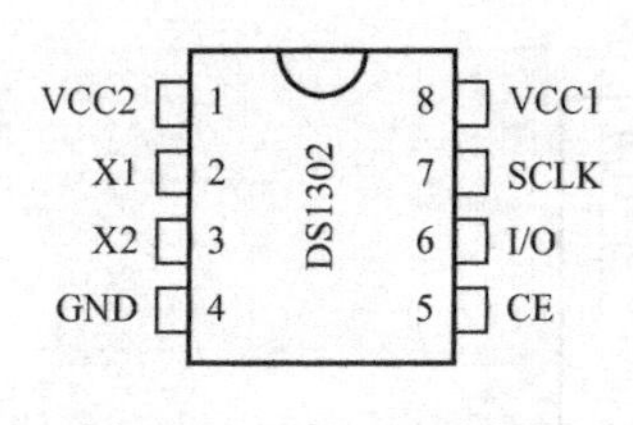

图14-4 DS1302引脚图

（1）VCC2为主电源正极性端，VCC1为备份电源正极性端。当VCC2>VCC1+0.2V时，由VCC2向DS1302供电；当VCC2<VCC1时，由VCC1向DS1302供电。

（2）SCLK为串行时钟线，用于控制信号的传输，每个信号周期传输1bit的数据。

（3）I/O为双向数据线，单片机向DS1302写入命令和从DS1302读出数据都通过该数据引脚进行。

（4）CE（有些资料写成RST，任务14-1中变量名用的是RST）：输入使能信号，在读、写数据期间，必须为高电平。

（5）X1和X2：晶振引脚，外接32.768kHz的晶振，为芯片提供计时脉冲。

14.1.2 DS1302内部的存储单元

应用DS1302时，要先向里面写入初始日期或时钟信息，然后在带电的情况下由DS1302自行计时。DS1302中与计时有关的寄存器有12个，其中7个直接存放时、分、秒、日、月、周、年等信息，这些信息以BCD码形式存储。除此之外，DS1302中还有31字节的RAM（随机读/写存储器），这些RAM主要供用户扩展存储一些关键参数。RAM和寄存器的地址都从00000开始，单片机访问时靠命令字的第6位进行区别。

14.1.3 DS1302命令字

与DS18B20类似，对DS1302的操作也需要对其写入命令字来实现。DS1302命令字的格式如图14-5所示。由图14-5可见，命令字各位含义如下：

7	6	5	4	3	2	1	0
1	RAM / $\overline{CK}$	A4	A3	A2	A1	A0	RD / $\overline{W}$

图14-5 DS1302命令字格式

（1）命令字的最高有效位（位7）必须是逻辑1。

（2）位6用于指明访问的是RAM还是寄存器，为0表示访问寄存器，为1表示存取RAM中的数据。

（3）位5～1（A4～A0）用于指示操作单元的地址。对于寄存器存储块，秒寄存器的地址为0b00000，分钟寄存器的地址为0b00001，以此类推。

（4）位0为读写位，为0表示要进行写操作，为1表示进行读操作。

例如，如果要将秒寄存器中的数据读出来，则其命令字应为10 00000 1B，转为十六进制数为0x81；如果要对秒寄存器进行写入操作，则命令字应为10 00000 0B，转为十六进制数为

0x80。同理可得 DS1302 的其他时间相关寄存器的操作命令如表 14-1 所示。

表 14-1 DS1302 的其他时间相关寄存器的操作命令

寄存器名	命令字		取值范围	各位内容							
	写操作	读操作		7	6	5	4	3	2	1	0
秒寄存器	80H	81H	00~59	CH	10SEC			SEC			
分寄存器	82H	83H	00~59	0	10MIN			MIN			
时寄存器	84H	85H	01~12 或 00~23	12/24	0	10	HR	HR			
日寄存器	86H	87H	01~28，29，30，31	0	0	10DATE		DATE			
月寄存器	88 H	89H	01~12	0	0	0	10M	MONTH			
周寄存器	8AH	88H	01~07	0	0	0	0	0	DAY		
年寄存器	8CH	8DH	00~99	10YEAR				YEAR			

表 14-1 中除了给出 DS1302 的其他时间相关寄存器的操作命令，还给出了这些寄存器中各位的含义，具体如下：

（1）秒寄存器的 CH 为振荡器（时钟）停止标志位，CH=0 振荡器工作，CH=1 振荡器停止。10SEC 表示这 3 位存的是秒的十位数，SEC 存的是秒的个位数。之所以个位数用 4 位表示而十位数用 3 位表示，原因在于个位数最大值是 9，需要 4 个二进制数才能够描述，而秒的十位数最大值是 5，只需 3 个二进制数描述即可。例如，假设某个瞬间 DS1302 秒寄存器中的内容为$(0011\ 0100)_2$，则当前时间是 34 秒。

（2）分寄存器的最高位为 0，其余位意义与秒寄存器相同。

（3）小时寄存器的位 7 用于定义 DS1302 是运行于 12 小时模式还是 24 小时模式，为 1 时为 12 小时模式，为 0 时为 24 小时模式。位 5 在 12 小时制时，为 0 时代表上午，为 1 时代表下午；在 24 小时制下和位 4 一起代表小时的十位。举个例子，假设某个瞬间小时寄存器的内容为$(1010\ 1000)_2$，则说明此时 DS1302 表示的时间是上午 8 点。

其余各寄存器的内容类似，不再赘述。

在 DS1302 的 12 个寄存器中，除了以上用于代表日期时钟的寄存器外，它还有一个非常重要的寄存器——写保护寄存器，地址是 00111B。写保护寄存器的位 7 是一个保护位，其他位全为 0。如果保护位为 1，则禁止向 DS1302 进行写入操作。所以要想对日历、时钟寄存器和 RAM 进行写操作，WP 必须为 0。结合图 14-5 的指令格式，可知这个寄存器的读/写指令分别为 8FH 和 8EH。

14.2 DS1302 与单片机系统的接口技术

14.2.1 DS1302 与单片机系统连接的硬件电路

单片机与 DS1302 连接的硬件电路如图 14-6 所示。

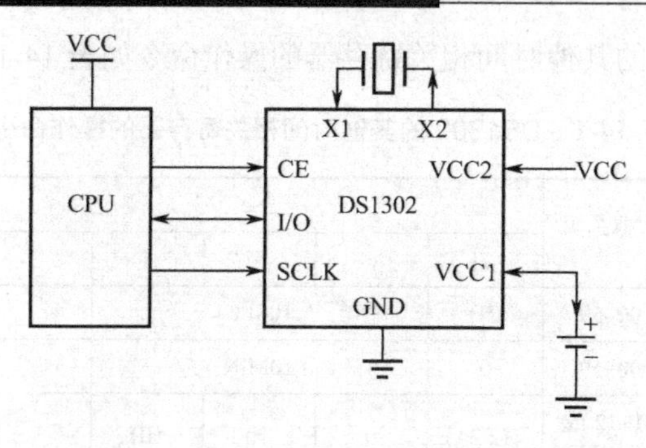

图 14-6　DS1302 与单片机的电路连接图

14.2.2　DS1302 读写时序及相关操作

1. 读操作

图 14-7 所示为对 DS1302 进行数据读出的时序。

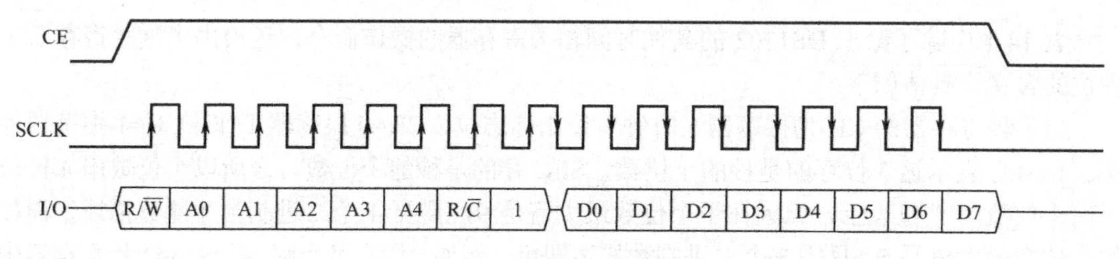

图 14-7　DS1302 读时序

由图 14-7 可见，对 DS1302 进行数据读出操作分为两步：第一步是写入对应读命令，该命令标明了需要读出数据的地址以及读的是 RAM 区还是寄存器区等信息；第二步是将该地址中的一个字节的数据读出。在整个读出数据期间，CE 保持高电平。SCLK 用于传送同步时钟信号，写入命令字时 MCU 在 SCLK 的上升沿将 1 位数据写入到 DS1302 中，写入 1 字节的命令需要 8 个上升沿。MCU 向 DS1302 写入 1 个读命令字后的第 1 个下降沿，DS1302 将被读取的数据的最低位送上数据总线，8 个下降沿读出 1 字节的数据。

注意：无论是写入数据还是读出数据，都从最低位开始。

2. 写操作

单片机对 DS1302 进行写操作的时序如图 14-8 所示。

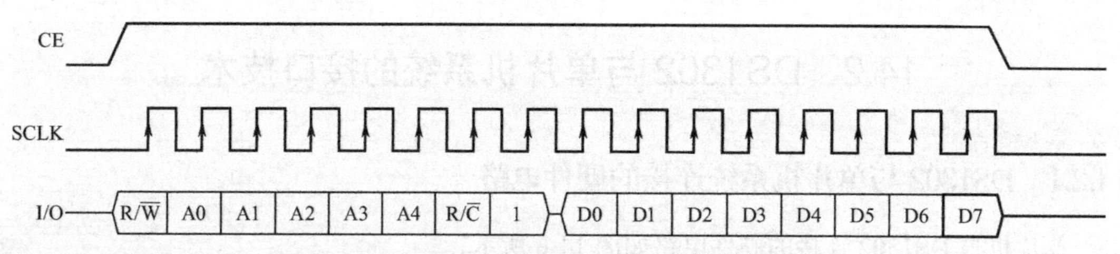

图 14-8　DS1302 写时序

由图 14-8 可见，对 DS1302 的写入操作同读操作一样包含两步：一是写入命令令，二是

入数据。由于写操作写入的命令和数据都是 1 字节，而 DS1302 是在 SCLK 的上升沿对数据线进行采样的，所以一共需要 16 个上升沿才能完成一次写操作。

注意： 单片机对 DS1302 的写操作中，如果是对寄存器的写操作则一般就是对其写入时间初值。由于 DS1302 的与时间有关的 7 个寄存器中存的是 BCD 码，所以需要对初值进行 BCD 转换才送入 DS1302 的寄存器。例如，设置时间初值为 18 点 57 分 22 秒，18、57 和 22 的 BCD 码分别为 0x18、0x57 和 0x22，所以应该往时、分、秒寄存器中写入的初值分别为 0x18、0x57 和 0x22。如果不按上述格式输入而直接将 18、57 和 22 置入时、分、秒寄存器中，则时分秒寄存器中所存的数的二进制码分别为秒寄存器 0001 0110（22），分寄存器 0011 1001（57），时寄存器 0001 0010（18）。由于这些寄存器中的值的 BCD 码分别对应为 16（秒）、39（分）和 12（时），故实际存储的时间是 12 时 39 分 16 秒，明显错误。

另外，由于 DS1302 中与时间有关的寄存器中存储的是 BCD 码，所以输出时如要用 1602（只能显示字符）显示，则需要将 BCD 码转为字符。以秒寄存器为例，如其中存储的数据是 0010 0110B，则应为 26 秒，显示时先将 0010 0110B 与 0x0f 进行按位与操作得 0000 0110B，即数字 6，将数字 6 与‘0’相加即可得到字符‘6’。然后将 0010 0110B 右移 4 位得 0000 0010B，即数字 2，同样加‘0’即可得到字符‘2’，排好顺序送 LCD1602 显示即可。具体转换过程可参见任务 14-1 中的函数 ReadDs1302Time()。

习　题　14

填空题

（1）DS1302 中与日期有关的寄存器中的数据以_________形式存储，如果要设定分寄存器的初值为 32，则应写入分寄存器的初值为________________。

（2）DS1302 的小时寄存器的地址为$(00010)_2$，则对其设定初值的命令字为____________。

（3）要想对日历时钟及 RAM 进行写入操作，DS1302 中地址为$(00111)_2$的寄存器单元中数据的最高位必须为_________。

（4）在对 DS1302 进行读/写操作时，在整个读/写期间，引脚 CE 保持________（填“高”或“低”）电平。

项目 15　设计可调电子钟

项目介绍		
实现任务		初步掌握合应用单片机的资源及外围设备进行综合设计的能力
知识要点	软件方面	模块化编程思想
	硬件方面	无
使用的工具或软件		Keil C、STC-ISP、拥有 LCD12864 接口的开发板一套
建议学时		8

任务 15　应用单片机的资源及外围设备进行综合设计

1. 任务目标

（1）正常情况下，QC12864B 显示时间，时间显示格式为小时：分钟：秒，如 16:24:20。

（2）当按下 K4 键达到 2s 后，显示时间进入调整状态。

（3）在调整状态下：

① 按下 K1 键后，光标所在处的值增加，每按一次增加 1。

② 按下 K2 键后，光标所在处的值减少，每按一次减少 1。

③ 按下 K3 键，光标左移，每按一次左移一下，循环移动。

④ K4 键作为确定键，在调整好时间后，短按 K4 键确定，系统恢复计时功能。

（4）正常显示时不显示光标，在进入调整状态后显示光标，调整完毕光标消失。

2. 电路连接

单片机系统与 QC12864B 和按键的连接电路如图 15-1 所示。系统晶振为 24MHz。

3. 源程序设计

1）设计思路

通过对任务目标的分析得到 3 个核心模块：按键模块、显示模块和定时模块。按键模块用于判断被按下的键值；显示模块用于提供实现对 QC12864B 显示操作的初始化及读/写等函数；定时模块用于提供时间基准，以协调系统各部分的工作。考虑到对 QC12864B 进行操作时涉及 ms 和 μs 级别的延时，这些延时采用延时函数来实现，故增加一延时模块，利用它来提供 ms 和 μs 级别的延时。又由于 C 中程序的入口函数为 main()函数，可将它单独独立出来作为一个模块，所以整个工程有 5 个模块：main 模块、定时器模块、显示模块、按键模块和延时模块。

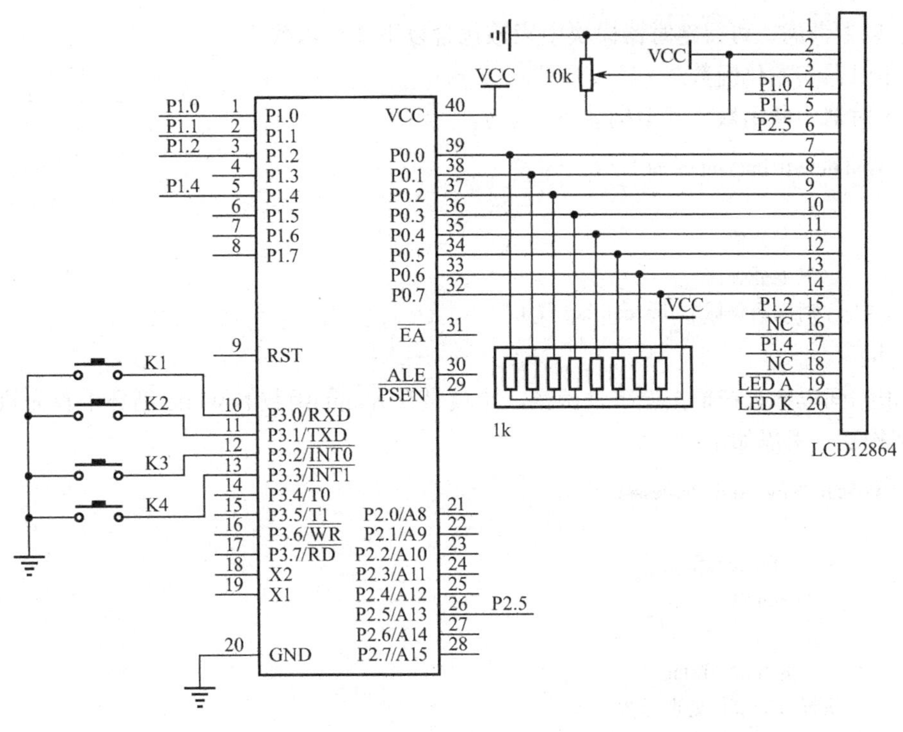

图 15-1 单片机系统与 QC12864B 和按键的连接电路图

（1）main 模块

main 模块只包含一个 main()函数，主要用于对系统进行初始化及扫描键值和显示时间，其思路初步考虑如下：

```
//头文件包含
int main()
{
    初始化按键端口、QC12864B 和定时器
    while(1)
    {
        扫描时间间隔是否到？到，扫描按键并处理
        调用时间显示函数显示时间
    }
return   0;
}
```

（2）定时器模块

在 main()函数中可以看到，while 循环中首先做的是判断按键，而这个按键是隔一定时间扫描的，这个时间间隔可以设定为 20ms，通过设定定时器中断每 20ms 发生一次来得到。正如在讲解按键识别时所述，这个时间远小于稳定闭合时间，同时又略大于抖动时间，可以将抖动有效消除。

在具体的实现上，可以定义一个全局变量 timecellflag，该变量用于标志 20ms 的时间间隔是否到，所以它当然要放置于定时器中断函数中。如果该标志被置位，说明定时时间到，处理器扫描键盘并做相应处理，不过在处理前要将该标志清零。

基于以上考虑，可得定时器模块中应该包含以下3个函数：

① 定时器初始化函数。

② 定时器中断函数，其架构如下。

```
void timer0_int() interrupt 1
{
    //重装初值
    //其他处理
    //时间间隔标志 timecellflag 置 1
}
```

③ 根据间隔标志扫描按键事件函数，也就是在main()函数的while循环中首先执行的函数，其架构初步考虑如下：

```
u8 Scan_Key_And_Process()
{
    if(1 != timecellflag)
        return 0;
    else
        清 timecellflag
    执行按键事件处理函数
}
```

根据任务目标，上述按键事件处理函数需要做以下几个事情。

① 读键。

② 判断按键是不是长按，如果是，进入长按状态，即调整时间状态。此时定时器的计数值不起作用，系统时间由按键确定。如果不是长按，则正常计时。

③ 在调整状态下，判断按键值并做相应动作，具体操作为：

a．如果是长按键，在秒下方画光标。

b．如果是左移键，光标左移。如果已经移到最左侧，则继续按，回到最右侧。

c．如果是减少键，光标处值-1。

d．如果是增加键，光标处值+1。

e．如果是确定键，长按标志清零，结束调整。

需要说明的是，由于计时也需要时间基准，故在该文件中还需要设置一个全局变量timeout，然后在定时器中断函数中使其变化，变化达到1s，将触发系统时间相应变化。

基于以上分析，可得按键事件的实现思路如下：

```
u8  Key_Events(void)
{
    读键
    if(不是长按状态)
    {
        正常计时
        return 1;
    }
    if(在长按状态)
    {
```

```
        switch(键值)
        {
            case 长按：在秒下方画光标；break
            case 左移：光标左移；break
            case 减少：光标处值减 1；break
            case 增加：光标处值加 1；break
            case 确定：退出长按状态，结束本次调整；break
        }
        return 1;
    }
    return 0;
}
```

（3）按键模块

按键模块用于在有按键被按下时识别键值，采用状态机思想设计，具体可参看源码，此处不再赘述。

（4）显示模块

本模块主要用于正常计时时显示时间及处于调整状态时显示光标，具体可参看源码。

（5）延时模块

本模块用于提供 ms 级及 μs 级的函数定义，读者可以用 Proteus 判断其延时时间。

（6）工程组织

整个工程的组织如图 15-2 所示。

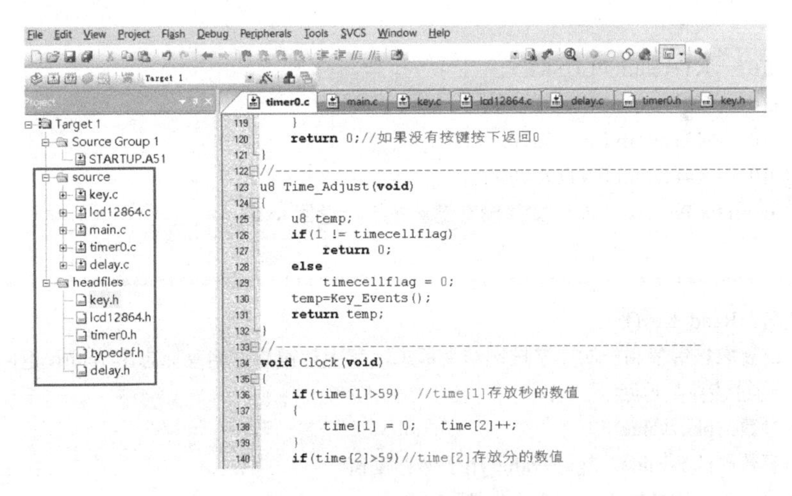

图 15-2　项目的工程组织

2）实现源码

（1）key.c

```
/************************************************************************
文件名：key.c
描述：对按键进行处理，包含两个函数 Get_Key()和 Read_Key()，其中 Get_Key()获得的键值没有经过消抖处理，它只供本文件中的 Read_Key()函数调用，故用 static 修饰。Read_Key()在长按状态下返回三个值，一个是完整按键事件标志，另一个是长按标志，还有一个是键值。其中完整按键事件标志是显式返回，其余两个是隐式。在处于时间调整状态，即长按有效后的状态时，该函数返回两个值，一个是完整按键事件
```

```
标志，另一个是键值。
        作者：
        版本：V1.0
        完成日期：2016.7.20
        修改记录：无
        ****************************************************************************/
        #include <reg52.h>
        #include "key.h"
        #include "timer0.h"
        #include "typedef.h"
        sbit K1 = P3^4;
        sbit K2 = P3^5;
        sbit K3 = P3^6;
        sbit K4 = P3^7;
        u8 longpressflag = 0;              //长按标志，有长按时该位置1
        /****************************************************************************
        函数名：Get_Key(void)
        功能：获取按键按下值，该值没有经过消抖
        输入参数：无
        输出参数：无
        返回值：按键值
        ****************************************************************************/
        static u8 Get_Key(void)
        {
            if(0 == K1) return PLUSKEY;
            if(0 == K2) return MINUSKEY;
            if(0 == K3) return LEFTKEY;
            if(0 == K4) return ENTERKEY;
            return 0xf0;                //如果没有键被按下，返回0xf0
        }
        /****************************************************************************
        函数名：Read_Key()
        功能：获取按键值和一次完整按键结束标志，其中按键事件结束标志由return返回，按键值存入
入口指针参数，通过该参数返回
        输入参数：pkeyvalue
        输出参数：pkeyvalue。*pkeyvalue用于保存键值
        返回值：有按键被按下返回1，否则返回0
        ****************************************************************************/
        u8 Read_Key(u8 *pkeyvalue)
        {
            static u8 keystate = 0;          //keystate用于保存转换到的状态
            static u8 longpresscount = 0;  //longpresscount用于保存长按计数，达到2s即可认为长按发生
            static u8 lastkeyvalue = 0xf0; //lastkeyvalue用于保存最终返回的键值
            static u8 prekeyvalue = 0xf0; //prekeyvalue用于保存一开始探测到的键值
            u8 tempkeyvalue = 0;          //tempkeyvalue用于存放临时键值
            u8 returnkeyflag = 0;         //returnkeyflag用于保存返回标志，为1时代表一次完整的按键结束
            tempkeyvalue = Get_Key()&0xf0;       //用于获取P3口高4位的状态
```

```
switch(keystate)
{
    case 0:
    {
        if(tempkeyvalue != 0xf0)                //条件成立说明有按键事件发生
        {
            keystate = 1;                       //下次再执行该函数时跳到 case 1 处执行
            prekeyvalue = tempkeyvalue;         //保存第一次按键值，准备用于后面的判断
        }
    }
    break;
    case 1:
    {
        if(tempkeyvalue == prekeyvalue)         //条件成立，说明有按键被按下
        {
            lastkeyvalue = tempkeyvalue;        //将按下的键值保存到 lastkeyvalue
            keystate = 2;                       //下次执行 Read_Key()函数时跳到 case 2 处执行
            longpresscount = 0;                 //长按计数清零，准备启动计数
        }
        else
            keystate = 0;                       //条件不成立，说明是抖动，返回初始态，重新判断
    }
    break;
    case 2:
    {
        if(tempkeyvalue != prekeyvalue)         //条件不成立，则按键有可能已经松开，消抖后
                                                //执行 case 3 做进一步判断
        {
            keystate = 3;
        }
        else
        {
            /*条件不成立，判断是不是长按，由于长按是针对 K4 的长按，所以判断时直接
用 K4 的键值 ENTERKEY 来判断，如果按下键值与 K4 的键值相等，说明发生了长按，然后长按计数器开始
计数，如果计数导致的时间达到 2s，即可认为在 K4 键上面发生了长按，然后将 lastkeyvalue 的键值更新为长
按键值。*/
            if((ENTERKEY == lastkeyvalue)&&(++longpresscount > LONGPRESSCOUNT))
            {
                lastkeyvalue = LONGPRESSKEY;        //返回值长按键键值
                longpresscount = 0;                 //清零长按计数
                longpressflag = 1;                  //置位长按标志
            }
        }
    }
    break;
    case   3:
    {
```

```
                if(tempkeyvalue == 0xf0)          //条件成立，说明按键已经松开，返回初始态
                {
                    keystate = 0;                 //回到初始态
                    returnkeyflag = 1;
                }
                else
                {
                    keystate = 2;                 //条件不成立，说明只是一次抖动，返回稳定态
                }
            }
            break;
        }
        *pkeyvalue = lastkeyvalue;                //将键值保存到入口指针
        return returnkeyflag;                     //返回完整按键标志
}
```

（2）lcd12864.c

```
/*********************************************************************************
文件名：lcd12864.c
描述：定义 LCD12864 的相关函数
作者：
版本：V1.0
完成日期：2016.7.20
修改记录：无
*********************************************************************************/
#include <reg52.h>
#include <intrins.h>          //使用_nop_()需要添加此头文件
#include <string.h>           //使用 strlen()需要添加此头文件
#include <math.h>             //使用 abs()需要添加此头文件
#include "typedef.h"
#include "delay.h"

//P0 做数据口，连接方式为 8 位并口方式；P2 控制口
sbit RS = P1^0; //RS=1，数据线上为显示数据；RS=0，数据线上为指令或状态。为状态时是 DB7 位，
                //1 忙 0 闲
sbit RW = P1^1; //RW=1，EN=1-->0，LCD12864 的数据被读到数据线；RW=0，EN=1-->0，数据线上
                //的数据被写到 12864
sbit EN = P2^5; //并口方式为数据出入控制位，串口方式为串行时钟线
sbit PSB = P1^2;//PSB=1，8 位或 4 位并口方式；PSB=0，串口方式
sbit RST = P1^4;//复位，低电平有效
char clocktable[8]={'0','0',':','0','0', ':', '0','0'};//该字符数组用于存放时间的字符值
/*********************************************************************************
函数名：Lcd12864_Read_Busy()
功能：读取 LCD12864 控制器的状态和位址寄存器的值。该寄存器的最高位为状态位，为 1 说明
忙，为 0 说明空闲
输入参数：无
输出参数：无
```

```
返回值：1 或者 0，为 0 说明 LCD12864 处于空闲状态，可以对其进行读/写操作
******************************************************************************/
bit Lcd12864_Read_Busy(void)
{
    bit flag;
    RS = 0;
    RW = 1;
    EN = 0;
    _nop_();
    EN = 1;
    _nop_();
    flag = (P0&0x80);
    _nop_();
    EN = 0;
    return flag;
}
/******************************************************************************
函数名：Lcd12864_Write_Cmd()
功能：向 LCD12864 中写入命令
输入参数：LCD12864 的命令
输出参数：无
返回值：无
******************************************************************************/
void Lcd12864_Write_Cmd(u8 cmd)
{
    while(Lcd12864_Read_Busy());
    RS = 0;
    RW = 0;
    EN = 0;
    _nop_();
    EN = 1;
    P0 = cmd;          //指令的执行，除了清除指令，其他的指令至少需要 72μs
    Delay_2us(40);
    EN = 0;
    _nop_();
}
/******************************************************************************
函数名：Lcd12864_Write_Data()
功能：向 LCD12864 中写入数据
输入参数：要显示的数据或要显示的数据的编码
输出参数：无
返回值：无
******************************************************************************/
void Lcd12864_Write_Data(u8 dat)
{
    while(Lcd12864_Read_Busy());
    RS = 1;
```

```
        RW = 0;
        EN = 0;
        _nop_();
        EN = 1;
        P0 = dat;
        Delay_2us(40);
        EN = 0;
        _nop_();
    }
    /*******************************************************************************
    函数名：Lcd12864_Read_Data()
    功能：从 LCD12864 中读出数据
    输入参数：无
    输出参数：无
    返回值：读到的数据
    *******************************************************************************/
    u8 Lcd12864_Read_Data(void)
    {
        u8 temp;
        while(Lcd12864_Read_Busy());
        P0 = 0xff;              //读数据之前要先置 I/O 口为高电平，防止原有数据干扰
        RS = 1;
        RW = 1;
        EN = 0;
        _nop_();
        EN = 1;
        _nop_();
        temp = P0;
        Delay_2us(40);
        EN = 0;
        return temp;
    }
    /*******************************************************************************
    函数名：Lcd12864_Init()
    功能：在 8 位并口方式下，对液晶控制器进行初始化。初始化流程：供电—>延时>40ms—>写命
令 0x30—>延时>100μs—>写命令 0x30—>延时>37μs—>写命令控制显示开关 0x0c—>延时>100μs—>写清屏
命令—>延时>10ms—>写进入模式设定—>end
    输入参数：无
    输出参数：无
    返回值：无
    *******************************************************************************/
    void Lcd12864_Init(void)
    {
        PSB = 1;
        RST = 1;
        Delay_1ms(50);
        Lcd12864_Write_Cmd(0x30);
```

```
    Delay_2us(100);
    Lcd12864_Write_Cmd(0x30);
    Delay_2us(40);
    Lcd12864_Write_Cmd(0x0c);
    Delay_2us(100);
    Lcd12864_Write_Cmd(0x01);
    Delay_1ms(15);
    Lcd12864_Write_Cmd(0x06);
}
/*******************************************************************************
函数名：Lcd12864_Clear_Screen()
功能：清 GDRAM，基本指令集中的 0x01 不能作用在绘图中清屏，所以只能用清屏函数
输入参数：无
输出参数：无
返回值：无
*******************************************************************************/
void Lcd12864_Clear_Screen(void)
{
    u8 i, j;
    Lcd12864_Write_Cmd(0x34);                  //打开扩展指令
    for(i=0; i<32; i++)//清上半屏
    {
        Lcd12864_Write_Cmd(0x80+i);            //写垂直地址
        Lcd12864_Write_Cmd(0x80);              //写横向地址

        /*上述地址定位到的是第 i 行像素第 0 个字，要对这个字的 16 个像素点进行清
        零，需要送两次数据。由于横向地址可以自动增加，故定位到该行像素的首地
        址后只需要往里面连续写入数据即可。*/
        for(j=0; j<32; j++)//横向地址有 16 个，每个写入两个字节的数据
            Lcd12864_Write_Data(0x00);
    }
    for(i=0; i<32; i++)//清下半屏
    {
        Lcd12864_Write_Cmd(0x88+i);            //纵坐标 y，不能自动加 1
        Lcd12864_Write_Cmd(0x88);              //横坐标 x，可以自动加 1
        for(j=0; j<32; j++)
            Lcd12864_Write_Data(0x00);
    }
    Lcd12864_Write_Cmd(0x36);                  //打开显示功能，将上述数据写入 GDRAM
    Lcd12864_Write_Cmd(0x30);                  //回到基本指令集
}
/*******************************************************************************
函数名：SLcd12864_Show_Pixel()
功能：在 LCD12864 的坐标(x,y)处点亮一个点。LCD12864 的坐标如下。
                    x
        0,0    ------------------->    0,127
```

```
   |                              |
   |                              |
   |y                             |
   .                              .
   .                              .
   .                              .
   |                              |
  63,0                         63,127
```

显示像素功能是将 GDRAM 对应的点置 1。定位 GDRAM 的位置时需要分两次向 LCD12864 写入地址,先写行地址也就是先写垂直地址再写列地址（横地址）。通常，控制某个像素到底是显示还是关闭采用的方法是先将该像素的值读出来，后再通过按位与或按位或与某个值运算，然后再写回原位置。之所以采用这种方法而不是直接写一个点的原因在于，LCD12864 的 GDRAM 只能定位到一个拥有 16 个像素的区域，如果单纯写则会干扰到其他的点，尤其是画线时基本不可能画出来。最后，读 GDRAM 中的数据时要注意，尽管定位到的是 2 个字节单元，但读的时候需要读 3 次，第 1 次为假读，第 2 次读到高字节，第 3 次读到低字节。

输入参数：x 代表 *x* 方向坐标，y 代表 *y* 方向坐标；showflag 为显示标志，为 1，(x,y)点显示；为 0，(x,y)点关闭——暗。

输出参数：无

返回值：无

```
*************************************************************************/
void Lcd12864_Show_Pixel(u8 x, u8 y, u8 showflag)
{
    u8 temph, templ; /*定义两个临时变量，temph 保存定位到的 16 位像素的高字节单元，templ 为低字节单元*/

    /*x_word 代表横向第几个字，例如 x=25，则 x_word=25/16=1，说明要操作的像素位于横向第 1 个字（从第 0 位开始）；x_bit 代表的是该字的第几个位，例如 x=25，则 x_bit=25%16=9，考虑到 LCD12864 的某个字单元的某行像素的位顺序如下：
        b15 b14 b13 b12 b11 b10 b9 b8 b7 b6 b5 b4 b3 b2 b1 b0
        ..................................................................
    可得 x_bit=9，对应于 bit6。
    */
    u8 x_word, x_bit;

    /*y_halfscreen 代表 y 方向是上半屏还是下半屏，例如，y=38，则 y_halfscreen=38/32=1，说明要操作的像素位于下半屏；y_bit 代表的是在该屏中的第几行，例如 y=38，则 y_bit=38%32=6，说明要操作的像素位于第 5 行。*/
    u8 y_halfscreen, y_bit;//纵坐标的哪一字的哪一位
    Lcd12864_Write_Cmd(0x34);                       //先置扩展指令集
    Lcd12864_Write_Cmd(0x36);                       //开绘图功能，这个开绘图功能要置前面
    x_word= x>>4;                                   //用移位代替除法运算
    x_bit = x&0x0f;                                 //用按位与代替求余运算
    y_halfscreen = y>>5;   //确定是哪一屏，为 0 代表上半屏，为 1 代表下半屏
    y_bit = y&0x1f;                                 //确定是哪一行
    Lcd12864_Write_Cmd(0x80+y_bit);                 //先写垂直地址
    Lcd12864_Write_Cmd(0x80+x_word+8*y_halfscreen);    //下半屏的起始坐标为 0x88
    Lcd12864_Read_Data();                           //先假读一次
    temph = Lcd12864_Read_Data();                   //读高字节
```

```
        templ = Lcd12864_Read_Data();                                      //读低字节

        Lcd12864_Write_Cmd(0x80+y_bit);                                    //先写垂直地址
        Lcd12864_Write_Cmd(0x80+x_word+8*y_halfscreen);                    //下半屏的起始坐标为 0x88
        if(1 == showflag)//条件成立，对应像素显示
        {
            if(x_bit<8)
            {
                Lcd12864_Write_Data(temph|(0x01<<(7-x_bit)));              //写高字节。因为坐标从左向右
                Lcd12864_Write_Data(templ);                                //而 GDRAM 高位在左，低位在右
            }else
            {
                Lcd12864_Write_Data(temph);
                Lcd12864_Write_Data(templ|(0x01<<(15-x_bit)));
            }
        }
        else //条件不成立，对应像素关闭
        {
            if(x_bit<8)
            {
                Lcd12864_Write_Data(temph&(~(0x01<<(7-x_bit))));//写高字节。因为坐标从左向右
                Lcd12864_Write_Data(templ);                                //而 GDRAM 高位在左，低位在右
            }else
            {
                Lcd12864_Write_Data(temph);
                Lcd12864_Write_Data(templ&(~(0x01<<(15-x_bit))));
            }
        }
        Lcd12864_Write_Cmd(0x30);   //恢复基本指令集
    }
    /*******************************************************************************
    函数名：Show_XLine()
    功能：沿 x 方向画直线
    输入参数：起始端点坐标(xstart,ystart)，终点端点坐标(xend, yend)。画线标志 lineflag,lineflag=1，
线显示；lineflag=0，线不显示
    输出参数：无
    返回值：无
    *******************************************************************************/
    void Show_Xline(u8 xstart, u8 ystart, u8 xend, u8 yend, u8 lineflag)
    {     //ystart 要与 yend 相等，因为这里画的是沿 x 方向的直线
        int deltax, deltay,deltaxabs, deltayabs;
        u8 i;
        deltax = xend-xstart;
        deltay = yend-ystart;
        deltaxabs = abs(deltax);
        deltayabs = abs(deltay);
```

```
        if(xstart<xend)
            for(i=0; i<=deltaxabs; i++)
                    Lcd12864_Show_Pixel(xstart+i, ystart, lineflag);
            else if(xstart>xend)
                    for(i=0; i<=deltaxabs; i++)
                        Lcd12864_Show_Pixel(xend+i, yend, lineflag);
    }
    /*******************************************************************************
    函数名：Show_Cursor()
    功能：沿 x 方向画一条线段代表光标
    输入参数：cursor，cursor=1/2/3，分别代表在秒/分/时下方画光标。showflag 为显示标志，为 1，
显示光标；为 0，关闭光标
    输出参数：无
    返回值：无
    *******************************************************************************/
    void Show_Cursor(u8 cursor, u8 showflag)
    {
        u8 xstart, xend, ystart, yend;
        ystart = yend = 2*16+1;
        switch(cursor)
        {
            case 1:
            {
                xstart = 5*16+1;
                xend = 6*16;
                Show_Xline(xstart, ystart, xend,  yend, showflag);      //在秒的下方显示光标，
                                                                        //实际上就是画一根横线
            }
            break;
            case 2:
            {
                xstart = 3*16+9;
                xend = 4*16+8;
                Show_Xline(xstart, ystart, xend,  yend, showflag);      //在分的下方显示光标，
                                                                        //实际上就是画一根横线

            }
            break;
            case 3:
            {
                xstart = 2*16+1;
                xend = 2*16+16;
                Show_Xline(xstart, ystart, xend,  yend,showflag);       //在时的下方显示光标，
                                                                        //实际上就是画一根横线
            }
            break;
            default: break;
```

```
        }
    }
    /************************************************************************
    函数名：Show_Clock()
    功能：显示时钟
    输入参数：无
    输出参数：无
    返回值：无
    ************************************************************************/
    void Show_Clock()
    {
        u8 i;
        Lcd12864_Write_Cmd(0x92);                //开始显示位置
        for(i=0; i<8; i++)
        {
            Lcd12864_Write_Data(clocktable[i]);
        }
    }
```

（3）timer0.c

```
    /************************************************************************
    文件名：timer0.c
    描述：
    作者：
    版本：V1.0
    完成日期：2016.7.20
    修改记录：无
    ************************************************************************/
    #include <reg52.h>
    #include "typedef.h"
    #include "key.h"
    #include "lcd12864.h"
    #include "timer0.h"
    extern u8 longpressflag ; //longpressflag 为长按标志
    extern char clocktable[8];//clocktable 用于存放 time[]转换成字符以后的结果

    /*timecount 用于计时，其值配合系统机器周期达到 1s 后更新计时值；cursor 用于标明光标的位置，
cursor=1、2、3，光标分别画在秒、分、时的下方。*/
    char timecount=0, cursor = 0;

    /*数组 time[]用于存放计时值，其中元素 time[1]、time[2]和 time[3]分别用于存放秒、分、时的数
值，类型不能为无符号类型*/
    char time[4]={0};

    u8 timecellflag=0; //调用 Key_Events()的标志，为 1 执行函数 Key_Events()
    //----------------------------------
    void Timer0_Init(void)
```

```
{
       TMOD = 0X01;
       TH0 = (65536-COUNT)/256;
       TL0 = (65536-COUNT)%256;
       EA = 1;
       ET0 = 1;
       TR0 = 1;
}
//-----------------------------------------------
void Timer0_Int(void) interrupt 1
{
       TH0 = (65536-COUNT)/256;
       TL0 = (65536-COUNT)%256;
       timecount++;
       timecellflag = 1;
}
/*************************************************************************
函数名：Key_Events(void)
功能：按键事件处理
输入参数：无
输出参数：无
返回值：计时或者有键被按下返回 1，否则返回 0
*************************************************************************/
u8   Key_Events(void)
{
       /*returnkeyflag 用于存放一次完整按键标志，pkeyvalue 作为 Read_Key()的入口参数，用于存放按键值*/
       u8 returnkeyflag=0,*pkeyvalue=0;
       returnkeyflag = Read_Key(pkeyvalue);/*读键，调用 Read_Key 函数时返回为按下状态，为 1 表示有按键，为 0 表示没有按键，但由于传递的是指针，所有也隐含返回键值*/

       if(longpressflag != 1)          //条件成立，说明长按事件没有发生，即没有进入调时状态
       {
            if(timecount == SECONDCOUNT) //正常计数，达到 50，经历的时间是 1s
            {
                 timecount=0;
                 time[1]++;
                 Clock();
                 return 1;  //正常计时，返回，不必浪费时间
            }
       }

       /*(1 == longpressflag)条件成立说明目前处于长按下的调整状态；(1 == returnkeyflag)条件成立说明有一次完整的按键事件发生。*/
       if((1 == longpressflag)&&(1 == returnkeyflag))
       {
            switch(*pkeyvalue)
```

```
        {
            case LONGPRESSKEY:
            {
                cursor = 1;                    //长按时间一旦发生，马上将光标置于秒下面
                Show_Cursor(cursor, 1);        //在秒下面画光标
            }
            break;
            case PLUSKEY:                      //K1 键，光标处值+1
            {
                if(cursor == 3)//条件成立，说明光标位于小时的下面
                { if(time[cursor] < 23) time[cursor]++; else time[cursor] = 0;}
                else
                { if(time[cursor]<59) time[cursor]++; else time[cursor] = 0;}
            }
            break;
            case MINUSKEY: //K2 键，光标处值-1
            {
                if(cursor == 3)
                {   if(time[cursor] > 0) time[cursor]--; else time[cursor] = 23; }
                else
                {   if(time[cursor]>0) time[cursor]--; else time[cursor] = 59; }
            }
            break;
            case LEFTKEY://K3 键，光标左移
            {
                if(cursor != 3) //说明光标不在小时处，即没有移到最左侧，则移光标
                {Show_Cursor(cursor, 0); cursor++; Show_Cursor(cursor, 1);   }
//光标左移
                else
                {Show_Cursor(cursor, 0); cursor = 1; Show_Cursor(cursor, 1);   }
//移到最右侧，即秒处
            }
            break;
            case ENTERKEY: //K4，确定键，已经调整好，清除掉长按标志，进入计时状态
            {
                longpressflag = 0;          //长按标志清零，结束本次调整
                timecount = 0;              //清零，启动后重新开始计时
                Show_Cursor(cursor, 0);  //关闭光标
            }
            break;
            default:break;
        }
        Clock();
        return 1;
    }
    return 0;//如果没有按键按下返回 0
}
```

```
//----------------------------------------------------------------------
u8 Scan_Key_And_Process(void)
{
    u8 temp;
    if(1 != timecellflag)
        return 0;
    else
        timecellflag = 0;
    temp=Key_Events();
    return temp;
}
//----------------------------------------------------------------------
void Clock(void)
{
    if(time[1]>59) //time[1]存放秒的数值
    {
        time[1] = 0; time[2]++;
    }
    if(time[2]>59)//time[2]存放分的数值
    {
        time[2] = 0; time[3]++;
    }
    if(time[3]>23)//time[3]存放小时的数值
    {
        time[3] = 0;
    }
    ClockToChar(time[3], time[2], time[1]);
}
//----------------------------------------------------------------------
void ClockToChar(u8 hour, u8 minute, u8 second)
{
    clocktable[0]=hour/10+0x30;
    clocktable[1]=hour%10+0x30;
    clocktable[3]=minute/10+0x30;
    clocktable[4]=minute%10+0x30;
    clocktable[6]=second/10+0x30;
    clocktable[7]=second%10+0x30;
}
```

（4）delay.c

```
#include "typedef.h"
//--------------------------
void Delay_1ms(u16 ms)
{
    u16 y;
    for(;ms>0;ms--)
        for(y=125;y>0;y--);
```

```
}
//--------------------------
void Delay_2us(u8 us)
{
    while(--us);
}
```

（5）main.c

```
/*******************************************************
文件名：main.c
描述：对定时器和 LCD12864 进行初始化
作者：
版本：V1.0
完成日期：2016.7.20
修改记录：无
*******************************************************/
#include "reg52.h"
#include "typedef.h"
#include "timer0.h"
#include "lcd12864.h"
int main(void)
{
    u8 temp=0;
    P3 = 0xFF;
    Lcd12864_Init();//对 LCD12864 进行初始化，清空 DDRAM
    Lcd12864_Clear_Screen();//清空 GDRAM
    Timer0_Init();//初始化并启动定时器
    while(1)
    {
        temp = Scan_Key_And_Process();
        Show_Clock();//显示时间
    }
    return 0;
}
```

（6）key.h

```
#ifndef _KEY_H_
#define _KEY_H_
    #define ENTERKEY 0x70          //K 4  确定键
    #define LEFTKEY 0xb0           //K3  左移键
    #define MINUSKEY 0xd0          //K2  按下减少 1
    #define PLUSKEY 0xe0           //K1  按下增加 1
    #define LONGPRESSKEY 0x01  //长按键值，自己设定
    extern unsigned char Read_Key(unsigned char *pkeyvalue);
#endif
```

（7）lcd12864.h

```
#ifndef _LCD12864_H_
#define _LCD12864_H_
    extern void Lcd12864_Write_Cmd(unsigned char  cmd);
    extern void Lcd12864_Write_Data(unsigned char  dat);
    extern void Lcd12864_Init(void);
    extern void Lcd12864_Clear_Screen(void);
    extern void Lcd12864_Show_Pixel(unsigned char  x, unsigned char  y, unsigned char clearflag);
    extern void Lcd12864_Show_Xline(unsigned char  xstart, unsigned char  ystart, unsigned char xend, unsigned char  yend, unsigned char  clearflag);
    extern void Show_Cursor(unsigned char  cursor, unsigned char  clearflag) ;
    extern unsigned char Time_Adjust();
    extern void Show_Clock();
#endif
```

（8）timer0.h

```
#ifndef _TIMER0_H_
#define _TIMER0_H_
    #define FCLK 24000 //晶振的频率，单位为 kHz
    #define TIMESPACE 20  //定义时间间隔，单位为 20ms
    #define COUNT (FCLK/12*TIMESPACE) //定时器的计数值
    #define SECONDCOUNT (1000/TIMESPACE)  //长按计数次数
    #define LONGPRESSCOUNT (1000/TIMESPACE*2)  //长按计数次数
    extern void Timer0_Init(void);
    extern unsigned char  Key_Events(void);
    extern void ClockToChar(unsigned char hour, unsigned char minute, unsigned char second);
    extern void Clock(void);
#endif
```

（9）typedef.h

```
#ifndef _TYPEDEF_H_
#define _TYPEDEF_H_
    #define u8 unsigned char
    #define u16 unsigned int
#endif
```

（10）delay.h

```
#ifndef _DELAY_H_
#define _DELAY_H_
    extern void Delay_1ms(unsigned int ms);
    extern void Delay_2us(unsigned char us);
#endif
```

4. 实验结果

长按 ENTERKEY 键，也就是 K4 键，可得结果如图 15-3 所示。

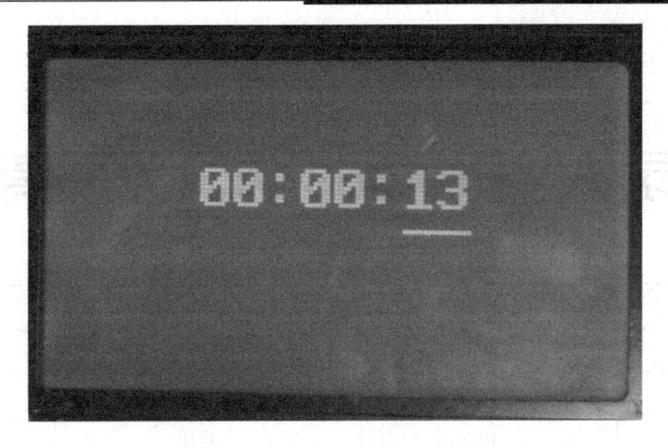

图 15-3　项目效果图

习　题　15

思考题

（1）在本项目中，光标并没有闪烁效果，试编程实现添加此效果。

（2）在本项目中，每按一次按键数据加/减一次，如果要增减的数据比较多，则效率比较低且反复按按键会造成按键使用寿命下降，如果使用连发功能则可避免此种情况。试编程实现。

附录 A Proteus 仿真元件清单

序号	元件列表	元件名称	备　注
1	AT89C52	处理器	12MHz
2	LED-RED	红色发光二极管	
3	RES	电阻	
4	NPN	NPN 三极管	
5	BUZZER	蜂鸣器	
6	T75S5D11-5V	继电器	
7	7SEG	7 段数码管	
8	7SEG-MPX4	4 位 7 段数码管	
9	RESPACK-8	排阻	
10	BUTTON	按键	
11	CAP	电容	
12	CRYSTAL	晶振	
13	LM016L	LCD1602	
14	ADC0808	A/D 转换器	
15	POT-HG	可变电阻	
16	74HC4017	计数器	
17	74HC573	8 路锁存器	
18	DAC0832	数/模转换器	
19	LM324	运算放大器	
20	DS18B20	温度传感器	
21	DS1302	时钟芯片	

参考文献

[1] 查鸿山．单片机应用技术．北京：电子工业出版社．2015.

[2] 王静霞．单片机应用技术（C 语言版）（第 2 版）．北京：电子工业出版社．2014.

[3] 张义和，等．例说 51 单片机（C 语言版）．北京：人民邮电出版社，2010.

[4] 戴佳，等．51 单片机 C 语言应用程序设计实例精讲（第 2 版）．北京：电子工业出版社，2009.

[5] 马忠梅，等．单片机 C 语言应用程序设计（第 4 版）．北京：北京航天航空大学出版社，2007.

[6] 杜春雷，等．51 单片机开发快速上手．北京：电子工业出版社，2015.